中国鸡文化系列丛书

中國福利養鷄

——历史追溯与当今实践

Animal Walfare of Chicken Raising Industry in China

杜炳旺　徐廷生　滕小华　孟祥兵　许殿明　王光琴　编著

中国农业出版社

北京

图书在版编目（CIP）数据

中国福利养鸡：历史追溯与当今实践／杜炳旺等编著．—北京：中国农业出版社，2018.4
（中国鸡文化系列丛书）
ISBN 978-7-109-24146-6

Ⅰ.①中…　Ⅱ.①杜…　Ⅲ.①鸡—饲养管理　Ⅳ.①S831.4

中国版本图书馆 CIP 数据核字（2018）第 092662 号

中国农业出版社出版
（北京市朝阳区麦子店街 18 号楼）
（邮政编码 100125）
责任编辑　刘博浩　程　燕

北京通州皇家印刷厂印刷　　新华书店北京发行所发行
2018 年 4 月第 1 版　　2018 年 4 月北京第 1 次印刷

开本：700mm×1000mm　1/16　印张：18.5　插页：14
字数：310 千字
定价：88.00 元
（凡本版图书出现印刷、装订错误，请向出版社发行部调换）

《中国福利养鸡》
——历史追溯与当今实践

内容提要：

  动物福利，就是善待活着的动物，减少它们生命结束时的痛苦。福利养鸡，就是鸡在被饲养的过程中，根据相应的福利标准提供给鸡应享有的福利待遇。本书作为我国第一部论述中国福利养鸡专著，首先从中国传统文化在动物保护和动物福利上的体现着笔，在追溯中国古代动物保护和动物福利思想与实践的基础上，阐明了动物保护和动物福利源于古代中国，其文献记载可追溯到4 000多年前的夏禹时期，鸡的福利养殖，其文献记载可追溯到1 480多年前的北魏时期；接着论述了国外动物福利发展历程和研究实施概况；进而从现代动物福利的理解、定义、意义、标准、技术评价及肉鸡蛋鸡福利养殖技术的视野，论述了中国鸡福利养殖的前进步伐、研究进展及实施现状；特别是通过对中国鸡生态福利养殖模式广泛深入地调研考察，总结归纳出当今中国践行的七种福利养鸡模式。本书内容包括六个章节、148幅彩色插图，可供高等院校师生、家禽领域的科技工作者、有志于福利养鸡的企业家、养鸡兴趣爱好者及广大读者学习参考与借鉴。

《Animal Welfare of Chicken Raising Industry in China》

——History Back and Today's Practice of Animal Welfare of chicken Raising Industry in China

Content summary

This book is the first book which is devoted to discuss animal welfare of chicken raising industry in China. It starts with the reflection of Chinese traditional culture in animal protection and animal welfare. On the basis of tracing the thought and practice on animal protection and animal welfare in ancient China, the book clarifies that animal protection and animal welfare in China began with the Xia Dynasty more than 4,000 years ago, and that animal welfare of chicken raising industry in China began with the Northern Wei Dynasty more than 1,480 years ago. It was outlined for the development progress and practice of animal welfare in the world. Then the pace of progress on animal welfare of poultry industry in China is discussed in the bewilderment of understanding animal welfare; the concept and significance of animal welfare; welfare principle, welfare standard, and welfare evaluation of broilers and laying hens. Seven kinds of model with good welfare for chicken production in China today are summarized especially on the basis of extensive and thorough investigation about ecological welfare agriculture model in chicken raising industry in China. This book can provide reference for teachers and students in colleges and universities, scientists and technician in the field of poultry; entrepreneurs, enthusiasts, and readers.

古代中国就有动物福利、在全球倡导动物福利的今天、中国的福利养鸡一定能够站在新时代的最前沿！

二〇一八年三月十八日 陈宽维

陈宽维 研究员

中国优质禽育种与生产研究会理事长，国家畜禽遗传资源委员会家禽专业委员会主任，国家肉鸡产业技术体系岗位科学家重视动物福利，实施生态养鸡，保障食品安全，利国利民利农。《中国福利养鸡》一书的出版，必将推动我国鸡的福利养殖朝着更科学、更规范、更符合自然规律的方向迈进！

2018. 3. 22.

廖明 教授，博士生导师

农业部科学技术委员会委员，人兽共患病防控制剂国家地方联合工程实验室主任，中国畜牧兽医学会副理事长，广东省畜牧兽医学会理事长，《养禽与禽病防治》主编，华南农业大学副校长

福利养鸡 古为今用。

洋为中用。

中国动物福利与健康养殖分会理事长

柴同杰

2018年3月

柴同杰 教授，博士生导师

中国畜牧兽医学会动物福利与健康养殖分会理事长，山
东农业大学教授

福利养鸡
善待动物

文杰

文杰 研究员，博士生导师

中央组织部直接联系专家，国家肉鸡产业技术体系首席科学家，国家肉鸡遗传改良计划专家组组长，国家遗传资源委员会家禽专业委员会委员，中国畜牧兽医学会家禽学分会副理事长，《畜牧兽医学报》主编，中国农科院北京畜牧兽医研究所副所长

追溯古代中国福利养鸡悠久历史
展现当今中国福利养鸡生态模式
其历史价值和现实意义令人振奋

李辉

2018.3.25

李辉 教授，博士生导师

国务院学位办畜牧学科组成员，世界家禽学会中国分会
主席，中国畜牧兽医学会家禽学分会理事长，国家肉鸡
产业技术体系岗位科学家，东北农业大学动物科技学院
院长

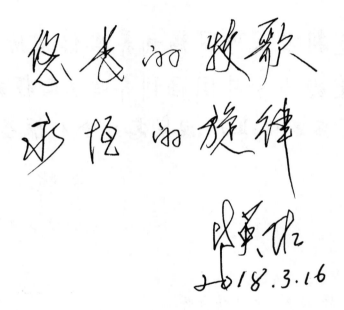

悠长的牧歌

永恒的旋律

毕英佐

2018.3.16

毕英佐 教授，博士生导师

华南农业大学二级教授，原广东省人民政府参事，温氏
集团温氏研究院院长

福彩弄鸡子秋业

国计民生尊是业

文明之邦启先河

引领潮流创大业

戊戌年春月 马任骝敬题

马任骝 教授

中华国礼中心特邀书画名家，世界艺术学会终身荣誉主席兼艺术顾问，山西农业大学教授

倡导福利养殖

利于民族牧业

孙希民

孙希民 董事长

山东民和牧业股份有限公司董事长，中国畜牧业协会禽业分会副会长，中国农业工程学会畜牧工程分会副理事长，亚洲品牌创新人物。

只有动物的福利好，
我们信赖人类美好生活的食品安全。

孙皓 董事长

北京华都集团峪口禽业有限责任公司（世界三大蛋鸡育种企业）董事长，中国畜牧业协会副会长，中国畜牧业协会禽业分会执行会长，"北京创造"十大科技人物，全国畜牧富民十大功勋人物。

动物福利 回归自然

生物多样展而安全

许殿明

二〇一八年三月

许殿明 董事长

河南柳江生态牧业股份有限公司董事长，中国别墅式蛋
鸡生态牧养模式创始人，河南省人大代表

生态养鸡是健康养鸡的最大福利，中药保健
是中国养鸡的最好福利。

珠高山动物药业有限公司

2018.3.18.

梁其佳 董事长

广东高山动物药业有限公司董事长

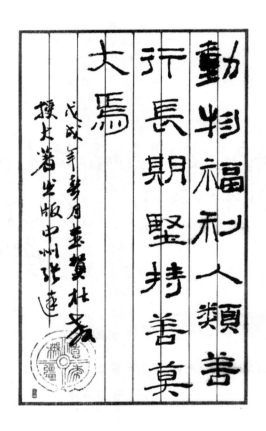

動物福利人類善
行長期堅持善莫
大焉

戊戌年暮春月董事杜敬
授夫著出版中州张達

张达　董事长

中国畜牧业协会禽业分会副会长，中国农业生态社群经
济践行者，中国吉蛋堂创始人

[寄语读者]

  当今，动物福利已成为我国畜牧界的热门话题之一。归纳起来，现代动物福利面临人道主义温情、道德壁垒和国际贸易壁垒的挑战。我十分敬佩杜炳旺先生适时推出巨著《中国福利养鸡》。

  该书跨越漫长的福利养鸡年轮，收集 4 000 年来福利养鸡史料，整合国际福利养鸡的文献，古今对比，中洋结合，提炼出当今中国践行的七种福利养鸡模式。对于这些模式定有共鸣者，亦有歧义者，不管怎么说，都会带给读者深思，我认为这正是本书的难能可贵之处。中华民族无论有关鸡的美丽神话与传说，还是趣谈鸡的五德风采，以及鸡肴典故与品牌均与动物福利密切相关。随着社会的发展与进步，福利养鸡的方式也发生了变化，但万变不离其宗，其实质就是本着动物福利的"五项原则"，达到善待动物之目的。

  杜炳旺先生年过花甲，马不停蹄，几十年如一日，致力于祖国家禽领域的科学研究、教书育人和优质鸡育种的事业热爱而从不放弃，执着而毫不懈怠，追求而永无止境！近年来更是与几位作者一道潜心于我国鸡的生态福利养殖实践和传统鸡文化的传播与弘扬，其精神可敬可嘉！我相信《中国福利养鸡》一书的出版，一定会受到广大读者的欢迎和赞赏，在此我乐于向大家推荐。

王金玉

2018 年 4 月 13 日

  王金玉教授，系国家重点学科"动物遗传育种与繁殖"学科带头人、扬州大学二级教授、动物遗传育种学家、博士生导师，国家肉鸡产业技术体系岗位科学家，国家畜禽遗传资源委员会家禽专业委员会委员。

[**序**]

作为中国第一部反映中国福利养鸡的专著，整理成书实属不易。因为此书作为中国鸡文化系列丛书之一，不仅要从专业角度论述其技术性、专业性及科学性，还要从中国传统文化角度反映其中蕴含的鸡文化内涵和文化与技术二者之间的必然联系，更要客观全面地展现近些年来围绕中国动物福利特别是福利养鸡领域的发展概况和当今践行的生态福利养殖模式。本书作者不忘初心、牢记使命、坚定信念、乐于奉献的可贵精神，有勇于探索、敢于担当、顽强拼搏、大步朝前的亲身实践；通过认真查阅和广泛搜集古今中外的历史文献和已发表的研究论文、学术著作、试验报告及经验总结；通过 2016 年 4 月 14 日至 2017 年 8 月 4 日历时 16 个月行程 15 万余千米在全国 15 个省市自治区 50 多个企事业单位的实地调研考察走访，终于在较短的时间内完成了书稿。

首先，我们先谈谈动物福利的定义。动物福利是现代意义上的概念。其实，据史料记载，动物福利在中国古代已有，只是我们的古人没有这么称谓。直到 18 世纪末 19 世纪初，英国的动物福利理念才开始萌芽，1822 英国下议院正式通过《禁止虐待家畜法案》。从那时起，直至今日，动物福利就越来越受到世界许多国家的广泛关注和高度重视，并陆续出台了动物福利的一系列政令法规。

那么，什么是动物福利呢？简单地说，就是善待活着的动物，减少它们生命结束时的痛苦；或者说动物福利不仅意味着控制痛苦和折磨，还需要细心养育和满足动物的天性；再或者说动物福利是指对饲养中的动物与其环境协调一致的精神和生理健康的状态；甚至可以更简洁明了地说，动物福利就是提高动物的生活质量。综合这几种说法不同但含义一致的解释，具体到本书要讲的福利养鸡（或者其他畜禽），那就是在鸡的养育过程中，要使鸡免受饥渴、免受痛苦、伤害和疾病，免受恐惧，免受不适，能表达天性。这也就是当今国际社会公认的动物福利五项原则或五大自由。换句话说，就是要为鸡提供营养全价而安全的饲料和清洁充足的饮水；为鸡提供空气清新、通风良好、温湿度适宜、光照自然（或模仿自然）、空间宽敞、密度适宜、能上架栖息、能享受沙浴爽身的基本条件；为鸡提供卫生良好、防控疫病措施得当、避免兽害和异常因素干扰的健康安全计划；为鸡提供能够表达其自身天性、无拘无束、心理愉悦、自由自在活动的生存环境。一句话，福利养鸡，就是鸡在被饲养的过程中所享有的福利待遇。这里虽说是鸡的福利，但从产品的安全和美味角度来看，人才是享有了最终的福利。所以说，善待动物，也就是善待人类自己。

接着我们从章节的内容做一概括介绍。

第一章，是从中国的传统文化着笔，首先介绍了传统文化的定义和特质；接着阐述了中国传统文化中的动物保护与动物福利思想和中国古代动物保护与动物福利的历史追溯。不仅追溯了古代从夏禹时期——保护动物的法令问世，春秋以前——保护幼小动物和保证动物的心理愉快，春秋战国时期——对动物的仁爱之心，秦汉时期——运用法律手段保护动物，隋唐时期——在佛教影响下的动物保护与动物福利实践，宋、元、明、清时期——游牧民族对动物的爱护；而且追溯了北魏时期和清朝时期鸡的福利养殖实践。

就北魏时期鸡的福利养殖溯源，公元 6 世纪我国著名农学家贾思勰所著《齐民要术》第六卷第五十九篇《养鸡篇》，就提出养鸡的具体技术措施。实际上，这些论述正是当今欧美国家倡导的鸡的福利要求。如栖架、地面铺设垫料、离地网上平养等。要知道这些都记载于 1486 年前古代中国的养鸡专论中！

就清朝时期鸡的福利养殖溯源，在距今已有 230 年前的公元 18 世纪即 1787 年清乾隆年间所著《鸡谱》一书，就较全面地记载了福利养鸡的许多方面，如雏鸡的饮水、饮水和大小分群饲养、鸡的沙浴（浴土）、户外运动、养鸡的环境、防治疾病无抗养殖等，中国古代已在这么做了。我们能说这不是动物福利和食品安全的具体体现吗？其论述看似简单，但有技术含量，虽朴素但符合科学思想，因为这些论述无不蕴含着朴素的科学认知和古人的高超智慧，无不与当今世界农场动物福利的追求和目标不谋而合。

据史料记载，18 世纪中后期即 1768 年前后，英国的动物保护、动物福利的理念才开始萌芽。从全世界范围看，动物保护法令的颁布与实施，最早源于中国的 4 000 多年前夏禹时期的文献记载；鸡福利养殖的朴素科学技术和实践，最早源于中国的 1 480 多年前的北魏时期的文献记载；鸡福利养殖技术的系统论述、更科学的技术措施及实践应用，最早源于中国的 230 多年前的清乾隆时期的文献记载。可见，就动物福利而言，中国的福利养鸡历史和文化源远流长，为世界之最，很值得我们引以为豪！很值得我们追溯、研究！很值得我们传承、弘扬！

第二章，列举了国外上众多科学家从不同角度对动物福利的理解、对动物福利和动物权利的阐释，以及实施动物福利的社会意义、经济意义及生态意义。

　　第三章，是对国外鸡的福利养殖发展概况进行了阐述，首先，从开始的18世纪末、19世纪、20世纪及21世纪国际上动物福利发生的主要事件着笔，展示了国外动物福利的发展历程。接着，概括介绍了国外动物福利养殖的研究进展，包括国外科学家和社会名流对动物福利的理解、福利养鸡设施的研发现状、饲养管理对鸡福利的影响研究、不同饲养模式的对比研究、关于无抗养殖与动物福利的研究、以及运输对鸡福利的影响研究，等等。而且还特别给大家呈现了国际动物福利组织对当今中国农场动物福利事业的赞赏和期望。

　　第四章，是当今中国鸡的福利养殖发展概况，首先，阐述了动物福利（鸡福利养殖）在中国的前进步伐，列举了自1988年以来至今30年来动物福利（鸡福利）在中国发生的39个值得记载和回顾的主要事件，列举了近几年国内出版的有关动物福利（鸡福利）的主要著作，接着，展示了中国福利养鸡的研究进展，包括福利养鸡设备的研发，福利对鸡行为学影响的研究，福利养殖中不同饲养模式的对比研究，无抗或替代抗生素健康养殖的研究，科学减负对鸡福利的正面效应，鸡的福利屠宰工艺规范等。进而对我国鸡的福利养殖状况进行了分析，如动物福利的政策法规和国民的动物福利意识滞后，蛋鸡的福利问题，肉鸡的福利问题等，以及中国鸡的福利养殖对策与养殖模式的探索。特别是在全国范围内调研的基础上重点归纳了中国当今践行的鸡福利养殖的七种主要模式和每一种模式的定义、特点及案例。这些模式包括：原生态山林散养模式、类原生态林地散养模式、地面（或网上）平养模式、半自动化与类原生态相结合的林地散养模式、高床竹片地面舍内平养模式、轮牧式流动鸡舍养殖模式（蛋鸡散养集成系统）、多层立体网上平养模式。其实，践行于中国当前的福利养鸡不仅仅限于上述的七种福利养殖模式，但这些模式范围涵盖了祖国的东、西、南、北、中五大方位，可以代表具中国特色的甚至在某些方面优于国际先进水平的福利养鸡模式。

　　第五章，是中国鸡的福利养殖评价，鸡福利状态的好坏直接关系到鸡和消费者的健康，因此，本章是为评价提供可资遵循的重要依据，包括蛋鸡和肉鸡福利养殖、运输及屠宰中的评价方法、评价指标和评价技术。有了这些评价内容、技术和方法，必将促进我国福利养鸡事业朝着越来越好的方向健康发展。

　　第六章，是中国鸡的福利养殖技术，本章是结合我国实际和国情提出的蛋

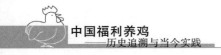
鸡和肉鸡福利养殖的技术指南，主要包括鸡福利养殖的设施环境要求，饲料和饮水要求，饲养管理要求，出栏时的捕捉与运输要求，健康计划等，以期能为中国的福利养鸡实践提供专业层面上的重要参考和养殖细节上的技术指导。

　　本书内容提要、第一、第三、第四章及第六章的第二节由杜炳旺完成，第二章和英文提要由滕小华完成，第五章和第六章的第一节及附录1、附录2由徐廷生完成，附录3、附录4、附录5由孟祥兵完成，中国的生态福利养鸡模式图片集锦由许殿明、王光琴及几位作者摄影并共同整理完成。

　　《中国福利养鸡》一书在几位作者的共同努力下终于完成书稿并付梓出版，时间仓促，难免挂一漏万，加之作者水平所限，恳望读者批评指正。该书的出版，必将对中国的福利养鸡事业起到有益的引领和理论技术上的指导，必将使每一位有志于投身到中国鸡福利养殖领域的企业家少走弯路。必将使中国的福利养鸡事业和中国的所有农场动物福利事业成为中国人追求健康、追求食品安全、追求人与自然的和谐相处和共谋福利不可或缺的重要组成部分。愿中国的鸡福利事业伴随着中国的传统文化，健康、有序、稳妥地前进在新时代的康庄大道上！

　　是为序。

杜炳旺

2018年3月22日

第一章

中国传统文化在动物福利中的体现

第一节　中国传统文化中的动物保护与动物福利思想

一、什么是中国传统文化

中国传统文化亦称中华传统文化或华夏文化、华夏文明，是中国五千年优秀文化的统称，是文明演化汇集而成的一种反映民族特质和风貌的民族文化，是民族历史上各种思想文化、观念形态的总体表征，是中华民族在中国古代社会形成和发展起来的比较稳定的文化形态，是中华民族智慧的结晶，是中华民族的历史遗产在现实生活中的展现。

从宏观上她是以儒家为内核，包括道家、佛家、法家等文化形态，从具体形式上主要包括思想、文字、语言，进而是六艺，即礼、乐、射、御、书、数，再就是生活富足之后衍生出的书法、音乐、武术、曲艺、棋类、节日、民俗等。的确，传统文化与我们的生活息息相关，始终融入我们生活的方方面面，我们都十分享受她而往往又是不知不觉。

在长达两千多年的中国封建社会里，儒学是中国传统文化的思想主流，一直在官方意识形态领域占据着正统地位，对中国文化产生着广泛而深远的影响。中国传统文化所蕴涵的是丰富的文化科学精神，即凝聚之学，是内部凝聚力的文化，这种文化的基本精神是注重和谐，把个人与他人、个人与群体、人与自然有机地联系起来，形成一种文化关系；兼容之学，中华传统文化并不是一个封闭的系统，尽管在中国古代对外交往受到客观和主观上的种种限制，但还是以开放的姿态实现了对外来佛学的兼容；经世致用之学，是促进自然、社会的人文之化，突出儒家经世致用的学风，实现修身、齐家、治国、平天下的真正价值和终极目标。

二、中国传统文化中的动物保护与动物福利思想

我国传统文化中讲究"仁、义、礼、智、信"，把"仁"摆在第一位，强

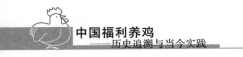
调"仁者爱人"和"仁者爱物"。

中国商周时代的周公告诉成王："舜之为政，好生而恶杀，汤开三面之网，泽及禽兽"。

伟大的思想家、教育家孔子主张"仁"，并把"仁"运用到社会生活的各个领域中。他不仅在政治上要求君主实施"仁政"，要爱民、恤民，而且在对待动物上也充分显示出"仁爱"的一面。孔子曾说："古之王者，有务而拘领者矣（虽衣冠拙朴而行仁政），其政好生而恶杀焉，是以凤到列树，麟在郊野，鸟鹊之巢可俯而窥也"。孔子强调的是对万事万物都要有仁爱之心，"好生而恶杀"，就是要人们去关爱、保护人或动物。只有这样才能达到"凤到列树，麟在郊野，鸟鹊之巢可俯而窥"这样一种"天人合一"的境界。

孔子提出把田猎从三次改成两次；孔子《论语》上说："钓而不纲，弋不射宿"，钓和纲，看起来只是一个数量的区别，但其意义在于一种"仁"的实践，在于一种爱动物、保护动物的思想，充分体现了圣人的"仁人爱物"之心惠及禽兽。打猎的时候，"钓而不纲，弋不射宿"，他认为人类在开发自然资源时应该适可而止，取之有度。这正是一种人与自然和谐相处的理念。

孟子不仅继承了孔子"仁"的思想，而且在"仁政"的学说上进一步提出"性善论"。他认为人生下来就是善良的，人人都有一颗仁爱之心、恻隐之心，不仅对人要善良，对动物也是如此。这是从人的善良本性出发关爱动物、善待生灵。这种由外在的需要转变成内在本性的展示是一种巨大进步。

《韩非子·难一》曰："焚林而田，偷取多兽，后必无兽"。

《吕氏春秋·孝行览》曰"竭泽而渔，岂不获得？而明年无鱼；焚薮而畋，岂不获得？而明年无兽"。

《淮南子·主术训》曰："故先王之法，不涸泽而渔，不焚林而猎"。这些先贤古训无一不是告诉我们人类对动物的保护，最终的目标还是在于人类自身的利益，倘若某些动物灭绝了，人类又如何利用它、享用它呢？

西汉末年，佛教传入中国，也把佛教的生态理念带到了中国。佛教徒将自然看作是佛性的显现，万物都有佛性，都有自己的价值。中国天台宗大师湛然将此明确表述为"无情有性"，即没有情感意识的山川、草木、大地、瓦石等，都具有佛性。大自然的一草一木都有其存在价值。清净国土、珍爱自然是佛教徒天然的使命。

唐朝，白居易的一首《鸟》："谁道群生性命微，一般骨肉一般皮，劝君莫打枝头鸟，子在巢中望母归"。这首诗非常深情地告诉人们保护鸟类保护动物要像我们爱护我们人类自身一样。

唐朝是中国封建社会的鼎盛时期，此时教人为善的佛教开始盛行。佛教要求人们"行善、修德，慈悲为怀，不杀生"。"众生平等"思想中的众生不仅仅指人，而是指世间的万事万物。在佛教流行的唐代，僧徒众多，他们都是吃素食、禁肉食。此外，唐代佛教节日甚多，以"佛诞日"为盛。在"佛诞日"，皇帝大多下令禁止屠宰牲畜，只能吃素或肉干和肉酱。以此来宣扬佛教不杀生的教义。为了纪念佛祖，还有专门的浴佛节。在这一天，有些省份不屠杀动物，肉铺关门，人们都吃素，并且还在西湖上举办放生会。众多的士民、游人在湖中放生，还有人专卖供人们放生之用的龟、鱼、螺等。

从出于人类生存的需要而保护和爱护动物，发展到孔子、孟子出于仁爱之心来关爱动物，从拥有仁爱思想到佛教的不杀生，从古人的"不涸泽而渔，不焚林而猎"到"天人合一"及"和谐统一"思想，都深深地影响着对动物的保护。可见，从中国的远古时代开始，动物保护、动物福利思想就以科学认知的理念和传统文化的形态闪烁着其特有的光芒。

第二节　中国动物保护和动物福利的历史追溯

在人类征服自然和利用动物的过程中，对动物的保护，特别是通过法律手段进行的保护，古已有之。人类历史上最早的有关动物保护的法令和动物保护的思想，应该是起源于中国。

一、世界上最早的有关动物保护与动物福利的法令

（一）夏禹时期——保护动物的法令问世

椐《逸周书·大聚篇》记载：早在公元前 21 世纪，中国当时的首领大禹就曾经发布禁令："在夏三月，川泽不入网，以成鱼鳖之长"。意思就是说在三月份不准下网到河里面去抓捕鱼和鳖。这应该是人类历史上最早保护动物的法令。应该也是现代意义上有关"禁渔期"最早的文字记载，距离现在有 4 000多年，那时虽然人口不算多，动物数量应该不会少，但当时的古人就想到去合理保护这些动物，有计划地猎捕和利用。这的确是我们古人最原始的"保护动物，永续利用"思想的萌芽和表现。

距今 3 000 多年前的西周王朝，制定出非常严厉的保护动物种类的《伐崇令》，该法令规定："毋坏屋、毋填井、毋伐树木、毋动六畜，有不如令者死无赦"。这里的"六畜"有两种含义，一个意思是指牛、马、羊、猪、狗、鸡等比较常见的家畜，这就是驯化驯养的家养动物，另一个意思是泛指所有的禽兽，包括野生动物，"勿动六畜"就是不要去伤害任何野生动物，违反这个禁

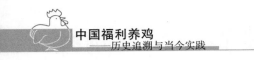

令的就是犯死罪。《伐崇令》当中的规定可能是人类历史上对保护家养动物和野生动物这一块处罚最严厉的立法了。

（二）春秋以前——保护幼小动物和保证动物的心理愉快

春秋以前，社会生产力水平极度低下，人们的创造能力十分有限。衣、食、住、行等物质资料绝大部分直接来源于自然界，人们对自然界的依赖程度非常高，大自然的好坏直接影响到他们的生存与发展。因此，当时古人就意识到正确处理人与自然关系的重要性。这个时期的人们主要从两个方面保护动物。

一方面，为了获得足够的衣食来源，保障基本生活需求，他们主张保护幼小动物。尤其是在万物生长的季节，不允许杀害幼虫、小兽及有孕的母兽；不许捕捉小鸟，捣毁鸟巢。如果没有什么特殊原因，无论是诸侯还是平民百姓，都不能随意伤害动物。如《礼记·王制》中规定"诸侯无故不杀牛，大夫无故不杀羊，士无故不杀犬、豕，庶人无故不食珍"。《礼记·月令》篇中有"是月也，牺牲毋用牝。毋覆巢，毋杀孩虫、胎夭、飞鸟，毋麛毋卵"。古人这些做法在一定程度上保障了动物最基本的生存权利，使它们免遭任意杀害。

另一方面，在我国的一些古代典籍中描述的牛马成群、鸟鸣兽欢的自然美景表明，动物不仅在生理上得到了满足，而且在心理上也是十分的健康、舒适和欢快的。其中最具代表性的就是我国最古老的诗歌总集《诗经》。《诗经·小雅·无羊》中写到"谁谓尔无羊？三百维群。谁谓尔无牛？九十其犉。尔羊来思，其角濈濈，尔牛来思，其耳湿湿。或降于阿，或饮于池，或寝或讹"。意思是说，成群的牛羊遍布整个山丘，密密麻麻地只见羊角，牛儿慢悠悠地摇摇耳朵，它们有的在下山坡，有的在池边贪婪地喝水，有的在岸边慢慢散步，有的在草地上悠闲地躺着，正如那首歌唱的：风吹草低见牛羊。这是一幅多么悠闲自得的自然美景——安详宁和。《诗经·大雅·灵台》"王有灵囿，麀鹿攸伏，麀鹿濯濯，白鸟翯翯。王在灵沼，于牣鱼跃"。在君王的灵囿里，母鹿深伏于草丛中，它们肥大且毛色油润，百鸟洁净，羽毛丰满，满池的鱼儿欢跳不已。这些动物是受到人们多么精心的照顾啊！否则母鹿会"濯濯"吗，百鸟会"翯翯"吗，鱼儿会"欢跃"吗？

（三）春秋战国时期——对动物的仁爱之心

此时期，特别注意从动物的生长发育和繁殖的角度来保护动物。孔子说："丘闻之也，刳胎杀夭则麒麟不至效，竭泽涸渔，则蛟龙不和阴阳，覆巢毁卵则凤凰不翔"。

这里有孟子的三段话曰："数罟不入！池，鱼鳖不可胜食也"。"臣闻郊关之内有囿方十里，杀其麋鹿者如杀人罪"。他们已经提议对于残害动物者处以重刑。又曰："臣（孟子）闻之胡龁曰，王坐于堂上，有牵牛而过堂下者，王见之，曰：'牛何之？'对曰：'将以衅钟'。王曰：'舍之，吾不忍其觳觫若无罪而就死地'，是乃仁术也"。孟子又曰："君子之于禽兽也，见其生，不忍见其死，闻其声，不忍食其肉。是以君子远庖厨也"。孟子认为，君子看到活的飞禽走兽，便不忍心再看到它们死去；听到它们的哀号，便不忍心再吃它们的肉。

（四）秦汉时期——运用法律手段保护动物

秦朝是历史上有名的统治手段残酷的王朝，但在对待动物上竟然显示出"善"的一面。《田律》"邑之碾皂（牧养牛马的苑囿）及它禁苑（专养牲畜）者，麛时毋敢将犬以之田，百姓犬之入禁苑中而不追兽及捕兽者，勿敢杀。其追兽捕兽者，杀之"，是说假如老百姓的狗闯入禁苑中，不是立即杀掉，而是视情况而定。如果它不追捕禁苑中的牲畜，就不要伤害它。

从战国末期到秦初，战争和运输都急需大量牛马，秦代牛耕普及，也需要大量耕牛。为了保证农业生产的发展，满足以上需要，秦朝以法律的形式提出了保护动物的规定。

第一，要保护幼小动物。《田律》中提到"春二月，毋敢伐材木山林及雍洋水"。第二，要广置苑囿，精心畜养大量牛马。《秦律》中规定对偷盗耕牛者必须判罪，并规定厩苑所饲养的牛必须达到一定的繁殖率，完不成任务的要受处罚，而且还定期进行考核，对饲养好的予以奖励，差的给予处分。对于马匹，《秦律》中也有明确规定，对养马工作不力，造成马匹生长状况不良，繁殖低或大量死亡的官吏，要给予严厉的处罚，乃至治罪。同时，对军马的管理更有具体规定，包括对马病的治疗与预防，厩养军马的饲料来源，以及对盗马者的处罚等。

秦代的《秦简·仓律》明确规定有关官吏应向农户征收饲料，并将所征数量及时上报中央。为了提高产畜率，防止成畜的死亡，《秦简·厩苑律》规定：牛的死亡率不得超过 33％，违反者，官吏要受到相应的处罚。《秦简·田律》还规定：每年 2 月，不准上山砍林伐木，不准堵塞水道；不到夏季，不得烧草积肥，不准采取发芽植物，捉取幼兽、幼鸟等。禁令至 7 月才解除。

到了汉代，为了促进牲畜繁殖，汉朝政府下令禁止宰杀耕牛，规定杀牛、盗牛者受重刑。汉代对马尤为重视，是在秦朝的基础上进一步完善和发展了马政建设，加强对马的管理，还通过免除徭役赋税等奖励来鼓励饲养繁殖六畜。汉律中的《盗律》就明确规定"盗马者死，盗牛者加"。

可以看出，秦汉时期是通过立法的形式保护动物不受侵害，运用法律的手

段把动物福利思想运用于现实之中。

（五）隋唐时期——佛教影响下的动物保护与动物福利实践

唐元宗先天元年，诰禁人屠杀犬鸡。佛教强调众生平等、尊重生命，据此提出不能杀生。杀生，指杀害人畜等一切生灵。诸罪当中，杀罪最重；诸功德中，不杀第一。并且汉传佛教要求僧人吃素，也就是以食用植物为主，这是落实不杀生戒的有力保证。

1 400多年前，南朝的梁武帝萧衍首先提出：和尚一律不准吃肉。同时，佛教还鼓励放生，就是用钱赎买被捕的鱼、鸟或是将要被宰杀的动物等，将其放回江河、山野，重获生命自由。

在释迦牟尼佛驻世时，就有专门保护生命的器具，叫"放生器"。释迦牟尼佛所处的地区——印度，天气炎热，生命繁盛，为防止杀生，佛教徒取水之时，就用滤水袋过滤，将所得小生物放入专门的容器中，再将他们放入江河泉池。而且释迦牟尼佛还定立每年四月十六日至七月十五日为安居期，称为僧安居。安居又称禁足，就是安居的僧众严禁出入道场，因为安居期间，也是草木、虫类繁殖最盛时，恐外出时易误伤害生灵。

（六）宋、元、明、清时期——游牧民族对动物的爱护

宋真宗景德三年诏牛羊司畜有孳乳者放牧勿杀。宋代的陈敷在《农书》中总结了耕牛的饲养管理经验，从卫生、饲养、使用、保健、医疗等方面进行改进。周密的《祭亥杂识》描述了鱼苗长途运输方面的情况，商贩制备篓篓、篓盖等用具，并且进行换水、送气及去杂鱼。

元代对动物保护的规定更为具体、仁慈和体恤。元世祖至元三年冬严杀牛马之禁，至元十二年禁猎孕子野兽及屠牛马。元代的鲁明主张对牛爱惜饲养，水要按时喂给，勿令饥渴；在饲料上主张"三和一搅，须要管饱"；在居住环境上，主张牛室之门朝阳，使阳光照射入室。冬天用乱麻编织的毯段给牛穿上保暖。若是水牛冬天还要入暖房防冻。这些措施和规定，不就是典型的动物福利吗！

元朝有很多的动物禁忌，首先禁止宰捕孕畜。《元典章》卷《刑部》的《禁杀令》中规定，至元十六年十二月二十四日"禁杀羊羔例"，十八年十月二十一日禁宰年少马匹，三十年十二月禁杀母羊，二十五年三月"禁捕鹿羔"。其次颁布了许多屠禁日期。例如朝廷规定从元十七年每年正月、五月各屠禁十天，还规定"初一日、初八日、十四日、十六日、二十三日、二十九日，以上六日如遇日月蚀，不杀生，并禁酒乐断屠"。

元朝规定禁捕益鸟珍禽。如秃鹙（古书上说的一种水鸟），它能杀害令农民头痛的庄稼天敌——蝗虫，保障农作物的生长。于是皇帝下令"这飞禽行休打捕者，好生禁了者"。除此以外，朝廷还规定禁捕天鹅、雁等禽类。因为蒙古族有视天鹅为"神鸟"的传统，并且有些部落把它作为图腾加以崇拜，因此不允许人们杀害它们，以示尊敬。狩猎是游牧民族生活中不可缺少的部分，因为它既是人们获得物质来源的手段之一，也是游牧民族习武、练兵的一个重要方法。它不仅是一种娱乐，更是同政治、军事紧密联系在一起。从表面上看，狩猎有虐待动物的倾向，其实不然。在元、清统治时期，狩猎并不是随意捕杀，而是要懂得爱惜动物。

这个时期因元朝和清朝的统治者为游牧民族，是在马背上长大的民族，他们与马的感情十分深厚，对马呵护备至。元代是由北方蒙古民族统治的封建帝国，对于马匹的饲养与管理有着丰富的经验。如对马的饲料加工，提出"食有三刍"之说。即将喂马的饲料分为三等，不同的情况喂不同的饲料。马食用的草必须经过细锉、去节、去土的工序。对马的饮水主张"饮有三时"。同时还要马劳逸适度，不使之久立、久奔，更不能使之整日奔波不息。

明朝的肖大亨在《北虏风俗·耕猎》中所说"射猎虽夷人之常业哉，然亦颇知爱惜之道。故春不合围，夏不群搜，惟三五为朋，十数为党，小小袭取，以充饥虚而已"。为此有一系列的规定和禁忌。如主张按季节渔猎，狩猎时要明辨雌雄，禁猎待产孕兽，区别老幼，不捕鱼苗、幼仔等。

综上所述，纵观中国远古的历朝历代，没有不重视爱护动物、保护动物、善待动物的！而且有法令和制度予以保证。因此，这里值得我们强调并清醒地认识到：虽然，国外不少学者认为从动物福利和动物利益出发的动物保护法律的制定，源于18世纪末到19世纪初（1809年）的英国，但从已有的古代文献记载和追溯，真正意义上的保护动物、关爱动物和动物福利法令和制度的问世，英国要比中国晚4 000多年。因此，动物福利思想并非外来的，不是西方的发明创造，而是中国古代早已有之的法令制度，是中国古代人们智慧的结晶，是中国传统文化在关爱动物、保护动物及动物福利中的最好体现，也是全人类共同拥有的宝贵财富！

那么，我们下面再来看看鸡福利养殖的渊源。

二、中国鸡的福利养殖历史追溯

（一）北魏时期鸡的福利养殖溯源

在公元6世纪的北魏时期，我国著名农学家贾思勰所著《齐民要术》第六卷第五十九篇《养鸡篇》，就提出养鸡的具体技术措施，实际上，这些论述正是当今欧美国家倡导的鸡的福利要求。殊不知，中国古代已在这么做了。如：

1. 就栖架而言 原著曰："鸡栖，宜据地为笼，笼内著栈。虽鸣声不朗，而安稳易肥，又免狐狸之患。若任之树林，一遇风寒，大者损瘦，小者或死"。

意指鸡的宜居地是在笼内安装上栖架，既可防狐、鹰之患，又免遭风寒侵袭。

2. 就养虫喂鸡、夏天搭建凉棚及小屋令鸡凉爽而安心孵育小鸡而言 原著曰："二月先耕一亩作田，秫粥洒之，刈生茅覆上，自生白虫。便买黄雌鸡十只，雄一只。子地上作屋，方广丈五，于屋下悬篜，令鸡宿上。并作鸡笼，悬中。夏月盛昼，鸡当还屋下息。并于园中筑作小屋，覆鸡得养子，乌不得就"。

这段话直译就是：在农历二月时分，先翻耕一亩熟田，上面泼洒秫米稀饭，割取鲜茅草覆盖地面，里面自然会生出白虫。于是，买十只黄母鸡，一只公鸡。在地上盖十五尺见方的小屋一间，屋顶下悬搭棚架，让鸡栖息在上面。也可制作鸡笼，悬挂在屋中间。夏天天气炎热，即便是在白天，鸡也会回到屋下来息凉。此外，还应在园中建些小屋，可以让母鸡在里面孵蛋养小鸡，又免于乌鸦侵扰。

3. 就地面铺设垫料及因季节变化而言 原著曰："唯冬天著草——不茹则子冻。春夏秋三时则不须，直置土上，任其产、伏；留草则昆虫生"。

意思是说冬天要在窝内放些垫草，否则鸡蛋会受冻；春夏秋三季不用放垫草，直接卧在地上，任凭母鸡在里面产蛋、抱窝，窝内有草容易生蛆虫。

4. 就离地网上平养而言 原著曰"荆藩为栖，去地一尺。数扫去尿"。意思是说："用荆条编成鸡栖，鸡栖距离地面一尺高，使鸡和粪隔离开来，保持鸡的卫生健康（这是当今典型的网上平养方式），并经常扫除鸡粪"。

从上述北魏时期我国古人的论述可见：安装栖架养鸡、自然生虫喂鸡、夏天搭建凉棚、冬天铺设垫料、四季分时而养、防止兽害侵袭以及编制荆条鸡栖并离地面一尺高而使鸡和粪隔离开来的网上平养技术等。这些论述虽看似简单但有其技术含量，虽感到朴素但符合科学思想，因为这些论述无不蕴含着朴素的科学认知和古人的高超智慧，无不与当今世界农场动物福利的追求和目标不谋而合。之前我们也没想到，这些都记载于1486年古代中国的养鸡专论中！

（二）清朝时期鸡的福利养殖溯源

在距今已有230年的公元18世纪即1787年清朝乾隆年间所著《鸡谱》一书，就较全面地记载了福利养鸡的许多方面。

1. 就雏鸡的饮水而言　原著曰："夫万物莫不润乎水。五谷非水不生，百类非水不成。凡生者，无不以水为要。夫雏鸡初生二三日，则饮生水，不然则成疾矣（若不二三日与水，令大鸡代饮之，恐生坠水之疾）"。

直译即："水润万物。五谷无水不能生长，生物无水不能成活。凡是有生命的个体，无不以水为重。雏鸡初生后两三天，须饮用没有煮沸的水，不然容易患病。生后两三天内若不饮水，让大鸡代饮，则容易造成脱水。可见我们的古人非常明确地强调，从雏鸡开始就要确保饮水，否则会造成雏鸡脱水的严重后果"。

2. 就饮水和大小分群饲养对鸡的重要性而言　原著曰："夫养鸡之道，全赖乎食水得宜。即如人之饮馔，花木之培植。若不得其宜，则有夭折之患矣。畜养之道，必分其苍、雏、早、晚四者。若不分别，一概溷杂，太过不及，失其生之道矣。水自早至晚不可断却，令其任意饮之，一日二次更换新水。若有病鸡，食盆、水盆务须小心洁净为要。不可与好鸡共之，恐沾恶气而生病也"。

直译即："凡养鸡之道，全靠提供适宜的饮水和饲料。正如人的饮食、花木的栽培，若不适宜，则有夭折的危险。饲养之道，应分大鸡、雏鸡、早雏、晚雏四类。若不分别，一律对待，大为不妥，必会失去其生存之道。这段话不仅强调了饮水绝不能断，饲养绝不能马虎，而且强调了要做好大小鸡分群饲养、不同日龄的鸡分类管理，不然必会影响其正常生长发育"。这是现代福利养鸡中提到的要保证鸡的饮水和大小强弱分群饲养以免受饥渴的痛苦。

3. 就去除体外寄生虫而言　原著曰："凡鸡雏，六七日，必用百部五钱煎水，洗头、项，洗尾下当内，洗翅下。后洗大鸡，必晚时洗，则言鸡卧定。虱非洗则不净；雏非洗则不能精也"。

直译即："雏鸡生后六七天，须用百部（中草药）五钱煎水，洗头、脖子，洗尾下与两腿之间以及翅膀下面。后洗大鸡，要在夜间鸡休息时再洗。虱子不洗则不干净，雏鸡不洗则不精神"。可见，当年我们的先人不仅重视从雏鸡开始就要去除体外寄生虫虱子，而且是用的中草药百部，既无毒无副作用，又不会有药物残留，对当今的鸡肉鸡蛋质量安全很有现实意义。

4. 就沙浴（浴土）而言　原著曰："夫土者为万物之母，所生者最多，所载者最广，其功大矣。即生（同"牲"）畜之类，亦无不赖其长养者也。鸡之浴土，犹人之沐浴。鸡性最喜土，必要不时浴土，则神清气爽，百病不生。若不使之浴土，则羽毛焦枯，虱生遍体。大鸡若不浴土，而不长渐至危亡矣。用水将土半潮，不可太湿，罩于无风之处，任其飞展、沐浴。若雏鸡一日三次为度"。

直译即："土为万物之母，所生者最多，所载者最广，其功劳大得很。即使牲畜之类，也无不依赖其生长。鸡的浴土，如同人的沐浴。鸡的习性最喜欢土，必须经常浴土，则神清气爽，百病不生。若不让其浴土，则羽毛焦枯，虱生遍体。大鸡若不浴土，不久便逐渐危亡。用水将土调成半湿，不可太湿，置于无风处，任其舒展翻动、沐浴。若是雏鸡一天三次为宜。这段是说浴土的重要性及其具体措施"。这更是当今福利养鸡所倡导的。

5. 就鸡的户外运动而言 原著曰："将鸡终日囚禁栅中，不能出栅跳跃，爽其精神，通其血脉，壮其筋骨。如是者，欲其病之不生，命之不毙也，鲜矣"。

直译即是："将鸡终日囚禁于栏中，不能出栏跳跃，爽其精神，通其血脉，壮其筋骨。如此这般，显而易见，怎能不生病呢？怎能不致命呢？"寥寥数语，强调了给鸡提供户外运动而不能总关在笼子或栏舍中的重要性。

6. 就养鸡的环境而言 原著曰："夫鸡之栅栏，犹人之屋也。居不遂意，则人心不乐。禽畜亦然也。《书》云：德者，人之所得，使万物各得其所欲。言物性与人性相宜也。凡养之处，必择僻静之地，宜乎向南阳头。小屋前面有栅栏，方圆五尺，内垫黄沙，不可太湿，亦不可太燥。又不可近鸡、犬、鹅、鸭喧哗之处，恐有损伤之患也。若不预防，更恐跳掷惊骇，必致损伤矣"。

直译即："养鸡的栅栏，如同人的房屋，居住的不如意，则人心情不愉快，畜禽也一样。《素书》上说：所谓德，即人之所得，让世间万物各得其所，得到他所希望得到的。就是说万物的本性与人性是相符合的。凡饲养之处，一定要选择僻静、朝南、阳光能照到的地方。鸡舍前面有栅栏，方圆五尺，内垫黄沙，不可太湿，也不可太干燥。不要接近犬、鹅、鸭吵闹之地，以免造成损伤。若不加以预防，怕因跳跃惊恐，导致鸡受伤害"。可见鸡所处的环境，既要有栅栏，又要僻静向阳，还要地面铺有不湿不燥的黄沙，同样要与其他畜禽隔开一定距离，以防惊扰或染病，使鸡住得其所，身心愉悦。这正是鸡所处环境上典型的福利待遇。

7. 就春夏秋冬四季饲养管理而言 原著曰："春日，必养于半阴半阳之处，与以潮润之沙土，令其浴之，是其法也"。"夏令火旺，旭日升空，万物孰不避其销烁？惟鸡之畏暑更有甚焉。养者必择幽避之处，每日换水三次，置于阴处，不可使日色晒热"。"当秋令气爽风清，乃养鸡之第一要时也，其养法同夏，但蚊虫正盛之时，雏鸡最怕，大鸡无妨。将雏晚收于风凉之地，置之有风之处低卧，不可甚高，如甚高卧，必被蚊虫重咬"。"冬令收藏，万物凝结，天气严寒，乃阳伏阴盛之时候。天地好生无穷，养育类群。冬养之法，必置于无风向阳之处，早收晚出。栅中之沙土，不可太潮太燥"。孟子曰："苟得其养，无物不长；苟失其养，无物不消，禽畜亦然也"。

直译即："春天要养在半阴半阳的地方，并配有潮润的沙土，让鸡沙浴，早晚放出两次，任鸡自由飞跳，方为正理。夏季烈日炎炎，各种生物无不想避其酷热。而鸡更是怕其酷暑。养鸡人必须选择幽静荫凉之处，夏天喂以清凉饲料，方为妙法。秋天，正值秋高气爽，是养鸡的最佳时机，但蚊虫较多，雏鸡最怕蚊虫，大鸡无妨。晚间将中小鸡收放于风凉处，让其在有风之处伏卧，不可太高，若处于高处，必受蚊虫严重叮咬。冬季收藏，万物不长，天气严寒，是阳伏阴盛之时。冬季的饲养方法，必须将鸡置于无风向阳之处，早晨晚放出鸡舍，晚上早赶回鸡舍。舍内之沙土，不可太潮也不可太燥。这是根据一年四季的气候特点为鸡提供的饲养管理方面的基本要求和注意事项。因此，用孟子的话说，即如果得到一定的培养，没有什么事物是不生长的；如果失去培养，没有什么事物是不消亡的"。

　　8. 就鸡病诊断调养而言　原著曰："夫鸡之病犹人之病也，无非受其风、寒、暑、湿、燥、火六淫之气以成病，若不细心调理，安能有生乎？必顺其阴阳，审其寒热，辨其虚实，分其表里，方能挽回也。大凡禽类之疾虽与人同，但其难明之故更甚焉。夫人有望、闻、问、切四法，其易知耳。鸡但可存一失三法，安能得其真切也。三法者，闻其呼吸不能；与人对答及问其病不能告诉；切之以脉，无脉可诊，故鸡之病，所以难养也。大凡鸡有病，食水懒餐，精神减少。速移于幽僻之处，宁可薄淡其饮食，勿令过饱，使其易得运化，如此依法细心调理方得愈也。医治之法，随症调养，皆载于後各病论中"。

　　直译即："鸡生病就像人生病一样，无非是受其风、寒、暑、湿、燥、火六淫之气而成疾。若不细心调理，怎能有生机呢？应该顺其阴阳，审其寒热，辨其虚实，分其表里，方能挽回损失。虽然禽类疾病与人相同，但其诊断之难远胜于人的疾病。因为人的疾病诊断有望、闻、问、切四法，容易诊断。而在这四法中鸡则没有了三法，仅存一法，这怎能确切诊断呢？三法是指，听其呼吸不行，像人一样问其病因相互对答，不能，为鸡号脉，无脉可切。因此，鸡若患病，很难处置。凡鸡患病，饮食不进，精神不振。尽快转移到幽避之处，饲喂些清淡饮食，不可让其过饱，有利于消化吸收，如此依法细心调理方可痊愈。医治的方法，要对症调养，皆在后文诸病疗法中叙述"。

　　9. 就防治疾病无抗养殖而言　有关鸡常见的 10 种病所采用的中草药方剂：分别是伤寒的冲和丸、小柴胡丸；伤热的四黄抽薪丸；食积的健脾消食丸；痰喘的症发散丸；劳伤的驻龙百补丸；生癀的冰硼散、凉膈散；鸡痘的败毒和中散；膝疮的治干膝疮方、生肌红玉膏；体癣的治癣方；瘟疫的巴豆研末香油调灌法。

　　我国古代中兽医在鸡病防治中的上述十几种千锤百炼的中草药经典配方不

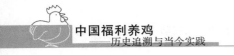

仅蕴含着古人的高超智慧，而且闪耀着中国古人在养殖过程中从不用抗生素的理念。从现今的角度看，我们能说它不是动物福利和食品安全的具体体现吗？

从上述清朝时期我国古人在鸡的福利养殖上，较之北魏时期，确实更系统且多方面阐述，从鸡的饮水供给到饲料投放，从鸡的沙浴（土浴）属性的满足到体外寄生虫及各种疾病的中草药防治，从为鸡提供户外运动的重要性到不运动关在笼舍中的危害，从鸡必处于僻静朝南向阳的理想环境到栅栏和凉棚的设置制作，从春夏秋冬四季的饲养管理要点到四季失养所造成的危害及其防范措施，从鸡患病诊病的不易的实况分析到注意观察并加强饲养管理细心调养等。无不处处体现出人对鸡的人文关怀和善待，无不体现出福利养鸡元素蕴含在鸡生长发育、长肉产蛋的全过程中，无不让人惊奇地发现在230多年前的古代中国就有如此系统全面的福利养鸡技术的经验总结和科学智慧。

因此，根据中国古代4 000多年前《逸周书·大聚篇》记载的大禹时期下达的动物保护法令—禁渔、禁牧法令；根据2 500多年前孔子提出的"丘闻之也，刳胎杀夭则麒麟不至效，竭泽涸渔，则蛟龙不和阴阳，覆巢毁卵则凤凰不翔"，根据2 000多年前孟子强调的"闻其声不食其肉"及有关动物福利的论述"仁民爱物"及"鸡、豚、狗、彘之畜，无失其时，苟得其养"；根据1 480多年前北魏时期著名农学家贾思勰所著《齐民要术·养鸡篇》对鸡福利养殖的几点重要论述；根据230多年前清朝作者所著《鸡谱》更加系统而多方面对鸡的福利养殖的技术总结和科学阐述，毫无疑问，中国的动物保护和动物福利养殖的历史源远流长，可以上溯到4 000多年前。

然而，18世纪末到19世纪初（即1809年），英国的动物保护、动物福利的理念才开始萌芽。所以，我们可以毫不夸张、理直气壮地说：从全世界范围看，动物保护法令的颁布与实施，最早源于中国的4 000多年前夏禹时期的文献记载；鸡的福利养殖的朴素的科学技术和实践，最早源于中国的1 480多年前的北魏时期的文献记载；鸡的福利养殖技术的系统论述、更科学的技术措施及实践应用，最早源于中国的230多年前的清乾隆时期的文献记载。可见，就动物福利而言，中国的福利养鸡历史和文化源远流长，为世界之最，很值得我们引以为豪！很值得我们追溯、研究！很值得我们传承和弘扬！

第二章

动 物 福 利 概 述

第一节　动物福利理解的困惑

我们首先看什么是"福利（Welfare）"？《朗文当代高级英语词典（英英·英汉双解）》中对福利的定义为：福利是指健康（health）、舒适（comfort）、幸福（happiness）和康乐（well-being）。"动物福利（Animal Welfare）"一词越来越多地受到畜牧企业、食品销售商、消费者、兽医等的关注和使用，动物福利科学已经成为畜牧业中非常活跃的新兴学科之一。然而，不同的人对动物福利的理解却不同，这会影响人们对待动物的方式。

一、动物福利面临的一个困境

为了理解动物福利及其科学评估，让我们从使动物福利科学陷入的一个困境开始。欧洲联盟科学委员会于 1997 年回顾了集约化饲养猪福利的文献。委员会回顾了"妊娠母猪栏"是否造成了动物福利问题，因为母猪在"妊娠母猪栏"里无法行走、社交或进行其他大多数自然行为。回顾得出如下结论："即使是最好的限位设施系统，母猪仍然存在一些严重的福利问题"。随着这一回顾的进行，欧盟通过了一项指令，截至 2013 年禁止使用妊娠母猪限位栏。

不久之后，一群澳大利亚科学家回顾了许多相同的文献，提出了许多相同的问题。但却得出截然相反的结论。他们的结论是："个体设施（即限位栏）和群体设施都能满足猪的福利要求。"他们还提醒，"公众的观念可能会使限制性设施的理念产生困难"，但"公众感知的问题不应与福利混为一谈"。美国的养猪业使用了这一回顾，加上类似的说法，认为取消妊娠母猪栏是没有科学依据的。

非常有成就和能力的科学家对他们的这两项回顾都做得非常透彻，而且两组科学家都认为他们做了最好、最客观的工作。那么，这是怎么了？两组科学家怎么能回顾相同的科学文献却得出相反的结论？

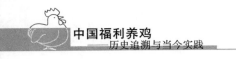
二、动物福利的不同关注点

两组科学家回顾相同的科学文献却得出相反结论，这是因为他们理解动物福利的关注点不同。对于动物福利的理解，不同的人倾向于强调不同的关注点，大体上强调的关注点包括动物基本的健康与机能、动物的情感状态、动物的自然生活三个方面：强调动物的"基本健康与机能"的观点强调免于疾病和伤害；强调动物的"情感状态"的观点强调动物的体验或者是积极的或者是消极的，但不是中立的，比如疼痛、受苦、痛苦、恐惧、饥饿、愉快、忧伤和快乐；强调动物的"自然生活"的观点强调自然行为和自然环境元素，强调实现自然生存的合理生活能力。有人强调动物基本的健康与机能，有人强调动物的情感状态，有人强调动物的自然生活；有人同时强调基本的健康与机能功能和情感状态；有人强调兼顾动物的情感状态和动物的自然生活；有人强调兼顾动物基本的健康与机能、动物的情感状态、动物的自然生活。

（一）强调动物的基本健康与机能

强调动物的基本的健康与机能主要是侧重畜牧生产者传统的关注点，即动物应该有免于疾病和伤害的自由，动物有得到食物、水、住所和其他生活必需品的自由，关注动物基本的健康与机能。一位兽医为限制性生产系统辩护："总的来说，在所谓的'密集型'系统中，动物保持较高的福利标准。我觉得动物受到了更好的照顾；动物会得到现场人员更好的关注，能确保动物有足够的庇护所和趴窝材料，确保充足的食物和水。"或如兽医教育家 David Sainsbury 所说："健康是我们饲养的每一个动物与生俱来的权利，而不论这些动物是集中饲养或者是其他饲养方式。"David Sainsbury 显然认为不健康的动物都会遭殃。Blood 和 Studdert（1988）认为动物福利为"保持畜舍、饲养和一般护理的适当标准以及预防和治疗疾病"。世界兽医协会（The World Veterinary Association，WVA）（1989）认为动物福利"强调知识以科学为基础，动物福利的目的是阐明能够满足（生理）需要和能够避免伤害"。美国兽医医学协会（The American Veterinary Medical Association，the AVMA）认为"动物福利的所有方面包括适宜的畜舍、管理、营养、疾病预防与治疗、负责任的照料、仁慈的处理以及有必要时仁慈的安乐死"。

（二）强调动物的情感状态

在动物解放运动中，澳大利亚哲学家 Peter Singer 在对限制性生产批评基础上，认为应该根据给动物带来的痛苦或快乐来判断做的对或错。他声称：

"对于同样的痛苦（或快乐），没有道德依据表明人类比动物更重要。"Duncan 和 Petherick（1989）认为动物福利只依赖于动物的感觉。Dawkins（1990）则认为，动物福利主要依赖于动物的感觉。中国台湾学者夏良宙（1990）提出，就对待动物立场而言，动物福利可简述为"善待活着的动物，减少动物死亡的痛苦"。Webster（1994）认为动物福利状况由动物避免痛苦或保持舒适的能力决定。Richard Ryder 说，"我们应该试着去理解疼痛和忧伤的感受，并发现如何预防和减少疼痛和忧伤。"

（三）强调动物的自然生活

几十年前，科学家首先关注当时新的限制性动物生产系统中的动物福利问题。对限制性生产系统的第一次主要批评出现在 Ruth Harrison 于 1964 年出版的《动物机器》一书中。Ruth Harrison 在书中描述了一些当时使用的限制性生产系统，如母鸡笼和小牛栏，作者认为这些系统太不自然，以至于畜禽过着悲惨而不健康的生活。作者问道："我们统治动物世界的权利达到了什么程度？我们有权剥夺动物所有的生活乐趣只是为了从动物的胴体更快更多的赚钱吗？"瑞典著名作家《长袜子皮皮的故事（the Pippi Longstocking）》的创作者及动物福利改革的先驱 Astrid Lindgren 提议："让农场动物看到一次太阳吧！让他们远离电扇的凶狠咆哮吧！让他们呼吸一次新鲜空气吧！而不是让他们呼吸粪肥的臭气！"Ruth Harrison 和 Astrid Lindgren 显然认为让动物有更自然的生活会使动物更快乐、更健康。富有影响力的英国喜剧演员 F. W. R. Brambel 写道，"原则上，我们不赞成对于动物的一定程度上的限制，因为这样做一定会挫败动物的与自然行为有关的大多数活动。"强调动物的自然生活主要来自社会批评家和哲学家，他们关心的焦点问题是：在动物的生命中需要一定程度的"自然"：动物应该能够表达他们的自然行为，在动物的环境中应该有自然元素，我们应该尊重动物本身的"天性"。动物应该能够过适当的"自然"生活。

（四）同时强调动物的基本健康与机能和情感状态

一些科学家强调动物基本的健康与机能和动物的情感状态，Brambel（1965）认为，动物福利是一个比较广泛的概念，包括动物生理上和精神上两个方面的康乐。Lorz（1973）认为，动物福利是指动物从身体上、心理上与环境的协调一致。Hughes B. D.（1976）认为"一般层面的福利是一种身心完全健康的状态，在这种状态下动物与其所处环境相协调"。Hurnik J. F.（1988）将动物福利定义为"有机体与其环境之间生理和心理和谐的状态或条件"。

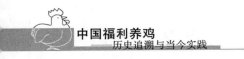

Ewbank（1999）认为动物福利"用健康和愉快代替动物福利更具有实际意义"。Colin Spedding 在 2000 年把"福利"界定为满足动物的基本需要。福利是一种康乐状态，在此状态下，至少动物的基本需要得到满足，在肉体上、精神上、心理或心灵上处于康乐状态。

（五）兼顾动物的情感状态和动物的自然生活

Hollands C.（1980）认为"动物福利的定义应该考虑动物的自然尊严，因为动物有生命、有感觉能力"。

（六）兼顾动物的基本健康与机能、动物的情感状态、动物的自然生活

美国哲学家 Bernard Rollin 认为，我们需要"一种更高的动物福利理念，动物福利将不仅意味着控制疼痛和受苦，福利还需要养育和实现动物的天性"。Fraser A. F. 和 Broom D. M.（1990）给动物福利的定义是："个体的福利是其试图应对其环境的状态"。David Fraser 认为应该给动物提供"适合动物的适应自然的生活"，"动物福利应该是三个关注点的概括"。2004 年，世界动物卫生组织（World Organization for Animal Health，OIE）将动物福利指导原则纳入世界动物卫生组织《陆生动物卫生法典》中。在《陆生动物卫生法典》中明确指出，动物福利是指动物的状态，即动物适应其所处环境的状态。良好的动物福利，就是要让动物生活健康、舒适、安全、得到良好饲喂、能表达天生的行为，免受痛苦和恐惧，并能得到兽医治疗、疾病预防和适当的兽医处理、庇护、管理、营养、人道处置以及人道屠宰，这些要求需要涵盖动物保健、饲养和人道处理等各个环节。

三、动物福利的不同关注点与动物福利评估

不同的动物福利关注点形成了人们用来评估动物福利的不同标准。不同的动物福利标准即相互重叠又相对独立，但是对任何一个标准的单一追求都可能导致用其他标准判断差的福利。动物福利标准一方面应该考虑生产力和科学技术进步带来的生活改善；另一方面应该考虑简单的自然的生活。动物福利的科学研究是建立在各种福利标准之上的。动物福利的科学研究有助于通过改善动物的房舍和管理来发现和解决动物福利问题，不同的动物福利标准为不同的动物福利研究方法提供了理论基础。

四、动物福利价值观的争论

对动物福利的不同关注点并不一定涉及事实的分歧。一个集约化动物生产

者可能会得出这样的结论：在一个高健康的限制性生产系统中，动物福利是好的，因为动物是健康的，动物生长得很好；而一个批评家可能得出相反的结论，因为动物们聚集在贫瘠的围栏里，产生异常行为。双方可以就一些实际问题得出一致结论，如每个动物的空间大小和疾病的发病率。但他们的分歧在于价值观——特别是关于他们认为对动物的生活来说什么更重要或更不重要的价值观。

为什么人们对什么是动物的美好生活持不同的观点？因为不同的动物福利观实际上有着深厚的文化根源，我们可以追溯到工业革命时期。所谓的"工厂系统"成为欧洲大部分地区生产纺织品和其他商品的主要方式。数以千计的工厂拔地而起，这种系统的效率如此之高，以至于传统手工生产几乎完全消失了。工人们从乡村搬到城市，开始在工厂里操作机器，在一些城市，工人们生活在明显不健康的环境中。这是一次深刻的社会变革，并引发了一场激烈的辩论。新的工业体系对人类生活质量的好坏有没有影响？新的工业体系是不是本质上在破坏环境、剥削工人？新的工业体系是人类在迈向全面自动化而无需人类劳动的进程中的重要阶段吗？

辩论的批评者一方坚持认为工厂系统引起人们过着痛苦和不健康的生活。批评者认为，城市为工人创造了狭窄、不健康的生活条件，剥夺了人们与自然的接触。这些机器本身造成了许多伤害，经常导致工人身体畸形，因为他们置工人于一种非自然的压力下。也许最糟糕的是，有人声称，重复使用机器使工人们自己像机器，侵蚀了工人的人性。

但是工厂系统的坚定维护者认为，工厂系统并不是强加给工人非自然的压力，自动化机构减轻了工人们生产手工艺品所需手工的大量劳动。工厂系统远非不自然，工厂系统代表了人类劳动时代自然发展到自动化，是劳动变得不必要的一个步骤。此外，明智的工厂老板会关注工人的健康和快乐，否则实现不了最大的生产力。事实上，工厂系统的生产力被证明是工厂系统实际上适合工人的证据。由于工业化的影响如此深远，这场辩论吸引了当今一些主要的知识分子，从他们的作品中我们可以了解到他们的论点背后有着截然不同的价值观和世界观。

反对工业的世界观可以称之为浪漫/农耕世界观，从 1600 年到 1800 年的牧民、浪漫诗人以及画家可以看出，此世界观反映了拉丁作者 Virgil 的乡村诗歌的延伸的价值观。浪漫/农耕世界观看重与自然和谐相处的简单、自然的生活，把自然视为我们应该努力效仿的理想状态，重视个人的情感体验和自由，而不是工业革命中涌现的科学技术的冷理性。持浪漫/农耕世界观的人倾向于缅怀逝去的"黄金年代"，认为那时人们生活得更好。

赞成工业的世界观可以称为理性/工业世界观，是启蒙运动的产物。当时人们寻求理性和科学来取代迷信和无知。赞成工业的世界观涉及两个西方思想相对较新的概念。一个是生产力。Adam Smith 在他的著作《国家财富》中说："一个国家的生活质量取决于可以提供给公民所需要的和他们想要的商品的可利用性"。因此，提高劳动生产力，从而增加商品的供应，这应当改善了一个国家人民的生活。因此，工厂系统、自动化和专业化会带来更大的生产力，最终会使生活更美好；二是进步。认为变革代表进步，我们不能阻挡进步的步伐。工厂生产是进步的，人类历史不可逆转地朝着改进的方向发展。这种观点源自于科学，因为在科学中，每一代人都被视为是建立在前辈的工作基础上，从而使知识不断地改进和丰富，知识被视为是一代又一代的发展。因此，理性/工业的世界观与浪漫/农耕的世界观截然不同，理性/工业的世界观重视的是因科技改善了的生活，不是简单的自然生活。理性/工业的世界观认为自然不完美，自然不是我们应该效仿的理想状态，我们应该努力改善自然，而不是把自然作为一种理想的状态。理性/工业的世界观看重的是理性，而不是非理性的情感。相比于个体劳动者的自由，理性/工业的世界更看重企业的生产力，而不是回顾与自然和谐的黄金时代。理性/工业的世界观倾向于憧憬未来的黄金时代，期待科学和技术的进步将提高生产力并带来更好的生活。那些更倾向于浪漫/农耕世界观的人们是反对工业化的批评家，他们倾向于采用农村价值观。表2-1归纳了浪漫/农耕和理性/工业两种世界观的主要特点。

表2-1　浪漫/农耕和理性/工业两种世界观的主要特点

农业	工业
简单的基本的生活	科学技术改善的生活
自然是完美的	自然是不完美的
情感	理性
个体自由	生产力
过去的黄金时代	未来的黄金时代

　　养殖业集约化生产过程中的动物福利问题存在明显相似的辩论。事实上，关于动物福利的许多分歧可以追溯到截然不同的两个世界观的持续影响。浪漫/农耕的世界观认为以自然生活为主是动物的美好生活，通过自由放养系统和户外活动等方式来模仿自然，实现动物的美好生活。他们会强调动物的情感（比如，动物在受苦吗？动物快乐吗？），他们重视动物的自由。由于种种原因，赞成浪漫/农耕世界观的人们可能会认为限制性生产系统天生就与高水平的动物福利格格不入，他们可能会把传统的、非限制性的生产系统看做是我们应该返回的理想。相反，那些更倾向于理性/工业世界观的人们更倾向于认为动物

的美好生活主要是健康的生活，他们不是通过模仿自然，而是通过控制自然、预防疾病、抵御恶劣天气等来实现动物的美好生活，他们倾向于重视生产系统的合理性和科学基础，而不是动物的情感；倾向于畜禽生产力，而不是个体动物的自由；他们认为非限制性系统是需要加以改进的过时模式，而把限制性生产系统看做是改善动物和人类福利的一种进步方式。从表2-2可以看出两个典型的动物福利观的不同特点。从以上论述中我们了解到，这两个不同的动物福利观点有很深的文化根源。事实上，科学家也是我们文化中的成员。科学家如同我们一样，他们也受到深层次的文化根源的影响，他们会把这些不同的世界观和什么是重要的动物美好生活的观点纳入到科学研究中。但我们可以看出，两个不同的世界观和观点都不是绝对对立的，他们的观点反映了动物福利的多面性，这些不同观点丰富了动物福利科学，为我们解决动物福利问题提供了不同的视野。因此，为了促进和发展动物福利，需要在不同的世界观和关注领域间找到合理的平衡。

表 2-2　动物福利观

倾向于农业	倾向于工业
自然生活	健康生活
模仿自然	控制自然
动物情感	理性系统
个体自由	畜禽生产力
传统农场是理想的	传统农场已过时

读者可能会想到，并不是所有人的观点都是非此即彼，以上两种世界观是存在于我们文化中的两个典型观点。实际上，他们很可能在某种程度上都影响到我们每一个人，也许我们自己的态度也自相矛盾。但是，以上这些观念有助于解释不同的动物福利观。

第二节　动物福利的理念

一、动物福利的概念

（一）动物福利的定义

动物福利就是从动物基本的健康与机能、动物的情感状态、动物的自然生活三方面善待活着的动物。但是这三个动物福利的关注点并不是完全分离的，也不是完全相互排斥的。

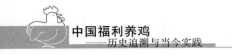
在炎热的夏天，让猪在泥里打滚，对猪的福利是好的，因为这样会让猪感到更舒适。从基本的健康与机能角度，因为在泥里打滚可进行自然的冷却行为；从情感状态角度，因为在泥里打滚会减少热应激对身体的损害；从自然的生活角度，给猪提供在泥里打滚的机会，会增加猪的快乐，特别是我们给猪提供了天然的泥巴。

又比如，鸡洗沙浴，对鸡的福利是好的，因为这样会让鸡感到更舒适清爽。从基本的健康与机能角度，鸡通过洗沙浴可以去掉寄生在鸡羽毛上的诸如羽虱和螨虫等寄生虫，缓解患鸡瘙痒不安，甚至避免鸡患此类寄生虫疾病；从情感状态角度，鸡通过洗沙浴可以去掉鸡皮表面分泌的油脂和其他赃物，有利于鸡保持羽毛的整洁；从自然的生活角度，我们给鸡提供了沙浴池，给鸡提供在沙土里玩耍的机会，会增加鸡的快乐，如果我们给鸡提供了天然的沙浴池就更好了。

但这三个关注点并不总是携手并进的。如果只追求动物的生理健康与机能，会降低动物的情感状态和动物的自然生活；如果只追求动物的自然生活，会降低动物的生理健康与机能。

如果只追求动物的生理健康。母猪限位栏和母鸡笼是预防疾病和寄生虫的好方法，但猪和鸡不能表达自然行为，这不是一种自然的生活方式，也不是一种令人愉快的生存方式。

60年前，美国心理学家 Harry Harlow 想建立一个无病猴子群体，以供研究之用。为了做到这一点，Harry Harlow 将出生后几小时的恒河猴与它们的母亲分开，并将它们养在单独的笼子里，这样这些恒河猴就可以隔离病原体。猴子们能彼此看到和听到，但它们不能身体接触。这种方法给猴子带来了极好的生理健康，但随着猴子的成熟，Harry Harlow 意识到这些隔离的恒河猴"情绪失调"："作为一个群体，他们表现出在野生条件下很少见到的异常行为，在实验室出生的猴子，生活多年后，他们表现为坐在笼子里，目不转睛地盯着空间，绕着笼子一圈又一圈地转圈，长时间把头放到手或胳膊或岩石上并长时间地摇着石头。"在这个例子中，一心一意追求生理健康导致了非常不自然和看似不快乐的动物的生活。

如果我们只追求动物的自然生活呢？各种户外饲养系统的研究表明，动物可能有大量的新鲜空气和自由的行为，但也可能受到寄生虫、捕食者以及恶劣天气的挑战，猪在泥里打滚、鸡洗沙浴给猪和鸡创造了表达自然行为的机会，但也增加了新生仔猪和雏鸡死亡率高的风险。

而以上情况在人工条件下都可以得到更好的控制。又比如让狗想吃多少就吃多少，可防止狗的饥饿感，但也会导致狗肥胖、患上心脏病和短命。可见，追求快乐的道理也是如此。

我们可以看出：①动物基本的健康与机能、动物的情感状态、动物的自然生活三个关注点都是对的；②这三个关注点有时是一致的，有时是不一致的，有时是不太一致的；③不同领域是独立的；④只专一追求满足其中一个关注点的动物福利，并不能保证改善了动物福利。

因此我们不难理解，动物福利的三个关注点都正确，但都不能全面概括动物福利，动物福利的概念应该兼顾以上三个关注点，不能顾此失彼，应该在三个关注点找一个平衡。

如图 2-1 所示，动物福利由三个不同的部分组成，即动物基本的健康与机能、动物的情感状态、动物的自然生活，这三个部分都有不完全的重叠，而追求任何一个方面的高的动物福利，都不能保证其他方面的高的动物福利。这三个关注点需要折中、需要妥协、需要平衡。

综上所述，笔者认为比较恰当的动物福利的定义应为：动物福利由不完全重叠的三个部分组成，即动物基本的健康与机能、动物的情感状态以及动物的自然生活，是动物适应其所处环境的状态。

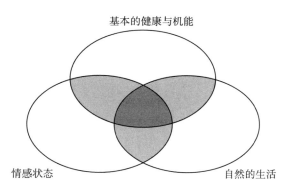

基本的健康与机能

情感状态   自然的生活

图 2-1 动物福利的三个概念，改编自 Michael Appleby 和 Vonne Lund

（二）动物福利的"五项自由"原则

Brambell 于 1965 年描述了农场动物的"五个自由"即"转身、自我修饰、起立、躺卧和伸展四肢"。1979 年英国农场动物福利委员会（Farm Animal Welfare Council，FAWC）提出了"五项自由"，1989 年世界兽医协会（The World Veterinary Association，WVA）采纳了英国农场动物福利委员会提出的"五项自由"，并用于所有畜禽。农场动物福利委员会在 1992 年更新了"五项自由"，其具体内容如下：①动物免受饥渴和营养不良——为动物提供充足的清洁饮水和食物，使动物保持健康和活力（freedom from hunger，thirst，and malnutrition-by ready access to fresh water and a diet to maintain full health and vigour）；②动物免受不适—为动物提供适宜的环境，包括庇护所和舒适的休息区（freedom from discomfort-by providing an suitable environment including shelter and a comfortable resting area）；③动物免受疼痛、伤害和疾病—为动物提供疾病预防或快速诊断与治疗（freedom from pain，injury，or disease-by prevention or rapid diagnosis and treatment）；④动物免于恐惧和忧伤—为动物提供条件和措施，使动物不遭受精神折磨（freedom from fear and distress-by ensuring conditions which avoid mental suffering）；⑤动物表达自然行为—为动物提供充足的空间、适当的设施和同种动物伙伴（freedom to express normal behavior-by providing sufficient space，proper facilities and company of the animal's own kind）。

根据动物福利的"五项自由"，英国农场动物福利法中制定了相对应的"五无监控"的基本原则（Webster（1987）：①无营养不良：同时保证饲粮的质和量，使畜禽保持健康和活力；②无冷热和生理上的不适：环境（如圈舍）既不过冷也不过热，不影响畜禽正常的休息和活动；③无伤害和疾病：将导致损伤和疾病风险的饲养方式和设施降至最低限度，及时发现病例并迅速诊断和治疗；④无拘束地表现最正常的行为：提供必要的环境条件，使畜禽表现在进化过程中所需要的强烈愿望或动机的行为；⑤无惧怕和应激。

"五项自由"提供了一个不论是个体农场还是生产系统好的饲养实践的福利综合评估原则，包括了好的福利和好的养殖业的基本因素。动物福利"五项自由"已经得到广泛认可和应用，成为动物福利理论的非常重要内容。

表2-3用"五项自由"比较了三个典型产蛋母鸡生产系统的福利，即常规的（贫瘠的）层架式笼养、符合2012年欧洲共同体要求的丰容笼养以及放养系统。表2-3中的内容不用详细地讨论，就足以说明没有理想的系统，当寻求提高全部的生理和心理快乐时，总是需要一些折中。

表2-3　常规层架式笼养、丰容笼养和放养产蛋母鸡生产
系统的概要比较（Webster，2006）

系统	常规层架式笼养	丰容笼养	放养
饥渴	充足的饮水和饲粮	充足的饮水和饲粮	充足的饮水和饲粮
舒适，保暖防寒	良好	良好	变化
身体	不舒适	适当	适当

（续）

系统	常规层架式笼养	丰容笼养	放养
疾病	低风险	低风险	高风险
疼痛	高风险（脚趾和腿）	中等风险	风险不定（啄羽癖）
应激	沮丧	几乎不表现沮丧	有攻击行为
恐惧	风险低	风险低	有攻击行为和恐惧症
自然行为	极受限制	受限制	不受限制

二、动物福利与动物保护和动物权利

人们在理解动物福利的时候，有时会与动物保护和动物权利概念相混淆，甚至会出现将动物福利理解为动物保护或者动物权利，其实动物福利与动物保护和动物权利是有明显差别的不同概念。

（一）动物保护与动物福利

在善待动物的理念得到人类普遍关注和认可之前，动物被当做一种重要的自然资源，成为人类随意猎杀的对象。但动物的遗传资源具有不可再生性，一旦动物物种或品种灭绝就再也无法恢复。据国际自然与自然资源保护联盟（IUCN）《红皮书》统计，20 世纪有 110 个物种和亚种的哺乳动物以及 139 种的鸟类灭绝，约有 20% 的脊椎动物面临灭绝的危险，世界上已经有超过 1 000 个品种的家养动物灭绝。人类逐渐意识到，动物不是取之不尽、用之不竭的普通资源，而是与人类一样有血有肉的生命体，会感知疼痛、恐惧、忧伤、快乐等情感，因此越来越多的人投入到动物保护事业。

动物保护涵盖以下内容：①为了保存物种资源或保持生物的多样性，保护好珍稀动物和濒危动物的种群，使它们世世代代繁衍下去，避免它们在地球上消失。这种保护是以物种资源或种群为对象的保护，目的是为了保存物种资源和维持生物的多样性。例如大熊猫、扬子鳄、藏羚羊等动物的保护就属于这类保护。②建立自然保护区，保护珍稀动物、濒危野生动物赖以生存的环境。实际上，这一项属于动物保护措施，是间接地动物保护。由于人类生活、生产活动的影响，严重破坏了地球的生态环境，破坏了某些野生动物的栖息地，打破了生态系统的平衡和稳定，一些野生动物的生存受到威胁，及至濒危或灭绝。在这种情况下，建立某些动物的自然保护区，成为保护珍稀和濒危野生动物的重要环节。③保护动物免受虐待和身体的损伤，免受疾病的折磨和精神上的痛苦，减少人为活动给动物造成的直接伤害。④动物疾病的防治与控制（陆承

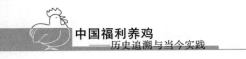

平，1999；陆承平等，2004；董婉维等，2006）。

动物保护内容的前两点是强调保护种群，是物种保护，以免物种灭绝。动物保护内容的后两点是强调保护个体，是对动物本身的保护，以免动物受到伤害或虐待、痛苦。

由此可以看出，动物保护和动物福利作为两个不同的概念，在对动物本身的保护方面都强调使动物免受伤害或虐待、痛苦，但在保护对象和保护内容方面各有侧重。

第一，重点保护的物种不同，动物保护的重点是珍稀动物和濒危动物，目的是保护好这类动物的种群，避免它们在地球上消失；而动物福利的重点是实验动物、农场动物、伴侣动物、工作动物和娱乐动物，目的是避免动物受到虐待和身体的损伤，避免动物遭受折磨和痛苦。

第二，重点保护的物种水平不同，动物保护的物种水平强调种群；而动物福利不涉及种群，动物福利强调个体。

第三，强调的环境不同，动物保护强调自然环境下的野生动物，强调的环境是没有人类干预的自然环境；动物福利强调人类给动物提供适宜动物生存的环境。

举一个亚洲麝香鹿的例子，因为这种小鹿的麝香，在亚洲的一些地区，它们被猎杀，在其他地区，这种鹿被饲养，也就是说，被关起来养，它的麝香被周期性地提取。从生态学观点，如果采集麝香，饲养少部分麝香鹿，显然对保存这个品种是较适宜的。但是从福利角度看，狩猎可能比饲养野生麝香鹿更合理。因为，如果在狩猎中，这只动物被射中，立即死亡，那么这只动物没有经历害怕或疼痛，动物的福利没有受到影响；如果这只动物长时间疼痛地死亡，那么这只动物的福利受到影响（Broom，1988）。而在麝香鹿饲养场，雄鹿经常被饲养在木制的箱子里，箱子仅比麝香鹿大一点，有时太低，麝香鹿站不起来，尽管没有光线进入箱子里，但给麝香鹿充足的饲料和水，使他们活下来。他们被周期地从箱子里拖出来，提取麝香，提取麝香后这头鹿被放回到他们的箱子里，没有给这些麝香鹿的福利提供有益的刺激，麝香鹿的生理规划就是生产麝香（Marlene Halverson，1991）。

（二）动物权利与动物福利

动物权利是一些人发起的一种比较激进的社会思潮，该思潮认为动物拥有与人类相似的生理、记忆力和情感，反对使用任何动物，如赛马、马术、狩猎、导盲犬、用动物做挽救生命的医学研究、为了食物饲养家畜，宠物动物园（Petting zoos）、海洋公园、纯血统宠物的育种等。

动物权利是一个哲学观点，这种观点认为人类和动物在本质上是同等的，动物有与人类类似或相同的权利。真正的动物权利支持者相信，人类一点也没有权利使用动物，动物权利支持者谴责所有为了人的利益使用动物，希望禁止人类所有的对动物的使用，不论多么人道。动物权力倡导者不区分人类和动物，善待动物组织（People for the Ethical Treatment of Animals，PETA）创始人 Ingrid Newkirk 认为"说人类有特殊的权利没有理性基础。一只老鼠、一头猪，一条狗，一个男孩，他们都是哺乳动物。"美国人道协会（Humane Society of the United States，HSUS）的 Michael Fox 说："一只蚂蚁的生命和我的孩子的生命应该给予同等的尊敬"。一些动物权利倡导者甚至暗示动物福利改革实际上妨碍了动物权利的进步，因为动物福利改善条件是在动物利用发生的情况下的改善（Ron Arnold）。

　　当人类的利益和动物的利益发生冲突时，动物权利倡导者把动物放在前面，善待动物组织的 Newkir 说"即使动物研究产生了一种艾滋病（AIDS）的治疗方法，我们还是反对使用动物"。

　　动物福利的观念是：为了人类的目的使用动物，但应使动物的疼痛、应激、痛苦和剥夺降低到最小，提高动物一生的康乐（Richard 等，1997）。动物福利支持者寻求改善动物治疗和动物康乐，相信人类在养殖业、娱乐、工业、运动和消遣等方面能够使用动物，但是应该给所有动物提供适当的关心和管理，支持为了人类的目的使用动物，动物福利团体利用科学的证据达到基本的动物关心和管理指导方针（Animal Welfare Council）。

　　动物福利哲学在根本上不同于动物权利哲学，因为动物福利哲学赞同为了满足某些人类的需要，负责任地使用动物。使用范围从伴侣到运动，使用动物包括像为了食物、衣服和医学研究夺取动物的生命，包括伴侣动物、工作动物（导盲犬、警犬）、体育（赛马、马术）、娱乐（狩猎）等。动物福利意味着保证所有被人类使用的动物有其基本需要，包括食物、庇荫和健康等，避免为了人类的需要而遭受不必要的疼痛、痛苦。

　　动物福利是人类对动物康乐的所有方面的一种责任，包括提供适当的房屋、管理、营养、防病治病、负责任的关心、有人情的处理，当有必要时，给动物人道的安乐死；而动物权利倡导者不容忍为了人类的目的负责任地使用动物，如食品、纤维以及为了人类和动物的利益所进行的研究（Ron Arnold）。

　　在动物权利和动物福利之间存在着根本的理论上的差异。动物权利提倡者认为动物有必然的不能剥夺的道德权利，这个权利人类不应该侵犯。但是动物福利提倡者接受人类有权利使用动物的观念，只要痛苦被减轻或被消除。理论上动物福利提倡者唯一的工作是为了改善残酷或滥用虐待的情况，减轻动物痛

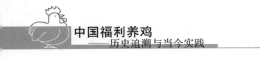
苦（Richard 等，1997）。

动物权利提倡者经常表达关心福利问题，但是，最后的，或隐藏的动物权利意图却是纯粹主义者的不使用动物的关心。比如畜栏问题，动物权利的目标不是改进畜栏，而是废除畜栏。其观念是为了任何原因都不能使用动物，这就排除了选择或改进（Mathis，1991）。

动物福利反映了人类对动物的人道对待和关心，是社会主流的典型代表。它通常表现为来自社会的正在增长的支持。相反地，动物权利的支持者相信，不能以任何形式开发动物。换句话说，人类应该与动物唯一的相互作用是偶然发生的或是由动物引起的。动物权利倡导者反对使用动物用于食品、衣服、娱乐、医学研究、产品试验、导盲犬、宠物。

动物权利支持者相信人类已经进化到没有任何动物产品（乳、肉、蛋、奶、蜂蜜、皮革、羊毛、毛皮制品、丝绸、副产品等）也能活着的程度。

动物对人类的社会、经济、文化有着巨大影响，是人类文明的重要组成部分，人类对动物的利用无法停止。动物福利既考虑了人的情感和利益，又考虑了动物本身的价值和感受。动物权利主张禁止人类对动物的利用，这与人类社会的现实相悖。倘若禁止使用取材于动物的医药产品及实验材料，人类医疗水平将会倒退。人类将会继续使用动物蛋白和纤维，倘若停止对动物源性食品的摄入，人类的营养水平和健康水平将会受到影响。"对于食品和农业来说，家畜是决定性的，家畜提供农业部分的地球经济价值的 30%～40%，大约 2×10^9 人，占 1/3 的世界人口依赖家畜作为他们的营生"（FAO）。从上述可以看出，人类饲养动物生产食品以及为了其他的目的使用动物是人类自身生存、发展的需要。总而言之，动物权利过于激进，动物福利具有很强的现实意义和理论基础。极端的动物权利态度实际上与动物在食品生产或人类其他目的使用动物期间的动物福利或动物的生命质量问题没有关系。

第三节　动物福利的意义

关心动物是一件很容易做到的事情，只需要技巧、耐心和谦卑。随着人类越来越意识到动物食品安全、生态平衡等的重要性以及人类文明和社会道德的进步，动物福利已经得到社会各界的广泛关注与重视。在商界中，沃尔玛和汉堡王经常宣布对于采购产品的动物福利要求。畜牧领域在过去 7 年里，世界动物卫生组织的 178 个成员国已经采用了 100 多页的动物福利标准作为影响巨大的《陆生动物卫生法典》的新文本，我国已经出台了《农场动物福利要求—猪》标准、《农场动物福利要求—肉鸡》标准以及《农场动物福利要求—蛋鸡》

标准。在金融界，国际金融公司，作为世界银行的投资部门，已经宣布希望所投资的畜禽公司将动物福利作为公司业务计划的一部分。在联合国，联合国粮食及农业组织，以及涉及农业及减贫的主要国际组织，发布了叫做"农场动物福利门户"的新闻项目，每周更新一次，为世界各地的畜牧业相关从业者带来新的信息。

动物福利主张的是人与动物协调发展，在满足人类需要的同时要考虑动物的需要，即在人类需要和动物需要之间寻找一种平衡，实现既能提高动物利用价值又能让动物享有福利。动物福利学科对畜牧业有经济效益、生态效益和社会效益。

一、经济效益

农场动物集约化、工厂化的养殖模式是为了提高养殖业生产力和经济效益，但与此同时却剥夺了动物的活动空间，动物的自然行为得不到满足，动物的体质和抗病能力大幅下降，畜禽疾病频发，牧场以及周边环境污染等问题频频出现，且随着集约化程度的提高和普及而加剧。但这些问题在粗放式管理条件下并不突出。人们发现，这些问题不是动物品种的问题，也不是营养的问题，更不是繁殖的问题，而是集约化生产方式本身带来的问题，是畜禽根本无法适应集约化的生产方式的结果，是动物福利下降的后果。如果对集约化生产方式加以改进，提高畜禽福利，不仅提高畜禽的疾病抵抗力和生产力，而且同时降低疾病防治费用。

可见，农场动物的健康状况和福利水平与经济效益密切相关。恰当且较好的福利能提高经济效益。农场动物在集约化饲养条件下会导致生产性能下降、个体损伤加剧、使用寿命缩短、死亡率提高、用药量加大、动物产品质量的安全性下降等一系列棘手的问题，带来一定的经济损失，提高动物福利有助于改善动物的健康状况，更大程度地发挥动物的遗传潜力，提高动物的生产性能，减少动物患病及药物的使用，促进动物源性产品质量的安全性的提高，从而提高动物养殖的经济效益。尽管提高动物福利需要增加一定投入，但提升动物福利可以提高动物产品质量，增加优质产品带来的收益。在提高动物福利时，要考虑动物福利产出和投入比，确保产出大于投入，提高经济效益。

此外，提高动物福利水平是适应出口贸易和经济发展的要求。世界贸易组织以及一些西方国家对动物福利有较高的要求，这使动物福利成为一项贸易壁垒。如欧盟要求其成员国在进口第三方动物产品之前，要求供货方必须提供畜禽或水产品在饲养、宰杀过程中没有受到虐待的证明；欧盟对动物产品的药物残留和疫病有严格的检查，如发现严重问题则停止从出口国、地区或企业进口

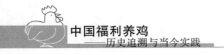

该类动物产品。我国目前的饲养、运输、屠宰等环节的动物福利，与西方国家相比还有很大的差距，这制约了我国对西方国家的动物产品出口。例如，我国某实业有限公司由于鸡舍没有达到欧盟现有的动物福利标准，使得原定每年出口 5 000 万只活鸡到欧盟的计划搁浅。因此，提高动物福利水平，有助于促进我国畜禽及其产品的对外贸易。

二、生态效益

随着养殖业的蓬勃发展，规模化养殖场的数量和规模迅速增加，生产中产生的废弃物，如动物粪尿、有害气体、残留的抗生素等，给生态环境造成了严重威胁，甚至破坏生态系统的多样性。粪尿中含有的高浓度氮和磷，进入水体后可引起水体富营养化、土壤板结；粪尿中含有的重金属离子，如 Fe、Cu、Mn、Zn、As、Pb 进入环境后很难降解和清除，造成长期污染；粪尿中残留的抗生素进入环境会破坏水生生物和土壤微生物生态系统的平衡和多样性。另一方面，畜禽产品中残留的抗生素长期进入人体会引起过敏反应，严重时可以导致食物中毒，有的抗生素具有致癌、致畸、致突变或有激素类作用，会严重干扰人类各项生理功能。

因此，提高动物福利，一是在动物生长、繁殖、生产阶段提高福利水平，根据畜禽营养、生理和行为等方面的需求改善它们的生存环境，同时进行合理规范的管理，能减少畜禽的应激反应，提高畜禽自身的抗病力和免疫力，降低疫病发生率，减少畜禽生产中重金属和抗生素等药物的使用，降低粪尿中重金属和抗生素的排放量；二是可以降低畜禽的死亡率，不仅提高经济效益而且减少动物尸体对环境的污染；三是可以提高饲料利用率，减少饲料用量，降低饲料排放量，降低粪尿中氮和磷的排放。

三、社会效益

人类尊重动物、关心动物、善待动物的态度，是社会文明进步的标志。Immanuel Kant（1724—1804 年，康德，德国思想家、哲学家）认为，人类对待动物的凶残，会使人类养成凶残的本性。Mohandas Karamchand Gandhi（1869—1948 年，莫罕达斯·卡拉姆昌德·甘地，尊称圣雄甘地，印度民族解放动物的领导人）也曾说过，一个民族的伟大之处和他们得到的进步，可以用他们对待动物的态度来衡量。因此，培养动物福利意识，有助于保护畜禽、善待畜禽、悲悯畜禽；有助于培养爱护弱者、尊重生命的社会风气；有助于使人类从妄自尊大、自我为尊的意识中解脱出来，转向与自然和谐相处、热爱自然、敬畏自然。

　　改善动物福利，能降低抗生素的使用，对于人类食品安全和公共卫生安全有重要的作用。一方面，提高动物福利，能降低动物产品中残留的药物、毒素对于人类健康的负面效应，提高畜禽产品品质；另一方面，畜禽长期大量使用抗生素会导致抗生素耐药和"超级细菌"的产生，由于这些"超级细菌"对常规抗生素有抵抗力，人类感染超级细菌的数量和治疗"超级细菌"疾病的费用都是惊人的。提高动物福利，能降低抗生素导致的"超级细菌"的风险，降低"超级细菌"对人类健康的威胁和对人类社会经济稳定的威胁，节约医疗费用，有助于社会的和谐稳定。美国每年有 200 万人感染"超级细菌"，欧盟每年用于治疗"超级细菌"疾病的费用达到 15 亿欧元。世界银行在 2016 年表示，抗药性疾病有可能带来严重的经济危害，甚至较 2008 年的金融危机有过之而无不及。他们预测，到 2050 年，全球可能每年要为此增加高达 1 万亿美元的医疗投入。在 2016 年 G20 中国杭州峰会公报中提到："抗生素耐药性严重威胁公共健康、经济增长和全球经济稳定"。要"应对抗生素耐药性问题""预防和减少抗生素耐药性"。

第三章

国外鸡的福利养殖概况

第一节 国外动物福利的发展历程

一、18 世纪国外动物保护与动物福利的主要事件

早在 18 世纪，欧洲国家一些学者就开始用伦理学的知识指责残忍对待动物的行为，1768 年，英国学者理查德指出，"许多牲畜就在人类没有意识到其痛苦的情况下死亡"，所有的动物都有感觉，有七情六欲，动物和人一样可以感受到快乐和痛苦。

德国思想家、哲学家康德（1724—1804 年）认为，"人类对待动物的凶残，会使人类养成凶残的本性"。

1790 年，威廉·司麦列指出，免受痛苦是动物生命体的基本权利，应享有这方面的法律保护。

1798 年，英国剑桥大学的托马斯·杨，对英国残忍对待体育动物进行了批评，并提出要认真考虑动物的伦理地位问题。

18 世纪末的 1800 年，英国下议院的威廉姆·帕尔特里向下议院提出了一项禁止虐待动物的法案，虽该法案未被通过，但此时英国的动物保护、动物福利的理念已开始萌芽。

二、19 世纪国外动物福利的主要事件

1822 年，爱尔兰政治家马丁向英国下议院提交的《禁止虐待家畜法案》即《马丁法案》正式通过并实施。

1824 年，爱尔兰政治家马丁和其他人士一起成立了世界上第一个动物保护组织——"禁止残害动物协会"。

1824 年，英国成立了防止虐待动物协会（RSPCA），编印宣传材料，为学校编写和印刷教材，并通过报刊唤醒大众，关心动物福利和如何照顾动物。

1840 年，英国女王授予该协会"皇家 Royal"称号，改称为 RSPCA。

RSPCA 是世界上历史最为悠久的、规模最大的动物福利组织之一。

1845 年，法国成立了动物保护协会。

1849 年，英国《防止残忍对待动物法令》颁布。自 19 世纪 40 年代以来，英国社会已经树立起通过立法来防止残忍对待动物的观念，因而在 1849 年，该立法顺利通过并颁布。

1850 年，法国通过了反对虐待动物的《格拉蒙法案》。

1861 年，瑞士成立了动物保护协会，这是瑞士成立最早的且规模最大的动物保护组织。

1863 年，美国兽医协会成立，这是一个关于动物健康与福利的非营利性医学机构，该协会在动物福利规则上，提出了 8 项总原则。

1866 年，美国通过了《防止残忍对待动物法》。

1873 年，美国国会制定了《28 小时法》，禁止使用火车在不休息、不喂食、不喂水的情况下连续 28 小时运输牲畜。至此，适用于美国的第一部动物福利立法得以诞生。

1876 年，英国通过了《防止残忍对待动物法》。

1892 年，日本制定了《保护鸟令》。日本也是世界上较早制定动物保护法的国家之一，早在近世（1603—1867 年）的德川幕府时代，第五代将军德川纲吉曾颁布过《生类怜悯令》。

三、20 世纪国外动物福利的主要事件

1901 年，日本颁布了《禁止虐待牛马令》。

1911 年英国通过了《动物保护法》，还相继出台了《野生动物保护法》《动物园动物保护法》《实验动物保护法和家畜运输法案》等。

1948 年，日本成立了日本动物保护协会。

1958 年，美国颁布了《美国联邦人道屠宰法》，并在 1978 年、2002 年进行了两次修订。

1960 年，印度颁布了《印度防止虐待动物法》，1960 年立法，1982 年进行了修订。

从 1960 年起，欧盟就制定了国际社会动物保护条约，其中包括家畜保护条约、动物运输条约等，而且家禽的福利在欧洲成为十分关注的议题，特别是对于笼养的蛋鸡。

1965 年，新加坡制定的《畜鸟法》，是为了"防止对畜或鸟的虐待，为了改善畜鸟的一般福利以及与之有关的目的"。

1966 年，美国颁布了《动物福利法》，其后经过 1970 年、1976 年、1985

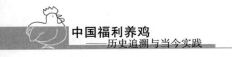
年和 1990 年的四次修订。

1968 年，英国颁布的《农业法》，规定了防止虐待农场动物的基本条款。

1968 年 12 月 13 日，欧盟首次对动物进行立法，各成员国签署了《关于保护国际运输中动物的欧洲公约》，并于 1971 年 2 月 20 日生效。

1968 年，美国成立了美国蛋生产者联盟，并制定出《美国蛋生产者联盟畜牧实践指南——适用于美国蛋鸡福利规则》，该规则从断喙、脱毛、捉鸡、生物安全、健康、安乐死、笼养系统、喂食、鸡舍空间、光照、气温及空气质量等方面对蛋鸡的福利进行了规定。

1969 年，最大的国际动物福利组织——《国际爱护动物基金会》成立。

20 世纪 70 年代和 80 年代早期，出于动物福利的需要，许多国家对蛋鸡笼的设计进行了改革，笼门由狭长而垂直开启变成较宽的水平开启，增加了笼的高度，笼底的倾斜度也有所减少。此期间，欧盟、美国、加拿大、澳大利亚等发达国家及亚洲的一些国家和地区，先后进行了动物福利方面的立法，各种动物保护协会也纷纷建立起来。

1972 年，欧盟制定了动物屠宰条约。

1972 年，印度颁布了《野生动物保护法》。印度由于受宗教的影响，整个社会具有较强的爱护动物、关爱生命的传统氛围。

1973 年，日本制定了《动物保护管理法》，是日本第一部保护、管理非野生动物的法律，旨在"培养尊重生命、友爱和睦的情操，在国民中形成保护动物的风气"，该法令于 2000 年开始实施，并 2005 年、2011 年进行了两次修订。

1975 年，国际性动物保护公约对各缔约国通过了《国际农畜欧洲公约》。

1976 年 3 月，奥地利、比利时等 20 多个国家于法国通过了《保护农畜动物的欧洲公约》，1978 年生效。

1978 年 10 月，《欧洲农场动物保护公约》，现有成员国 31 个。

1978 年，瑞士制定了《瑞士联邦动物保护法令》。

1979 年 5 月，比利时、丹麦等 10 个国家在法国通过了《保护屠宰用动物欧洲公约》。

1980 年，瑞士的阿尔高州将"动物尊严"一词写入该州宪法，并最终导致该概念进入联邦宪法。

1985 年，美国国会通过了《提高动物福利标准法》修正案。

1986 年，欧洲议会制定了《保护用于试验和其他科学目的的脊椎动物的决定》。

1986 年，英国通过了《科学实验动物法》。

1987 年，德国对动物保护法进行了修改，并增加了一项重要内容，就是要求联邦政府每两年要向联邦议会提交一份关于在动物保护措施的实施方案的报告。德国还将保障动物作为生命存在的权利写入宪法，这是世界上第一个将动物权利写入宪法的国家。

1987 年，瑞典颁布了取缔蛋鸡笼养和母猪拴养的养殖方式。

1987 年，日本颁布了《产业动物饲养及保管相关准则》。

20 世纪 90 年代早期，瑞典提出了禁止所有产蛋鸡的笼养，但瑞典仅饲养 300 万只蛋鸡，与欧盟国家饲养 3 亿只蛋鸡相比，只有 1‰ 的数量。此时，欧盟议会在欧洲的几个家禽研究中心进行了富集型鸡笼和装配型鸡笼的设计和开发。

1991 年 5 月，韩国制定了《动物保护法》，分别在 2005 年、2008 年、2011 年进行了多次修订。在此基础上，韩国在 2005 年、2007 年、2008 年、2009 年、2012 年、2013 年、2014 年及 2015 年分别实施了有机畜产认证、无抗生素畜产认证、环境亲和性畜产农场认证、及动物福祉畜产农场认证制度和标识制，这些认证是对于以动物福利基准饲育动物的农场予以认证的制度，而且有动物福利畜产农场认证审查的细节程序及标识方法，包括蛋鸡、肉鸡、猪、肉牛、奶牛及韩牛等畜禽的认证与标识。

1991 年 12 月，欧洲理事会通过了欧洲议会号召的《保护动物的宣言》，该宣言作为《欧盟条约》的最后文本的附件，1992 年 2 月被所有欧洲共同体国家的首脑签署。

1992 年，日本颁布了《关于处死动物的方针》。

1994 年之前，荷兰政府为了推行禁止产蛋鸡笼养的计划，事先对几个农场给予财政上的支持，鼓励进行蛋鸡生产方式的开发研究。1994 年到来之际，荷兰政府建议欧盟委员会尽早在全欧盟国家禁止蛋鸡笼养。

1994 年，捷克斯洛伐克颁布了《保护动物免遭虐待的法律》，其中指出动物像人一样是有生命的生物，它们可以感受到不同程度的疼痛和痛苦，因此值得人类的关注、爱护和保护。

1995 年欧盟议会指令，要求成员国对所有产蛋鸡实施保护措施，增加产蛋鸡笼养面积每只至少在 $450cm^2$，并附有其他几个提高产蛋鸡福利的条件。

1995 年，英国颁布了《动物屠宰福利法》。

1995 年，俄罗斯颁布了《动物保护法》，1996 年颁布的《刑典法》规定，对虐待动物，造成动物残废或死亡的，处以高额罚款。

1998 年，菲律宾制定了《家养动物保护法》，其主旨是为了"通过督导和管制一切作为试验之目的而繁殖、保留、养护、治疗或训练动物的场所，以对菲律宾所有家养动物的福利进行保护和促进"。

1999 年，加拿大颁布的《环境法》中加入了动物保护和动物福利的相关内容，并且在刑法中规定了危害家畜生命罪、虐待动物罪，采取了非常严厉的惩罚手段。

1999 年 7 月，欧盟采纳并发布了《蛋鸡最低福利标准新指令》（1999/74/EC），包括适用于替代体系的规定、适用于非富集型笼养体系的规定，并提出从 2012 年开始禁止使用传统的笼养方式，或者必须增大笼子饲养空间。

该指令区别了 3 种不同的蛋鸡饲养体系：环境富集型鸡笼、非环境富集型鸡笼、带窝的非富集型鸡笼。

环境富集型鸡笼，笼内每只鸡应占据不少于 $750m^2$。其中使用面积为 $600cm^2$，栖息面积 $150cm^2$，为每只母鸡提供 15cm 长的栖木，笼高至少为 20cm，采食空间每只母鸡至少为 12cm。

（1）其目的就是给蛋鸡更多的活动自由，它不仅包含传统鸡笼中的所有装置，还具备一些能够满足蛋鸡基本行为和需要的装备（例如产蛋巢、栖木、垫料和沙浴），用此来提高蛋鸡的福利。

（2）非环境富集型鸡笼，笼内每只鸡应占据不少于 $550cm^2$。自 2003 年 1 月 1 日起，不可再制造这类鸡笼。至 2012 年 1 月禁止使用该饲养系统。

（3）带窝的非富集型鸡笼，每 7 只鸡至少 1 个产蛋窝，带有足够的栖息地，饲养密度每平方米不超过 9 只鸡。

2000 年前，亚洲的新加坡、日本、马来西亚、泰国及我国台湾、香港地区都已完成了家养动物福利立法。

2000 年 3 月，欧盟动物健康与动物福利科学委员会写了一份关于肉用仔鸡福利的报告，引用的科学证据显示：一味地追求快速生长速度和饲料转化效率的选择育种已经导致了今天的肉用仔鸡遭受大量的福利问题。肉用仔鸡每周死亡率达 1%，是同龄产蛋母鸡的 7 倍。

2000 年，美国全美养鸡生产者协会建议，生产者要为笼养产蛋母鸡提供较大的地面面积，即要为每只产蛋母鸡提供 $342\sim550cm^2$ 的可用地面面积，鸡笼高度应当在 $41\sim43cm$，使白来航鸡能够垂直站立，鸡笼的地面倾斜角度也不超 $8°$。

2000 年，澳大利亚通过了《动物福利保护法》。

四、21 世纪国外动物福利的主要事件

2001 年，印度又制定了 2001 防止虐待动物（屠宰车间）规则。

2002 年，欧盟与智利签署的双边贸易协议中，加入了动物福利的条款，欧盟希望将动物福利问题列入世贸组织多哈谈判议程，由此可见，动物福利标准将会给许多国家形成新的事实上的技术贸易壁垒。

2005 年，世界动物卫生组织（OIE）发布了动物福利法典《陆海空动物运输准则》《食用动物屠宰准则》和《为动物疫病控制紧急宰杀动物的福利准则》。

2005 年，欧盟委员会首次拿出通过立法来改善肉鸡福利的提案，指出肉鸡领域的集约化饲养方式已导致了严重的福利问题。该提案直到两年后的 2007 年才得以通过。

2006 年 1 月，欧盟启动了一项旨在提高动物福利的 5 年计划，禁止从任何饲养标准与欧盟标准不一致的国家进口鸡。

2006 年，英国颁布了《动物保护法令》，包含了与动物福利相关的一般性法律。

2007 年，英格兰制定了《农场动物福利规范（英格兰）》，该规范设定了动物福利的最低标准，包括牛犊、猪、蛋鸡、传统方式饲养的肉鸡，该规范并于 2010 年进行了修订。

该规范除了《农场动物福利的一般性条件》外，有关鸡的就有：应用于非笼养的附加条件、应用于传统笼养蛋鸡的附加条件、应用于营养加强型笼中蛋鸡的附加条件、应用于蛋鸡的所有系统的附加条件。

2007 年 6 月 28 日，欧盟发布了在 2005 年提出并酝酿讨论最后才正式通过的《肉种鸡最低福利标准新指令》（2007/43/EC），以及《欧洲肉鸡生产最低福利规则》，该规则的肉鸡最大饲养密度是 33kg/m^2。该规则于 2010 年 6 月在所有欧盟成员国实施。

2008 年，亚洲、远东和大洋洲的 31 个世界动物卫生组织（OIE）成员国签署《地区动物福利战略》，该战略宣称，将在社会经济发展的同时，尊重并推动动物福利事业。该战略涵盖由人类照料或使用的所有有感觉的动物，并在农场动物的饲养、管理、操作、运输和屠宰方面遵守 OIE 标准的指导方针。

2008 年，美国蛋品生产协会（UEP）和人道畜牧及动物饲养组织（HFAC）公布了动物福利标准，已有许多动物福利及管理专家论证了动物福利的特殊价值，而美国动物福利的标准是基于欧盟的 1974/1975 规则。

2008 年，德国已彻底禁止笼养家禽。

2010 年，美国蛋品生产协会发布了《美国行业协会蛋的生产福利规则 2010 年版》。

2010 年，美国肉类委员会颁布了《肉鸡福利指导规则 2010 年版》。

2011 年，联合国粮农组织（FAO）积极倡导动物福利，主办了关于动物福利的门户网站"农场动物福利之门"。

2011 年，尼泊尔颁布了《尼泊尔动物福利及动物保护法令 2011》，并成立了动物福利与动物伦理委员会。

2012 年 2 月 25 日，欧盟委员会向欧洲议会、欧洲理事会及欧洲经济与社会委员会提交了一份《欧盟 2012—2015 年动物保护及动物福利战略》。

2012 年，OIE 第八十届世界大会上，成员国正式采纳了畜禽生产过程中的《动物福利标准指南》，这是一个具有划时代意义的事件，不仅在畜禽动物福利的许多方面达成了一致意见，而且也将其他动物饲养过程中采纳动物福利标准奠定了基础。

2013 年 9 月，英国防止虐待动物协会（RSPCA）颁布了《蛋鸡福利标准》。

2013 年 10 月，英国防止虐待动物协会（RSPCA）颁布了《肉鸡福利标准》。

2015 年，欧盟委员会向欧洲议会和欧洲理事会提交《指令 2007/43/EC》的应用及其对用于肉鸡生产而饲养和繁殖的育成鸡福利影响的报告。

2016 年 12 月 1 日，瑞士发布了《ISO 动物福利技术规范 ISO/TS 34700—2016》第一版，该规范的核心是：动物福利管理——即食品产业链上的动物福利常规要求和组织指南。

2018 年 2 月 21 日，据法新社 2 月 19 日电，法国农业部长特拉维宣布，根据马克龙总统的竞选承诺，从 2022 年起，法国市面上出售的所有的鸡蛋必须来自露天养殖场。"商店货架上不再出售笼养母鸡的鸡蛋，这个竞选承诺将遵守"。这是马克龙 2017 年 2 月竞选总统时的一项承诺，他在致力于保护动物的世界自然基金会（WWF）的会议上宣布："我在此承诺 2022 年以前禁止出售铁笼养殖场里生的鸡蛋"。

政府的决定看来符合社会各界的期待。据法国保护动物协会委托 YouGov 所做的一项民意调查，90％的法国人认为应该禁止铁笼养殖并发展露天养殖。该协会在 2017 年 12 月曾要求政府在 2025 年禁止一切铁笼养殖母鸡的养殖方式。

法国是欧洲最大的鸡蛋生产国，年产量 140 亿枚。70％的产品以带壳蛋出售，30％用于加工产品。目前，法国鸡蛋产业 68％的鸡蛋仍来自铁笼，大约 6％的鸡蛋来自所谓的"地面"养殖场，在这些场地上的母鸡的活动空间稍微大一点，但被关在黑暗中，还有 18％的鸡蛋来自露天养殖场，这表示母鸡可以在户外 4m² 的空间活动，其他 7％的鸡蛋来自有机养殖场，这表示在每平方

米的室内最多养 6 只母鸡，这些母鸡也可以走到户外，和露天养殖场一样。

法国当局按照这 4 种养殖方式，设立了 4 种产品型号标志，直接打印在蛋壳上，数字 3 表示铁笼养殖，数字 2 表示地面养殖，数字 1 表示露天养殖，数字 0 表示有机养殖。

可见，在欧美各国和一些亚洲国家，动物保护理念的提出和动物福利的立法与实践已经过 200 多年的发展历程。

从以上按年序列出的国外近 200 年来关于动物福利的历史沿革来看，目前世界上已有 100 多个国家建立了完善的动物福利法规，WTO 中的规则也写入了动物福利的条款。欧盟是动物福利的积极倡导者，已制定出保护动物福利的相对完善的法律法规，并有专门的机构负责监督及执行。英国是最早制定《动物福利法》的国家，欧盟的其他成员国大都是以该法为基础，结合本国的实际情况制定符合自身的《动物福利法》。此后，欧盟各国还制定了许多专门的法律，对保护动物福利的各个方面进行了详细、明确的规定。

迄今为止，欧盟关于动物福利的具体法规和标准已有几十项，涉及动物的饲养、运输、屠宰、实验等多个方面。德国还将保障动物作为生命存在的权利写入宪法，这是世界上第一个将动物权利写入宪法的国家。在各国政府加强立法的同时，一些民间动物保护组织，也在为保护动物发挥着重要的作用。国际爱护动物基金会（IFAW）、英国防止虐待动物协会（RSPCA）、世界动物保护协会（WSPA）、美国防止虐待动物协会（ASPCA）等众多的民间组织都在为提高动物福利进行着不懈的努力。

通过追溯 18 世纪下半叶以来世界许多国家及国际组织为动物立法的历史，人们逐渐把对动物的漠然转变为对动物的同情，把对动物的同情转变为保护动物的行动，通过努力，又把动物保护和动物福利成为社会公共事业的一重要组成部分，进而通过法律的制定，促进了动物生产行业管理的变革和法律约束。因此，动物福利立法的历史，可以说是人们观念的变迁史，是人类社会道德的扩展史，是人类文明的发展史。

第二节　国外动物福利的研究进展

一、科学家和社会名流对动物福利的理解

（一）对动物福利的认识逐渐趋于一致

动物福利是现代意义上的概念，有关动物福利的概念和认知，近 40 年来不断明确和完善。

第一个主要对集约化生产系统的束缚进行批评的是在 1964 出版的《动物机器》这本书中，描述了一些当时使用的饲养系统如母鸡的笼子、小牛的围栏，并声称这些系统如此不自然，让动物生活悲惨。其中一句是作者问道："我们有权剥夺（动物）所有的生活乐趣只是为了从它们的尸体中赚更多的钱吗"？

动物福利倡导者 Richard Ryder 说，"我们的责任应该是试着去理解痛苦和忧虑的感受并发现如何预防和减少这些情况"。

英国喜剧演员 F. W. R. Brambel 写道，"原则上，我们不赞成对于动物的一定程度上的束缚，因为会阻挠动物的自然行为及活动。"

著名作家阿斯特里德·林德格伦，作为瑞典动物福利改革的推动者，用朴实的语言写道："让（农场动物）看到一次太阳吧，远离电扇猛烈的咆哮，让它们呼吸一次新鲜空气吧，而不是粪肥臭气"。

美国哲学家 Bernard Rollin 坚持认为我们需要"一种更高的动物福利理念，福利将不仅意味着控制痛苦和折磨，还需要养育和实现动物的天性"。

1976 年，美国科学家休斯针对集约化规模化畜禽生产中存在的问题提出的动物福利，"是指农场饲养中的动物与其环境协调一致的精神和生理健康的状态"。英国科学家布鲁姆将动物福利定义为"个体的福利是尝试应付环境的状态，而应付意味着对精神和身体稳定性的控制，可以科学地测量从很好到很差的不同的福利水平，并存在大量的行为、生理、免疫等控制机制"。

1990 年，台湾科学家夏良宙教授提出：动物福利可简述为"善待活着的动物，减少它们生命结束时的痛苦"。

20 世纪 90 年代，在动物科学家之间达成了一个一致的意见，均认为动物福利是可以测量的，因此它是一个科学概念。动物福利指的是死亡之前的阶段中所发生的事，包括在动物生命的最后阶段如何对待它们，这通常指屠宰前以及处死方式。医学工作者则称动物福利即为"生活质量"。

这些关于动物福利都围绕"自然"这个词语，即动物应该能够在自然环境中呈现自然行为，我们应该尊重动物本性。我们可以说动物应该能够过适度"自然"的生活，过着"适合动物自然适应的生活"。

英国"农场动物福利协会"提出，动物应享有 5 项"权利"：①不应受饥渴；②不应生活在不舒适的环境下；③不能遭受痛苦、损伤和疾病；④不能受惊吓和精神打击；⑤不能被剥夺自然生活习性。当然，人类对于动物的利用和动物的福利是相互对立统一的两个方面。动物福利过高，会给生产者和动物的主人带来过分的负担。动物福利不是片面一味保护动物，而是在兼顾动物利用的同时，考虑动物的福利状况，并反对那些极端的手段和方式。

当前国际公认的动物福利的五大标准（或五大自由，或五大原则）为：①免受饥渴的自由；②免受痛苦、伤害和疾病的自由；③免受恐惧的自由；④免受不适的自由；⑤表达天性的自由。

（二）动物福利，既是同情又是责任

英国爱丁堡大学皇家迪克兽医学院珍妮·玛琪格认为，动物福利就是同情与责任！"爱丁堡大学有从事动物福利科学研究的悠久历史，并提供动物福利科学方面的教育培训。我们的专长在于创造科学成果，试图了解对动物来说，福利到底是什么，并考虑如何在实际意义上提供这些福利，然后将其转化为教育和培训，这样我们才能对动物的生活产生真正的影响"。

"我们常常认为动物福利必须以经济为代价，但事实并非如此。当动物处于应激状态或者贫乏的环境中，当牠们所处的环境无法满足其所需时，就鸡来说，如果我们不能为它们提供洗沙浴的机会，一种我们看来无关紧要的行为，但是对于鸡来说至关重要。鸡会因此处于应激状态，生长不良，生产力下降。有些举措可能会花费金钱，但我认为，动物福利的推进与人们愿意接受的农场动物饲养方式息息相关。如果动物产品消费者不喜欢低福利水平的饲养方式，那么他们就应该意识到需要为高福利产品支付更高的价格。这是我们的社会责任"。

"尽管英国在动物福利立法和思考方面历史悠久，但我们并不是独一无二的。我认为这是普遍的现象。我们关心我们的动物，我们感激我们与许多其他动物共享我们的地球。对很多人来说，这是一种对动物的直截了当的同情心。我们不喜欢动物受苦。生产动物的人和购买动物产品的人都是如此"。

（三）在集约化工厂化专业化现代化畜禽生产为主流的今天，如何处理好这种主流与动物福利的关系？

对此，加拿大动物福利基金会理事会成员 David Fraser 博士认为：

1. 社会对动物福利的关注包括三个基本要素：基本的健康和功能；动物的情感状态；以适合动物自然适应性的方式生活的能力。

2. 这三个方面经常重合，但并不总是一致，对其中任何方面专一的追求可能在别人看来并非高福利。

3. 因为这三方面的顾虑都深深植根于西方文化之中，因此，促进动物福利的标准和实践需要在不同的关注领域间找到合理的平衡，才能被广泛接受，推进动物福利。

4. 动物福利科学并没有对关乎动物福利的不同观点进行仲裁。相反，科学家们采纳了不同的观点，这也丰富了科学本身。

5. 对动物福利的科学研究为一些畜牧业科学中经常被忽视的领域提供了科学方法。动物福利科学似乎能首先很好地支持动物护理领域的从业者。

6. 关注动物福利与畜禽生产已从农业模式转变为工业模式的看法有关。动物福利向专业化模式的转变可能为保护动物福利和维护公众信任提供了一种途径。

二、福利养鸡设施的研发

20 世纪 70 年代到 80 年代初，出于动物福利的需要，许多国家对蛋鸡笼的设计进行了改革；欧盟议会也在欧洲的几个家禽研究中心进行了富集型鸡笼和装配型鸡笼的设计和开发；90 年代初，瑞典提出了禁止所有产蛋鸡的笼养；荷兰政府为了推行禁止产蛋鸡笼养的计划，事先对几个农场给予财政上的支持，鼓励进行蛋鸡生产方式的开发研究，并建议欧盟委员会尽早在全欧盟国家禁止蛋鸡笼养。

（一）对传统鸡笼设施的最早改进

一个经典的例子是，在瑞典使用层架式母鸡笼初期，Ragnar Towson 和同事们做了一个很有趣的研究。通过观察不同市售鸡笼中鸡的健康和受伤情况，他们发现，如果鸡笼底部太过倾斜，鸡经常产生足部病变，因为它们必须用力紧握才能保持平衡。

如果饲料槽太深，安装得太高以至于鸡无法轻松饮食，通常会出现颈部损伤。另外，可通过在笼里安装实心侧隔板来解决羽毛的损伤问题，还可通过提供磨砂长条来解决鸡爪过长的问题。

笼门由狭长而垂直开启变成较宽的水平开启，这一改进增加了笼的高度，笼底的倾斜度也有所减少。

（二）安装金属板或塑料的固体分割物的笼舍

能使铁丝带来的羽毛损害和啄癖降低达 15％～20％。笼养鸡比散养鸡表现出更多的惊慌。由于缺乏运动，笼养鸡的骨骼状况比其他系统差，易引起骨质疏松症和产蛋疲劳症等。有人统计，最后从笼内取出送去屠宰的蛋鸡，捕捉和运输可能造成 30％以上的母鸡发生主要骨骼的断裂。

（三）富集型鸡笼

在英国、荷兰和瑞典已进行了广泛的研究和试制，其目的就是给蛋鸡更多的活动自由，它不仅包含传统鸡笼中的所有装置，还具备一些能够满足蛋鸡基本行为和需要的装备，例如产蛋巢、栖木、垫料和沙浴，用此来提高蛋鸡的福利，并且每只鸡需有 600cm² 的使用面积和 150cm² 的栖息、产蛋面积。

大多数研究注重于小群体富集型鸡笼，一般每笼为 10～14 只，以形成稳定的群序。荷兰的研究认为，产蛋箱至少需要 100～135cm² 才能取得满意的效果；栖架必须注意其材质和结构，以取得较好的卫生状况；垫料用木屑较为满意；给予产蛋鸡以更多的使用空间，并增加鸡笼高度，降低蛋鸡的饲养密度。但这样一来会增加生产成本，当然其鸡蛋售价较高。

（四）笼养替代系统

这是指没有鸡笼的饲养体系，例如平养鸡舍、林下放养等。规模化的自由散养蛋鸡场需要有良好的房舍和大量的土地，后者用于种植紫花苜蓿和黑麦草等青绿饲料，供蛋鸡啄食。此外，在防疫方面需有良好的条件，应该远离居民点、公用道路和有关企业。自由散养的蛋鸡场更需防止犬和黄鼠狼等食肉兽的侵袭。在广大区域的周围用高 2m 的铁丝网围住。铁丝网还需深入地面至少20cm，以防食肉兽挖洞钻入鸡场。北欧和澳大利亚具有采用自由散养替代传统笼养的良好条件。据介绍，澳大利亚的一个自由散养蛋鸡场，共有 8hm² 土地，饲养 7 500 只产蛋鸡和 2 500 只青年母鸡，17 周龄时进入产蛋鸡群，至 80周龄时淘汰，一人管理，每日工作 5h。

（五）其他替代传统笼养的方式

包括厚垫料和半厚垫料养鸡，房舍内均置有产蛋箱或具有部分高床地面。这种方式的严重缺点是啄羽和同类自残的恶癖发生率明显增加，地面产蛋导致蛋和蛋鸡本身被粪便沾污。此外，劳动力投入增加，其尘埃量是笼养蛋鸡舍的5 倍，不利于蛋鸡和饲养工作人员的健康。采用替代传统笼养的其他生产方式，其生产成本大大增加，这包括土地、基本建设、劳动力、饲料、垫料、光照、通风等。通常，一般笼养的死亡率在 4% 左右，地面平养的死亡率约为9%，自由散养更高为 16% 左右。

（六）栖木对鸡福利的影响研究

科学研究表明，母鸡对栖木的形状方面没有任何偏好，但也有研究表明，矩形栖木较圆形栖木能更好地站立和减少鸡脚损害。在材料方面，已证明栖木略显粗糙的表面（如软木或乙烯基填充）可以使鸡具有更好的抓力。很少使用光滑的塑料栖木，虽然塑料栖木卫生比较好，但是已证明相比铁制和木制栖木来说，塑料栖息会导致残脚的发生率增加。应做到具有适当的宽度以支撑鸡脚，直径或表面宽度在4～6cm，没有锋利的边缘，栖架的设计和建造要避免损坏鸡脚。

栖息区的栖架必须与地面结合或附着在地面上，有些栖架必须提升与地面之间的高度，让母鸡避免侵害。同时空中栖架的高度应当防止母鸡彼此啄肛。建议栖架与地面、栖架之间的垂直距离大约50cm，栖木之间必须至少有30cm的水平距离，栖木和墙面之间的水平距离必须在20cm以上。

每只母鸡提供不小于15～20cm栖木长度，每只鸡不得低于460cm² 栖架空间。研究发现，大概20%的鸡会在任何时间栖息（这在计算鸡群的栖息空间时非常重要，例如，在20%鸡在任何时间栖息的条件下，1 000只鸡要提供40m的栖木空间满足每只鸡20cm的空间）。

鸡群早期要设置栖木促进鸡栖息，建议将栖木涂成白色或者贴上颜色明亮的条文，帮助鸡群在黑暗中找到栖木。

（七）利用无线装置监测鸡的福利状况

以美国密西根大学为主并有华盛顿州立大学、加利福尼亚—戴维斯大学参与的一个研究小组，探索利用新的无线电技术来确定其在产蛋母鸡福利方面的效率。该研究由美国农业部资助37.5万美元。监测产蛋母鸡如何利用非笼养环境中的饲养空间和资源而设计的可携带式传感器的功效。

该研究小组研发了一套可固定在母鸡身上的无线传感系统，来跟踪记录母鸡的活动情况。包括该母鸡相对于其他母鸡而言在固定部位（如产蛋箱、栖架及饮水器）的活动情况，传感器的重量不足28.35g。最后传感器还将告诉我们，母鸡正在做什么，如她是否正在下蛋、采食、或在栖架上休息，她是飞着还是踱着步四处走动。

公众目前广为关注动物福利是如何进行饲养的，以及鸡是否能够表现出自然的行为。而美国蛋鸡行业正在考虑用非笼养产蛋系统饲养产蛋鸡。如果设计不理想的非笼养生产系统，会使蛋鸡产生健康问题。所以为了设计出能满足产蛋母鸡福利所需的非笼养生产系统，我们必须了解这些生产系统是如何影响在这些系统中生活的母鸡的行为和健康。

这些信息作为如何给母鸡提供重要资源和确定母鸡需要多大饲养空间的重要依据，以便人们能设计出可向母鸡提供最佳福利条件的非笼养生产系统。

三、饲养管理对鸡福利的影响研究

（一）限制饲养对肉种鸡福利的影响

荷兰瓦赫宁根大学论述了限制饲养对肉种鸡福利影响的研究，结果表明，特别是在育成期进行限饲，对肉种鸡的福利具有负面影响。限饲方案中，育成期肉种鸡的进食量仅为同期自由采食条件下的 25%～33%。产蛋期的进食量严格限制在同期自由采食量的 50%～90%。大量研究表明，进行限饲的肉种鸡常常表现出与受挫、厌倦和饥饿相关的行为。啄羽对肉鸡的福利是有害的。而与饥饿相关的侵略性啄羽在商业肉种鸡群中有蔓延的趋势。另外，限饲的肉种鸡表现出某些生理性反应，限饲的肉种鸡血浆肾上腺酮水平上升。

近来研究出一套管理策略以减少限饲的负面影响，同时又能达到期望的生长率。饲养环境的改善并不能减少由于食物竞争所造成的鸡与鸡之间的相互攻击。而将饲料稀释至低营养水平似乎更有应用前景。De Jong 等分别在育成期和产蛋期，试验了 4 种类型饲料的效果。结果浓度最低的（8.4 MJ/kg）饲料在育成期前半阶段能有效减轻鸡只的饥饿感和挫折感，主要表现为减少了啄羽行为。然而，为满足肉种鸡福利的持续改进，必须进一步改变日粮组成。而在育成期后半阶段给饲料中添加钙丙酸盐化合物（一种食欲抑制剂）和燕麦壳可作为替代商业限饲的可行方案。采用此方案后，鸡群中的啄羽现象完全消失，并且与传统限饲鸡群相比，产蛋时间明显变长，而采食动机明显下降。因此，提高鸡福利应减少动物的饥饿感。

（二）饲养密度对鸡福利的影响研究

就蛋鸡而言，美国的一个研究表明，如果从经济观点来考虑，每只蛋鸡所占空间为 350～400cm² 时，蛋鸡生产者会获得最高的收益。但从动物福利的角度来看，蛋鸡需要一定的空间面积才能表现其基本的生理行为，如转身、展翅、梳理羽毛等。认为每只单冠白来航需要 516cm² 的鸡笼面积才能避免拥挤，密度过高还会降低产蛋量，增加死亡率。而且研究发现，每只母鸡500cm² 地面面积以内都会影响到一些自然行为的表达，因此现在的最低地面面积提高到 1 111cm²/只，将有利于蛋鸡的福利。如果对传统蛋鸡笼进行改造，发现通过增加空间可使鸡表现出正常的刨食和整理羽毛的行为。

就快大肉鸡而言，英国学者 Bill 博士研究了"饲养密度对肉用仔鸡生长性能、经济效益及福利状况的影响"，这是以较高饲养密度做的研究，饲养期从21～35 日龄，分 5 组实施，按鸡出栏时的活重计，第 1、2、3、4、5 组的饲养密度分别为每平方米 25kg、35kg、45kg、55kg、65kg，每个处理 12 个笼，每个笼 0.5m²。结果表明，5 个组的脚垫问题分别为 2、0、3、0、3 分，腿部问题分别为 2、1、3、5、7 分，死亡率分别为 1%、0、0、0、2%。因此认为，每平方米重量超过 45kg 饲养密度的鸡生长性能严重下降，腿部问题明显；每平方米重量低于 45kg 的饲养密度经济效益最好。

同样，舍内地面平养或散养的生长较快的肉鸡，每平方米超过 20 只鸡会增加鸡群竞争场地、饲料和饮水的概率。研究还表明，鸡群密度高于每平方米 19 只时前 7 天的死亡率很高，每日淘汰更多，行为应激频发，而且密度增加时良好的通风和垫料控制就显得更为重要。

如果散养鸡的最大饲养度是每平方米 30kg，出栏体重 2.2kg 以上体重，鸡舍内密度不能超过每平方米 12.5 只鸡。

在英国的牛津，Marian Dawkins 等研究者对十家养鸡公司在不同鸡舍里以不同的放养密度来饲养鸡，然后他们观测了一系列环境参数、健康及福利状况，如跛足、生长和生存情况。以生长速度为例，如同预期，生长速度固然受饲养密度的影响，但真正重要的变量及呈高度相关的是饲养员的访问次数，即更多的访问会带来更好的生长速度。另外，鸡舍的湿度尤其是第一周的湿度也是重要的影响因素。在呈现高度相关性的因素中，虽然饲养密度很重要，但如果我们想改善鸡的福利，还需要着眼于人为因素以及环境的其他方面等。

（三）光照对鸡福利的影响研究

自然光照到鸡舍应该是对鸡有益的动物福利，例如，鸡群的富集环境中，在不同区域内的房子，每天自然光的强度可以出现一系列的变化，这是人工光照所不同的。生产商也报道，有自然光照射的鸡群比不暴露在自然光的行为要更活跃。

研究已经表明，不同的光强度对鸡的活动影响不同。昏暗的地区提供休息的机会，而明亮的区域提供活动的机会，有利于鸡群的积极活动。栖息应该定位在昏暗的地方。

光照制度：提供至少 10lx 的照度，每天至少提供连续 8h 照明（人工照明或自然光照）和每天至少有 6h 的黑暗，同时避免鸡舍光照时间过长（如超过 15h），以减少对鸡群健康和行为的应激，避免鸡舍内使用高强度光补光（人工或天然）。在紧急情况下可在短时间内采用减少照度或使用有色灯光（绿光对鸡群有帮助），以稳定鸡群。

光照制度实施过程中，必须考虑在黎明时逐渐变亮和在黄昏时逐渐变黑的自然光照特点，以便母鸡提前为熄灯做好准备。研究已经表明，在黑暗到来之前，它促进自然逐渐黑暗时的行为并刺激鸡的最后一餐，这可以提高饲料转化效率。

鸡有发达的色觉，由英国科学委员会就动物健康和动物福利对"鸡生产的福利"的报告指出：照明是重要的刺激源，动物活动频率的增加可以帮助其减少腿部疾病和接触性皮炎，减少跗关节和足垫灼伤的发生率。

同样的研究结果表明，为自然光照的鸡舍安装百叶窗能够通过控制入口的光线进入量来调整采光量。百叶窗在控制过强的直射光进入鸡舍上特别有效，而直射光会带来热应激。百叶窗可以阻挡阳光直接进入鸡舍，为了能够更好地控制采光量，鸡舍百叶窗须能够通过人工或者机器控制开关的不同角度。尤其是通过窗户提供日光，可以增加鸡舍内的环境温度。温度过高时，可以使用百叶窗阻挡直射光，特别是有隔热功能的百叶窗，能够在寒冷季节保持舍内温度。

（四）肉种鸡生殖行为对鸡福利的影响

据报道，公鸡在交配时对母鸡有很强的进攻性，产蛋期强行交配对母鸡会产生应激和伤害。公鸡比母鸡较早的性成熟和粗鲁的交配行为会对母鸡产生伤害和应激。Millman 和 Duncan 在对荷兰 8 个肉种鸡场的公鸡和母鸡的行为进行现场研究过程中发现，在交配时母鸡没有表现出蹲伏，并试图逃跑，交配的成功率最多只有 44%，而 80% 的交配是强迫进行的。研究发现对这一行为产生关键性影响的因素是遗传而非限饲。而且公母分饲、群体规模大以及饲养密度高等因素也对交配行为产生一定的影响。因此，认为至少在 40 周龄之前降低饲养密度有利于提高交配的成功率，减少体表损伤。

（五）从育种的角度探讨肉种鸡福利

近年来，关于商业育种条件下鸡福利的讨论主要集中于是为某一特定基因型提供适宜的饲养环境条件，还是对特定基因型的鸡适应环境条件的能力进行选择。虽然第二种方法直接与驯化过程有关，但也存在伦理道德方面的问题。驯化首先要选择具有某一特征的种群，然后逐步对其特性进行强化。

至今人们都没有充分考虑到，对生长率和产蛋率的选择导致鸡的行为能力和适应能力也发生了改变。更快的生长率、更高的饲料利用率的选择以牺牲鸡活动量为代价，并且出现跛行的现象逐渐增多。而高产蛋率的选择则导致更严重的神经过敏、攻击行为以及异食癖的发生。但是对商业化规模鸡群应用群体选择的方法对啄羽进行选择并获得了满意的结果。种鸡的饲养条件不同于商业鸡群，某些与福利相关的性状需要在特殊的饲养条件下进行选

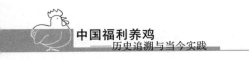

择，将来利用 QTL 定位和 SNP 标记及基因芯片进行鉴定和定位可能有助于解决此类问题。

（六）断喙对鸡福利的影响研究

在鸡生产中，互相啄食时有发生，无疑会使鸡群伤亡。断喙能提高成活率和羽质，降低相残、啄羽和啄肛等啄癖，减少紧张、恐慌和慢性应激。科研人员研究出一种红外线断喙方法即鸡出壳当天实施断喙。它可以减轻鸡断喙过程中的应激。其原理是，红外线光束穿透鸡喙硬的外壳层（角质层），直至喙部的基础组织。起初，角质层仍保留得完整无缺，保护着已改变的基础组织。一到两星期之内，随着鸡只正常采食饮水，喙部的外硬层开始发黑坏死，变软脱落。正常情况下，外硬层应在 7～10 日龄脱落，先脱落上喙，2～3 天后脱落下喙，第 3 周龄是脱喙高峰。鸡只使用喙部活动的频率不同，导致旧喙部脱落的速率不同。但在 4 周龄末所有鸡只的喙部都呈圆形。该方法的好处在于它能降低鸡对断喙的应激反应，不会切断或烧灼喙部组织，不易引起出血和感染。

（七）强制换羽对鸡福利的影响研究

人工换羽的方法包括限饲、光照周期的变化、日粮成分如钙、碘、硫、锌的控制，以及影响神经内分泌的药品的使用，或者缩短光照时间等。这些方法都可以导致产蛋期的突然停止，并伴有体重的下降和羽毛的脱落。断料和光控相结合的方法应用普遍，但这种方式严重损害了动物免受饥饿的福利原则，也极大损害了蛋鸡的福利，开始断料后，鸡精神压抑，好斗性增强，产生应激，换羽开始两周内死亡率增加。正如 Simonsen 和 Aggrey 的研究报道，断料后 8～10 天鸡增加了理毛行为，表现出骨骼性状下降，免疫力和抑菌作用降低，增加引起肠炎的沙门氏菌属的排泄物。

研究表明，非断料鸡显示出换羽后的生产性能（如产蛋量、蛋重、饲料利用率及蛋壳质量）与断料鸡没有什么差异。伊利诺斯州大学的 Bigger 等人研究结果显示，饲喂麦麸、玉米、玉米麸或三者混合型饲料能够有效促进蛋鸡换羽。经对分别饲喂试验日粮和空饲 10d 的 69 周龄蛋鸡在换羽前后的蛋产量进行比较。空饲导致了鸡群 6d 内完全停止产蛋。饲喂试验日粮的蛋鸡则在 12～28d 的时间内产蛋量下降到 6%。用含 97% 蒸干谷物的可溶物饲料进一步饲喂不能完全停止产蛋。各试验组蛋鸡换羽后 40 周的产蛋量和蛋品质以及卵巢或输卵管重量之间没有差异。并且饲喂 94% 麦麸组成日粮的蛋鸡和空饲蛋鸡之间没有群体互啄行为上的差异。非断料换羽法能增加禽类对沙门氏菌的抵抗力、成活率，增强骨骼的良好性能。这种非断料的换羽方法更加体现了良好的动物福利。

（八）空气质量和热环境对鸡福利的影响研究

研究表明，大量的病毒能够攻击肉鸡的呼吸道，造成气管和肺部损伤，导致细菌入侵，如大肠杆菌。细菌入侵可能造成气囊炎，贫血症甚至死亡。呼吸道病毒能够降低呼吸道吸收空气中氧气到组织的效率，造成腹水。此外腹水还可能由心脏供血不足导致，该病既不是传染病也不是遗传病，主要源于冬季氧气需求不能满足。较差的空气质量会加剧这些疾病的发生，如湿度、灰尘、氨气、二氧化碳和氧气浓度。最起码的要求是，必须确保空气中的有害物质不能超过人类可以用视觉和嗅觉感受到的舒适度。

自然通风和人工通风，维护和操作必须满足如下条件：氨气浓度不得超过3 000ppm，二氧化碳浓度不得超过3 000ppm，室外温度低于10℃时，48h内的平均相对湿度不能超过70％，必须保证鸡只能够随时找到温暖舒适的地方。

鸡的正常体温是41℃，偏离这个温度会产生福利问题，体温升高4～5℃会造成致命后果。根据鸡的体重、相对湿度及空气流速，鸡只的温暖舒适区温度范围是8～30℃。研究表明，增加水帘降温系统和绝缘顶，鸡舍的超温即可最小化，在环境可控的鸡舍，通风系统必须能够控制鸡舍温度室内变化在3℃以内。

四、不同饲养模式的对比研究

（一）饲养系统对后备鸡和产蛋母鸡福利、健康及行为的影响

加拿大蛋业农场家禽福利研究主席 Tina Widowski 教授研究了"饲养系统对后备母鸡和产蛋母鸡福利、健康及行为的影响"。试验分4个组，每组540只鸡，共2 160只鸡，6个大笼，每笼60只鸡，6个小笼，每笼30只鸡。所用笼子均为富集笼，大笼规格为358cm×122cm，小笼规格为178cm×122cm。饲养密度均为750cm²/只。

结果表明：大笼饲养系统可以最大限度地为鸡提供活动机会，并对鸡的骨骼特征有长期的有利影响且能降低龙骨折裂率；大笼饲养系统对育成鸡的生长发育和母鸡的脚部健康有长期的有利影响；育成鸡从大笼转入富集笼对母鸡的福利没有不良影响。

（二）蛋鸡笼养替代模式的研究

受世界动物福利组织的压力和相关法律法规的约束，一些替代蛋鸡笼养的

养殖模式应运而养生。近几年，欧盟实施的福利养鸡模式主要是笼放结合、富集型福利笼养模式、栖架自由散养模式。已经提出来并开始实施的替代方式主要有地面平养、栖架式饲养、大笼饲养、富集型福利笼养等。其中地面平养包括舍内垫料平养和舍外自由散养。

1. 舍内垫料平养 指采用厚垫料或半厚垫料作为垫料养鸡，房舍内添置有产蛋箱或具有部分高床地面。这种方式的缺点是啄羽和同类自残的发生率较高，因为鸡群之间的争斗较多，另外，因为垫料的管理也是一项繁琐细致的工作，需经常检查、更换，会使劳动力明显增加，而且鸡舍中尘埃量几乎是笼养蛋鸡舍 5 倍，不利于蛋鸡的健康。

2. 舍外自由散养 指舍外自由散放饲养，这种模式需要有较好的房舍和宽阔的土地。如澳大利亚舍外自由散养蛋鸡场较多。这种方式的优点是蛋鸡福利水平大大提高，蛋鸡活动空间加大，能够自由表现其基本行为，但养殖生产成本却大大增加，如土地和基本建设及设备投资费用等明显增加。因此，所生产的鸡蛋可比普通笼养鸡蛋的价格高 20％～30％。即使这样仍有消费者乐意接受。如荷兰每年生产的非笼养鸡，从 1985 年的 2 亿只，增加到 1998 年的 17 亿只和 1999 年的 19 亿只，说明非笼养鸡蛋市场在逐渐加大。

3. 栖架式饲养 指在舍内提供分层的栖架，像鸡笼一样排列以供蛋鸡栖息和活动，其中栖架必须注意所用的材料和结构。同时安装产蛋箱等。蛋鸡可在栖架之间自由活动，活动面积要远大于笼养式，同时也符合鸡喜欢栖架休息的自然本性。这模式在德国目前应用很普遍。

4. 大笼饲养 是指一种类似动物园鸟类饲养的大笼，配置有栖架、台阶、产蛋巢等供鸡只活动、产蛋和休息，一般规定每只母鸡拥有较大的饲养面积，每只鸡的所占笼底空间在 $750cm^2$ 以上。大笼饲养同棚架式饲养一样有利于提高蛋鸡的骨骼强度，因此，可以作为传统笼养蛋鸡的替代模式来改善蛋鸡的福利。

5. 富集型鸡笼饲养 20 世纪 90 年代初，美国和欧盟的许多学者开展了针对传统笼养的改良型笼具的研究。这些改良型笼具是从提高蛋鸡福利的角度出发，在传统笼具基础上通过提高空间面积和增添一些设施或设备，除了饮水和饲喂器外，还有如产蛋箱、栖架、垫料、沙浴池、磨爪棒、稻草包等，以此来丰富蛋鸡的生活环境，尽可能满足鸡的各种自然行为。这些改良型的鸡笼经过商业化生产后即被称为富集型鸡笼或配置型鸡笼。对这种鸡笼的尺寸大小均有明确规定，如产蛋箱面积至少 $153cm^2$，栖木长度每只鸡 15cm，直径为 450mm。

产蛋箱、栖木、饮水器、食槽等如何布局等直接影响到蛋鸡的福利，对比了三种配置型鸡笼中不同产蛋箱设置对蛋壳颜色的变化，结果表明在鸡笼中设置密闭的产蛋箱要比在开放的简单的蛋巢产的蛋要多，而且蛋壳的颜色较深。说明不同蛋箱的设置对蛋鸡产蛋和蛋壳颜色具有一定的影响。而且发现，新设计的富集型鸡笼可使蛋鸡的胫骨强度提高到地面平养下的程度，表明给笼养蛋鸡提供栖木，确实有利于蛋鸡的腿骨发育。

（三）不同饲养模式蛋鸡死亡率的比较

两个蛋鸡品种白来航（白壳蛋系）和罗曼褐（褐壳蛋系）在两种不同养殖模下（富集型小群舍饲饲养和富集型鸡笼饲养）的死亡率对比。富集型小群舍饲组分别为每组 40 和 60 只鸡，而富集型鸡笼组每组分别为 10 和 20 只鸡。结果表明，饲养在富集型小群舍饲组蛋鸡的死亡率（5.2％）要比饲养在鸡笼的要高（4.0％）。可见蛋鸡死亡率也受到饲养系统、试验方式、品种的影响。同时还进行了同一品种（罗曼 X 来航）在不同类型养殖下死亡率的对比，除了富集型的小群舍饲饲养和富集型鸡笼饲养外，还设置另一半的鸡分别进行地面垫料平养和普通型鸡笼笼养的对比。结果表明，富集型小群舍饲饲养的蛋鸡死亡率（6.0％）要比在富集型鸡笼中（1.5％）的高，在地面垫料中饲养的蛋鸡死亡率（10.1％）要比在普通鸡笼中（2.8％）的高。

（四）不同饲养模式蛋鸡生产性能的比较

笼养模式和地面厚垫料平养模式下蛋鸡的生产性能的比较结果表明，虽然地面深垫料平养比笼养更好地满足了蛋鸡的福利要求，但笼养条件下蛋鸡生产性能较高，表现为产蛋数显著提高（P＜0.01），平均每天每只鸡产蛋总重提高（P＜0.01），死亡率显著降低（P＜0.05）。这说明传统笼养条件下蛋鸡的生产性能一般较高。

五、国外关于无抗养殖与动物福利的研究

世卫组织食品安全和人畜共患疾病司司长 Kazuaki Miyagishima 博士指出，"科学证据表明，对动物滥用抗生素可能会助长抗生的素耐药性。动物源食物往往来自集约化的畜牧业。随着对动物源食物的需求日益增长，全球兽用抗生素数量依然在持续增加"。

世界卫生组织建议畜禽生产者和食品业不再为促进动物生长和预防疾病而例行使用抗生素。其目的是通过减少不必要地在动物中使用人类医学上重要的抗生素，协助维护抗生素的有效性。在一些国家，大约80％的医学上重要抗生素被用于畜牧业，主要用于促进动物的生长。这种滥用和误用抗生素的现象

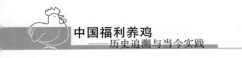
加剧了抗生素耐药性的日益威胁，进而引起人类严重感染的一些细菌已对大多数或所有可用治疗药物产生耐药性。

世卫组织总干事谭德塞博士说："缺乏有效抗生素对安全的威胁与突发致命疫情的威胁同样严重。为扭转抗菌药物耐药性和维护世界安全，在各行业采取强大、持久的行动至关重要"。

《柳叶刀》全球卫生网站公布的一项系统调查报告发现，通过采取干预措施限制对食用动物使用抗生素，在这些动物中，抗生素耐药细菌减少了39%。这项研究为世卫组织颁布新指南作出了直接贡献。

许多国家已采取行动减少在食用动物中使用抗生素。例如，自2006年以来，欧盟禁止使用抗生素促进生长，消费者也要求不对食用动物例行使用抗生素，一些重要食品连锁店实行了"无抗生素"肉类供应政策，可以不用抗生素预防动物疾病。

因此，世卫组织强烈建议总体减少在食用动物中使用医学上重要的所有类型抗微生物药物。

可采用的替代方法有：改善动物卫生，接种疫苗，为动物提供良好的福利条件，改变牲畜圈养和鸡的笼养方式，降低饲养密度，增加活动空间，加强饲养管理，善待动物，让动物生存在舒适的环境状况下。

当然，近年来国外围绕无抗养殖有很多报道，其中益生菌替代抗生素在养鸡生产上的应用和天然饲料添加剂替代抗生素在养鸡生产上的应用的研究较多，虽有明显效果，但效果不稳定。所以说，在不用抗生素，只用益生素或只用天然饲料添加剂，而又能保持畜禽健康生长和性能良好、产品安全的系统的研究必须加紧进行。

六、运输对鸡福利的影响研究

欧洲食品安全局动物卫生和福利专家小组经过深入的调查研究认为，动物运输过程中的各类强刺激都会对动物造成极大的伤害，外界的各种应激因素也会增加动物在运输中对传染病的易感性。

为了切实保障动物在运输中的卫生和福利，应当针对不同的动物选择最合适的运输方式，对参与动物运输的人员进行良好的动物福利方面的培训，在不可避免的运输中尽可能地减少刺激、应激和缩短运输时间和路程。据此，欧盟委员会提出了新的建议，将不间断运输时间缩短为9h，动物的休息时间大幅度延长至12h，对运输时使用的车辆、司机的培训、动物是否有足够的空间以及饮水和饲料供应等有关问题都作出了相应的规定。

鸡运输过程中有很多因素影响其福利，包括人为处理、气温变化、饲料和水的缺乏、限制、噪音、运动和把不熟悉的鸡群混在一起等。不适当的处理和运输会导致鸡群死亡、撞伤和骨骼碎裂等。蛋鸡一生一般被运输 3 次，雏鸡、育成、产蛋结束，运输期间鸡遭受的应激是影响家禽福利的一个因素，研究者把促肾上腺皮质激素注射到蛋鸡体内进行实验，发现皮质酮激素增加，并且证实了许多由于应激而带来的行为变化。

澳大利亚研究者通过测定鸡蛋蛋白中应激激素的水平来监控蛋鸡福利状态。在运输中要减少鸡的应激，规定了最大装载密度和装载方法，减少振动和车内微气候变化。为使鸡凉爽，在炎热季节宜在晚上装载运输，且运输卡车前方应装有风扇和通风口。热天低密度和冷天帆布遮盖也是提高鸡运输福利的措施。要减少鸡笼的装载密度、监测气温和保证通风。蛋鸡的福利问题在运输前或许更为严重，当蛋鸡饲养在笼养鸡舍时，它们的骨骼很脆，假如从这些笼子抓鸡不当，骨骼断裂的情况时有发生。

第三节　国际动物福利组织对当今中国
动物福利事业的赞赏和期望

一、联合国粮农组织（FAO）对中国动物福利事业的评价

2017 年 10 月 13 日在杭州举行的世界农场动物福利大会上，联合国粮农组织（FAO）动物生产和卫生司司长伯赫·特考拉（Berhe Tekola）先生在热情洋溢的讲话中对中国动物福利事业寄予厚望："我确信 FAO 将同中国政府一道，促进并扩展中国及全球范围内动物福利的最佳生产实践，粮农组织很高兴与中国合作，未来也将继续合作，因为可以看到中国政府的担当以及在中国的很多进展。与中国合作几乎等同于与世界合作，因为中国是世界上最大的畜产品生产国和消费国。粮农组织在中国进行的任何工作，都将被扩展到周边国家及国际社会，因此相信来自中国的变化会改变世界"。

"动物福利是关于如何最好地改善质量，因为生病或处于应激状态的动物的生产性能和效益都会减少。福利问题与食品安全、减少贫困、伦理关怀和环境保护密切相关。大多数的研究机构和私营部门现已意识到了福利问题的优势及重要性。现今，中国应将重点放在质量上，因为在数量上，中国的生产和消费极为庞大，如果注重质量，这将间接地解决人道和福利方面的问题"。

伯赫·特考拉先生对中国农业农村部（原农业部）于康震副部长的出席和演讲给于高度赞扬："这体现了中国政府的担当，中国可以赶超过去在这方面的不足，包括政府、私营部门、民间社会的所有相关方都加入了这一阵营。现在，中国可以达到发达国家所达到的程度""让我们从今天开始逐渐发展。如

果我们今天致力于解决 10％的问题，明天将会是 20％。5 年以后，将解决 60％的问题。某一天我们可以实现整个目标。所以，让我们展示健康动物的优势。我们今天不会去着手解决 100％的动物福利问题，但是让我们从今天开始做起"。

二、美国农业部克雷格·莫里斯（Craig Morris）博士对中国动物福利事业的评价

在 2017 年 10 月 13 日世界农场动物福利大会上，美国农业部市场服务局副局长克雷格·莫里斯博士接受了采访，讲述了他对中美动物福利事业的看法："首先此次大会是一个美国和中国向彼此学习的极好的机会。在美国具有附加值的产品不仅受人喜爱，而且发展迅速。例如，有机产品，其拥有约 150 亿美元的市场，在过去 10 年里，有机产品年年都出现巨大的增长。与动物福利密切相关的一系列其他领域也取得了长足发展。这些产品不仅市场比例在增长，更有市场溢价。因此，生产者如若选择以超越传统惯例的方式进行生产实践，常常能够卖出更高的价格，这部分利润相对于增加的成本来说，绰绰有余。所以，因消费者愿意支付更高的价格，市场可推动生产者改善实践"。

"在未来几年，美国和中国之间的贸易将增加。因而，我们在应对动物福利问题上有着相似的方法非常重要。如果中国的市场和消费者、美国的市场和消费者、中国的市场和生产者、美国的市场和生产者都对动物福利问题持相似观点，我们就有使得两个市场之间形成互惠互利的贸易关系的最好机会。我认为我们如若勤于沟通有关动物福利方面的努力，我们的关系产生障碍的可能性就越小"。

三、英国皇家防止虐待动物协会对中国动物福利事业的评价

英国皇家防止虐待动物协会国际事务总监鲍尔·李博（Paul Littlefair）先生的发言：以本土化的国际先进理念和实践推动中国的动物福利发展。李博先生在世界动物福利大会前首先向我们介绍了迄今为止已存在了 190 多年的英国皇家防止虐待动物协会，该组织的使命是为了鼓励和推广给动物更好的照顾。对于农场动物来说，这意味着尝试提高它们的生活环境以更好地满足它们的需要。"在中国，我们组织已经活跃了大概 18 年，致力于支持中国改善农场动物福利的努力。中国是畜牧业大国，饲养的猪的数量占世界的一半，饲养的鸡鸭的数量大概占世界的三分之一。即使是给这些动物的福利所带来的微小改进也意味着巨大的影响力"。

"当我开始着手于中国农场动物福利时，大多数研究都在西方国家。鉴于

中国和西方的区别，我们需要一些关于中国的动物在中国的农场的行为表现及如何进行改善的研究。现在已有很多在中国的农场进行的研究，有一些真正在中国实际发生的改善的案例，并非只是来自别国的理论。我们想把这些由中国生产者亲身实践的好方法分享给国内外的其他生产者。这是一场基于科技、经验及实际解决方法的公开的研讨。本次大会在动物科学与农场的实际操作之间搭起了一座桥梁，是农场动物福利发展的重要部分"。

李博先生还介绍了英国皇家防止虐待动物协会从 1994 年以来开展的高福利食物认证标志项目："在超市里，你可以看到英国皇家防止虐待动物协会的认证标志。这些标志意味着动物的一生都在协会高福利标准的监管之下。消费者看到我们的标志，相信我们协会会按照高标准生产这些食物。农场主们也很高兴参与这样的项目，因为他们可以加价销售他们的产品"。

"欧洲的一项调查显示，在欧洲，动物福利消费成渐增之势。同时，动物福利将成为欧洲国家与其他国家贸易的一个重要特征。目前，中国是欧盟的最大贸易伙伴，未来，中国也可能向欧洲出口高福利产品，因为一些中国农场将会达到欧盟所期望的标准。而且，关注畜禽产品的质量、安全、口味以及动物福利的市场也在中国逐步扩大"。

四、世界农场动物福利协会（CIWF）对中国动物福利事业的评价

世界农场动物福利协会（CIWF）食品行业总监 Tracey Jones 自 2011 年就与中国正式结缘，她说，"动物自己有自己的福利，如果它们不被福利对待，不管在欧洲还是中国，都是不好的"。在近 3 年里她访问中国 7 次，并惊讶地发现，"中国的养殖企业其实已经了解了农场动物福利，尽管很多还没有听过动物福利概念，但是有些领先企业已经在开始尝试相关操作，说明中国养殖企业已有了自己的福利养殖解决办法，而不是复制西方。而且让我们印象深刻的是中国养殖企业都很开放，很想要听我们来讲动物福利，也试图理解我们来访的目的，他们主动交流探讨，甚至发邮件讨教，这也给了我们很大信心"。

她说，"作为全球最大的养殖国，中国有着完全迥异于欧洲大陆的肉类发展市场。欧洲市场发展较为完善，消费者可以并且正在对市场提出要求，零售商接受程度已经相对较高，而在中国，消费者极少情况下提出要求，并且接受度也不是很高。这意味着中国并不能全盘复制欧洲既有标准。如何根据中国特色，因地制宜地发展福利养殖，以使其更符合中国的国情。

"现今，动物福利已成为世界的发展趋势，这势必将给中国企业带来一定冲击，因此中国肉类行业如何看待并推进动物福利，显得尤为重要。我们将持续推进中国的农场动物福利和完善福利金奖的评奖工作，希望能让更多的人了

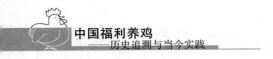
解到农场动物福利。未来，消费者、养殖企业、零售商等都可以更加关注。对 CIWF 来说，动物福利仍然是一项需要长期奋斗的事业。下一步在中国希望可以帮助企业设立专门的动物福利产品标志，这样高福利的动物福利产品才可以更好地走向市场"。

第四章

中国鸡的福利养殖发展概况

第一节　当今动物福利（鸡福利养殖）在中国的前进步伐

本书第一章主要追溯了中国古代动物福利及福利养鸡的论述与实践，本节将就当今动物福利特别是鸡福利养殖在中国的萌芽和前进步伐予以简要列示。

一、近30年来（1988—2018年）动物福利（鸡福利）在中国的主要事件

（一）1988年以来中国颁布的野生动物和农场动物资源保护及福利的法规

1. 1988年11月8日，我国《中华人民共和国野生动物保护法》正式颁布，这是一部为保护野生动物的种质资源而制定的法规，也是我国大陆当代第一部动物保护法规。2004年8月28日进行了修订。是为保护、拯救珍贵、濒危野生动物，保护、发展和合理利用野生动物资源，维护生态平衡而制定的法律。

2. 1994年4月15日，国务院第153号令发布了种畜禽管理条例。该条例指出，为了加强畜禽品种资源保护，培育和种畜禽生产经营管理，提高种畜禽质量，促进畜牧业发展，制定本条例。所称种畜禽，是指种用的家畜家禽，包括家养的猪、牛、羊、马、驴、驼、兔、犬、鸡、鸭、鹅、鸽、鹌鹑等及其卵、精液、胚胎等遗传材料。凡是从事畜禽品种资源保护、培育和种畜禽生产、经营的单位和个人，必须遵守本条例。这里的畜禽就是指农场动物，以下同。

3. 1998年1月5日，农业部第32号令，发布的种畜禽管理条例实施细则指出：凡在中华人民共和国境内从事畜禽品种资源保护、新品种培育和种畜禽生产、经营者、必须遵守本实施细则。对畜禽品种资源实行国家、省（自治

区、直辖市）二级保护。国家级畜禽品种资源保护名录由国务院畜牧行政主管部门确定、公布；省级畜禽品种资源保护名录由省级畜牧行政主管部门确定、公布，报国务院畜牧行政主管部门备案。畜牧行政主管部门和省级畜牧行政主管部门有计划地建立畜禽品种资源动态监测体系、保种场、保护区、基因库和测定站等。保种群禁止开展任何形式杂交。确因育种需要，按管理权限报批，批准后方可进行。

4. 2002 年，中国把动物福利最早写入法案的是对《实验动物管理条例的修订》。

5. 2005 年 12 月 29 日，中华人民共和国第十届全国人民代表大会常务委员会第十九次会议通过了《中华人民共和国畜牧法》，这是新中国成立后国家政府就畜牧业出台的第一部畜牧法，具有里程碑意义。凡是在中华人民共和国境内从事畜禽的遗传资源保护利用、繁育、饲养、经营、运输等活动，都要遵守该法。

就畜禽遗传资源保护而言，国家建立畜禽遗传资源保护制度，制定全国畜禽遗传资源保护和利用规划，制定并公布国家级畜禽遗传资源保护名录，对原产我国的珍贵、稀有、濒危的畜禽遗传资源实行重点保护。畜禽遗传资源保护名录，分别建立或者确定畜禽遗传资源保种场、保护区和基因库，承担畜禽遗传资源保护任务。享受中央和省级财政资金支持的畜禽遗传资源保种场、保护区和基因库，未经国务院畜牧兽医行政主管部门或者省级人民政府畜牧兽医行政主管部门批准，不得擅自处理受保护的畜禽遗传资源。

就畜禽养殖福利条件而言，加强对畜禽饲养环境、种畜禽质量、饲料和兽药等投入品的使用以及畜禽交易与运输的监督管理。支持畜禽养殖者购买优良畜禽、繁育良种、改善生产设施、扩大养殖规模、提高养殖效益。运输畜禽，必须符合法律、行政法规和国务院畜牧兽医行政主管部门规定的动物防疫条件，采取措施保护畜禽安全，并为运输的畜禽提供必要的空间和饲喂饮水条件。

从事畜禽养殖，不得有下列行为：①违反法律、行政法规的规定和国家技术规范的强制性要求使用饲料、饲料添加剂、兽药；②使用未经高温处理的餐馆、食堂的泔水饲喂家畜；③在垃圾场或者使用垃圾场中的物质饲养畜禽；④法律、行政法规和国务院畜牧兽医行政主管部门规定的危害人和畜禽健康的其他行为。

6. 2006 年 6 月 3 日，农业部第 662 号公告公布了国家级畜禽遗传资源保护品种名录。共 138 个畜禽品种为国家级畜禽遗传资源保护品种，其中鸡 23 个。2014 年 2 月 20 日进行了修订，作为农业部第 2061 号公告，公布了 159

个畜禽品种为国家级畜禽遗传资源保护品种。其中鸡由原来的 23 个增加到 28 个品种：大骨鸡、白耳黄鸡、仙居鸡、北京油鸡、丝羽乌骨鸡、茶花鸡、狼山鸡、清远麻鸡、藏鸡、矮脚鸡、浦东鸡、溧阳鸡、文昌鸡、惠阳胡须鸡、河田鸡、边鸡、金阳丝毛鸡、静原鸡、瓢鸡、林甸鸡、怀乡鸡、鹿苑鸡、龙胜凤鸡、汶上芦花鸡、闽清毛脚鸡、长顺绿壳蛋鸡、拜城油鸡、双莲鸡。

7. 2008 年，我国正式出台了《生猪人道屠宰技术规范》，这是我国首个动物福利的国家标准。

8. 2010 年，公益性（行业）农业科研专项"畜禽福利养殖关键技术体系研究与示范"立项，并提出《动物福利评价通则》的起草。

9. 2011 年 6 月 13 日，由北京市畜牧兽医总站牵头的"动物福利评价通则标准"启动会在北京召开。经过几年的努力，我国首部农场动物福利行业标准《动物福利评价通则》，于 2017 年 11 月通过全国畜牧业标准化技术委员会的专家审查，圆满完成农业部的标准制（修）订任务。

10. 2014 年 5 月 9 日，中国首部农场动物福利标准《农场动物福利要求·猪》通过专家审定，此次出台的标准是中国农场动物福利系列标准中推出的首部标准，由中国农业国际合作促进会动物福利国际合作委员会与方圆标志认证集团联合起草，由翟虎渠任组长和 15 位专家共同完成，中国标准化协会正式发布。

标准的制定从我国现有的科学技术和社会经济条件出发，参考国外先进的农场动物福利理念，填补了国内动物福利标准的空白。该标准适用于农场动物中猪的养殖、运输、屠宰及加工全过程的动物福利管理。

11. 2014 年 12 月 17 日，《农场动物福利要求·肉牛》由中国标准化协会发布，该标准由中国农业国际合作促进会动物福利国际合作委员会与方圆标志认证集团联合起草，由翟虎渠、许尚忠任组长和 17 位专家共同完成。

12. 2015 年 8 月 25 日，中国农业国际合作促进会动物福利国际合作委员会联合方圆标志认证集团在北京召开了《农场动物福利要求·鸡》标准起草首次会议。广东海洋大学教授杜炳旺当选本次标准起草组组长，专家组明确分工合作，企业组分为蛋鸡组和肉鸡组，针对标准框架的各组成部分与各专家沟通商议，提出各自意见和建议。鸡标准起草首次会议的顺利召开，从此开启了鸡福利标准起草的新篇章，标志着我国养鸡业已开始向动物福利标准靠拢，也越来越与国际接轨。

13. 2015 年 11 月 10 日，《农场动物福利要求·肉用羊》标准由中国标准化协会发布。该标准由中国农业国际合作促进会动物福利国际合作委员会与方圆标志认证集团联合起草，由翟虎渠、张玉任组长和 16 位专家共同完成。

14. 2017 年 6 月 9 日，由中国农业国际促进会动物福利国际合作委员会组织，由杜炳旺教授任起草组组长、全国 20 多位专家共同完成的我国首部养鸡业的福利标准——《农场动物福利要求·肉鸡》和《农场动物福利要求·蛋鸡》审定会在北京召开。经专家和企业代表现场讨论，认为上述标准草案符合市场需要，具有良好的可操作性和实用性，对促进行业进步有重要作用，经过认真讨论同意通过审定。

15. 2017 年 7 月 14 日，《农场动物福利要求·蛋鸡》和《农场动物福利要求·肉鸡》两个标准出台，由中国标准化协会正式发布。

16. 2017 年 11 月 7 日，我国首部农场动物福利行业标准——《动物福利评价通则》（以下简称"通则"）通过全国畜牧业标准化技术委员会的专家审查。这是国内第一个直接写明动物福利，并通过审定的农业部行业标准。将有助于我国养殖业的绿色可持续发展、更合理地饲养和利用动物，以及促进人与动物和谐共处。《通则》主要涵盖了动物福利的评价范围、方式、基本原则和要求等，具体量化指标并不包含在内。不仅适用于农场动物，还包括伴侣动物、实验动物、工作动物、娱乐动物以及依法捕获驯养、繁殖的野生动物在养殖、运输、屠宰、工作（包括劳役、训练、表演、陪伴或展览等）环节的福利状况进行评价。同时，标准还适用于对从事上述活动的组织对待动物的行为和管理动物的水平进行评价。

集约化饲养条件下的畜禽福利水平低，已成为影响人类健康、制约畜牧业可持续发展的关键因素之一。而有研究显示，通过改善动物福利，可以有效地提高畜产品品质，获得更高的产品价格，提高农场主的总体利润。

针对动物福利状况的评价方式，《通则》提出：组织自身、外部和官方机构三种评价主体。外部评价指的是委托其他人或者认证公司进行评价，官方机构评价就是行业协会、政府部门来评价。

17. 2017 年 11 月 23～24 日，《动物福利通用准则·禽产品》标准起草研讨会在山东蓬莱召开。此次研讨会由中国农业国际合作促进会主办，山东民和牧业股份有限公司承办。来自全国各地的家禽行业专家，养殖生产企业、终端采购企业等上下游企业代表近百人参加研讨会上，标准起草组专家代表、中国农业科学院畜牧兽医研究所研究员顾宪红介绍了《动物福利通用准则·禽产品》标准的立项背景、内容概要以及起草组前期开展工作的情况。专家、企业家就动物福利禽产品生产、运输、屠宰、产品和记录、可追溯等内容进行了深入讨论，建议把握好通则和细则的区别，能够覆盖不同禽类动物福利共性特征，并就动物福利产品质量标准、包装、标识、储藏等问题进一步讨论。

（二）中国动物福利学术团体、相关会议及主要事件

1. 2005 年，召开了动物福利与肉品安全国际论坛，首次将动物福利和动物性食品安全作为关注点。

2. 2007 年，我国加入世界动物卫生组织（OIE），成为第 178 个成员国，OIE 的主要职责有三项，即动物传染病的防控、动物福利和食品安全。

3. 2009 年，中国兽医协会成立，下设动物卫生与福利分会。

4. 2010 年 9 月 24～25 日，山东畜牧兽医学会畜禽健康养殖与动物福利分会成立大会暨山东畜禽健康养殖及动物福利高层论坛。该专业学会是全国第一个最早成立的，该领域的学术论坛亦属全国首次。它是我国养殖业发展到一定阶段应运而生的，对于提高我国的畜禽饲养管理水平、保障食品安全、公共卫生及畜牧业可持续发展非常必要。200 多位来自省内外的专家、学者、企业家及国际友人参会，19 位专家针对不同畜禽、水产动物健康养殖和动物福利做了精彩报告。

5. 2013 年 6 月 5 日，中国农业国际合作促进会动物福利国际合作委员会经农业部批准、民政部登记正式成立。该协会是中国农业国际合作促进会设立的分支机构，是我国第一家推进动物福利事业国际合作的社会团体。

6. 2013 年 10 月 18 日，"2013 首届中国动物福利与畜禽产品质量安全论坛"暨中国农业国际合作促进会动物福利国际合作委员会揭牌仪式在京举行，来自农业部、世界动物保护协会、世界农场动物福利协会、部分外国驻华使馆官员、专家、学者以及相关企业与媒体等社会各界人士共 200 余人参加了本次盛会，官员与学者的思想交流碰撞出诸多富有建设性的观点和建议。各位与会专家对中国动物福利与畜禽产品质量安全进行的深入探讨，进一步推动了动物福利在中国的发展。

7. 2014 年 10 月 10～11 日，"2014（第二届）中国动物福利与畜禽产品质量安全论坛"在北京召开，到会专家 60 多位，企业 30 多家。此次论坛，在参会规模、涉及范围上显著提高，已成为中国发展动物福利事业人士相聚的"节日"。

8. 2015 年 9 月 11～12 日，中国畜牧兽医学会动物福利与健康养殖分会成立大会暨首届规模化健康与福利养猪高峰学术论坛在泰安隆重召开，大会选举了分会理事会山东农业大学柴同杰教授当选为分会理事长。在成立大会上，山东农业大学副校长张宪省致辞，中国畜牧兽医学会理事长、中国工程院院士陈焕春做了题为《当前我国猪病流行状况与防治对策》报告，中国工程院院士夏咸柱对当前福利养殖对食品安全的重要性做了《健康养殖与食品安全》报告，柴同杰教授作了题为《采纳现代健康养殖方法和动物福利理念，促进我国畜牧

业健康和可持续发展》的报告。与会代表针对当前我国畜牧业动物疫病流行复杂局面，围绕畜禽的福利和健康养殖开展了卓有成效的研讨，倡导学习和借鉴欧美发达国家福利养殖的先进经验和技术，加强立法和执法，改变观念，突破畜牧业发展的瓶颈，使其走上一个健康和可持续的道路。

9. 2016年4月14日，开启了中国农场动物——鸡福利养殖专家考察调研企业行活动。该活动是基于中国鸡的福利标准制定前需对国内现行的福利养殖状况有一个较为全面了解和掌握的背景下开启的。由广东海洋大学杜炳旺教授任组长，河南科技大学徐廷生教授任副组长，东北农业大学滕小华教授、中国动物卫生与流行病学中心肖肖副研究员、山东生态健康产业研究所所长孟祥兵博士，湛江市晋盛牧业科技有限公司王光琴总经理组成的专家调研小分队，从2016年4月14日开始，至2017年8月4日，历时16个月，行程15万余千米，涉及15个省、市、自治区的50多个企事业单位，覆盖我国东西南北中全方位，如东部的山东、江苏、浙江，西部的宁夏、陕西、云南、贵州，南部的广东、江西，北部的北京、山西、内蒙古、黑龙江，中部的河南、湖北。

该活动的高效实施，不仅对我国当今蛋鸡、肉鸡及特色鸡种的多种养殖模式进行了较为细致深入地考察调研，掌握了不可多得的第一手材料和现场图片，而且为中国第一部《农场动物福利要求·肉鸡·蛋鸡》标准和国际《金鸡奖和金蛋奖评选标准》的出台奠定了基础，提供了依据，加速了中国鸡福利事业与国际接轨甚至赶超国际领先进水平的前进步伐！因此说，该活动的实施有着非常重要的历史价值和现实意义，值得记忆和存档。

10. 2016年6月4～5日，由中国动物福利国际合作委员会主办的"2016动物福利国际禽业发展大会暨中国禽业福利养殖产业发展高峰论坛"在南京召开。本次论坛聚集国内外家禽养殖行业专家及企业界专业人士，旨在增进行业交流学习，传播福利养殖理念，倡导福利养殖新技术，促进禽业的转型升级，拉伸产业链，打造国际品牌，联通养殖生产端与消费终端，为行业内外资源对接提供便利的平台。同时召开了鸡福利标准起草讨论会，以及动物福利金鸡奖、金蛋奖启动仪式。

11. 2016年8月23～24日，由中国动物卫生与流行病学中心在武汉举办了2016年OIE动物福利工作研讨会，会上有10位专家做了专题报告。

12. 2016年10月29日，中国大健康生态福利养殖（养鸡）产业联盟筹委会始创专家组成立。该联盟是以优质肉鸡和蛋鸡生态福利养殖为契入点，在整合产业链上、中、下游企业及国内外教学、科研机构的基础上组建的创新型非公有制独立法人的社会服务组织机构。

该联盟的使命是，紧紧围绕国家"生态文明建设""健康中国"战略的进一步实施，为提升中国现有养殖产业的健康、生态、福利养殖环节转型中的核心竞争力，凝聚社会、企业与学术研究界各方智慧，以"创新大健康生态福利养殖生产标准为基础建立核心技术体系，搭建生态产业投资运营管理平台"为使命，建设一个平等参与、联合开发、优势互补、合作共赢的创新型"产、学、研、销、管"一体化的合作组织机构。

该联盟的宗旨是，整合联盟成员单位的资源、品牌、科研、技术、资本、市场、区位、专业优势、强化产学研结合的创新机制，以联盟为依托，市场为导向，企业为主体，技术为支撑，创新大健康生态修复的技术体系，提升生态福利养殖产业的核心竞争力，引领中国早日实现养殖产业结构的转型，为中国优质肉鸡和蛋鸡产业跃上现代产业发展新阶段，发挥积极而持久的推动作用，促进我国生态文明建设。

13. 2016 年 12 月 2～3 日，2016（第四届）中国动物福利与畜禽产品质量安全论坛暨动物福利产品营销国际峰会在杭州召开。论坛聚集全球行业内领军企业高层，围绕保障动物源性食品质量与安全，推动动物福利产品市场化等议题进行讨论。同时还将为养殖企业与终端需求商搭建高效的商务合作平台，助力企业卓越经营、打造全球化品牌。论坛主题是促进动物福利产品生产与消费无缝链接、实现中国畜禽产品安全消费。

14. 2017 年 6 月 28 日，为表彰世界动物福利先进企业，世界农场动物福利协会（CIWF）在英国伦敦隆重举行"农场动物福利奖"全球颁奖典礼。本次奖项共分为金蛋奖、优秀乳制品奖、中国福利养殖金奖，其中，中国福利养殖金奖包含"福利养殖金猪奖""福利养殖金蛋奖"和"福利养殖金鸡奖"。

来自世界各地的著名企业如麦当劳、亚马逊等与世界著名媒体等齐聚一堂，共襄盛举。英国大型连锁超市 Tesco、Waitrose 等优秀企业凭着成功的经营策略及深入的福利理念纷纷突围，斩获奖项。28 家中国养殖企业荣获福利养殖金奖。

中国养殖企业获 2017 福利养殖金鸡奖的企业 7 家，分别是湖北正大有限公司、福喜（威海）农牧发展有限公司、湛江市山雨生态农牧有限公司、江苏宁创农业科技开发有限公司、山东华盛江泉集团、北京绿多乐农业有限公司、北大荒宝泉岭农牧发展有限公司。

中国养殖企业获 2017 福利养殖金蛋奖的企业 8 家：分别是贵州柳江畜禽有限公司、湖北神丹健康食品有限公司、湛江市山雨生态农牧有限公司、汪清县前望林下养殖有限公司、江苏宁创农业科技开发有限公司、山东华盛江泉集团、北京绿多乐农业有限公司、河南爱牧农业有限公司。

15. 2017 年 10 月 11～13 日，世界农场动物福利大会暨第五届中国动物福利与畜禽产品质量安全论坛在杭州举行，论坛主题是"倡导农场动物福利·推动可持续性发展·引导公众责任消费",内设家禽福利分论坛。本次大会由联合国粮食及农业组织(FAO)和中国农业国际合作促进会(CAPIAC)共同主办,并得到英国皇家防止虐待动物协会、世界农场动物福利协会、美国肉类出口协会、美国国家猪肉委员会的支持。此外,世界贸易组织、中国农业部、美国农业部、英国爱丁堡大学、澳大利亚昆士兰大学、瑞典农业大学、中国农业科学院等国内外有关机构代表及专家学者400余人出席大会。

农业部副部长于康震在大会上指出:"当前,中国养殖业发展正面临转型升级的关键时期,必须从中国实际出发,加快制定动物福利技术标准和规则,深入开展中国特色的动物福利科学研究、标准规则制定和宣传推广工作,逐步健全农场动物福利的检测、评价与监管体系"。

本次论坛是联合国粮食及农业组织(FAO)针对农场动物福利首次举办的国际会议,选择在中国召开,也代表中国作为世界上畜禽产品生产和消费大国,农场动物福利状况有了整体提升,得到国际社会认可。

16. 2017年10月19~20日,农场动物福利与畜牧业可持续发展国际研讨会在北京举行,由中国地质大学(北京)和格里菲斯大学(澳大利亚)共同举办。大会有来自英国、美国、加拿大、澳大利亚及中国的70多位代表,共有20多位专家做了大会报告,并设研究生论坛,同时大会论文集《科学视角下的动物福利》专著将于2018年年底出版。

17. 2017年10月22~24日,由重庆市畜牧科学院在重庆举办了第四届动物福利国际研讨会,此会议自2014年起每年一届。

18. 2017年11月25~26日,由中国动物卫生与流行病学中心在重庆举行了2017-OIE动物福利工作研讨会。

19. 2018年3月15日,家禽福利国际研讨会在杭州召开,上海农科院、西南大学、浙江农林大学、美国普渡大学、美国Nova-Tech公司单位代表出席了研讨会。中国动物福利协会阿永玺秘书长做了题为"动物福利在中国"的报告,并围绕雏鸡的断喙这一福利问题做了专门论述。

20. 2018年5月18~20日在济南召开了农场动物福利与畜牧业可持续性发展暨中国畜牧兽医学会动物福利与健康养殖分会第一届第二次动物福利高效养殖国际研讨会。

二、国内有关动物福利的公众认知度问卷调查

(一)2014中国公众的动物福利社会调查

2014年1月,中国农业国际合作促进会动物福利国际合作委员会(IC-

CAW）受世界动物保护协会委托，开展 2014 中国公众动物福利社会调查，截至 4 月 20 日，共回收有效问卷 11 348 份。公众对于农场动物福利的关注程度有限，但对动物食品的安全和品质非常重视，说明农场动物福利的理念和知识有待进一步宣传和科普。超过 80％的调查对象愿意购买在良好福利状况下养殖、运输和屠宰的畜禽产品，表明动物友好型产品的未来存在着巨大的消费增长空间。有近 70％的调查对象表示愿意接受高于市场价格的福利养殖畜禽产品。

（二）2015 中国公众的动物福利社会调查

2015 年南京农业大学经对 6 006 份问卷调查结果表明，2/3 的人没听说过动物福利，72.9％的人认同改善动物的饲养条件，68.5％的人赞同动物福利立法，50％的人愿意接受较高价格的动物福利产品。

三、近几年国内出版的动物福利（鸡福利）主要著作及内容提要

（一）《动物保护及福利》

由柴同杰主编，中国农业出版社 2008 年出版第一版，2016 年出版第二版。

该书共 14 章，首先对动物保护及福利、动物福利与畜禽生产、动物保护及福利与人类健康、动物保护立法、动物品种资源的保护等方面的内容加以阐述；接着分别介绍家畜、家禽，特种经济动物、水生动物、实验动物、护佑陪伴动物、表演、竞技动物、园养动物、野生动物的保护及福利。该书是针对高等院校动物学、法学、动物科学、动物医学、实验动物学、水产科学、公共卫生学等专业的学生编写的，也可作为相关专业研究人员和工作者的参考用书。

（二）《动物福利概论》

中国兽医学会组编，贾幼陵主编，中国农业出版社 2014 年 10 月出版。

该书包括不同的动物福利概念和不同的动物福利分析体系，及其制定的背景、科学依据和现实意义；运用正确的原理来评估动物的福利状态，辨别好与不好的动物福利；实践动物福利的评估、监督和审核行为，及解决常见的福利问题，从而保护农场动物的福利。

（三）《家禽养殖福利评价技术》

由林海、杨军香、童海兵主编，中国农业科学技术出版社 2014 年 11 月

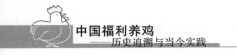
出版。

全国畜牧总站组织山东农业大学动物科技学院和中国农业科学院家禽研究所等有关专家，认真梳理我国家禽养殖福利评价技术，并借鉴国外家禽福利评价经验，编写了《家禽养殖福利评价技术》一书。该书主要内容包括家禽福利现状、家禽利评价体系、蛋鸡养殖福利评价、肉鸡养殖福利评价、家禽运输与屠宰福利评价5个方面，对于提高我国家禽标准化养殖水平、提高基层畜牧技术推广人员科技服务能力等具有重要指导意义和促进作用。

该书图文并茂，内容深入浅出，技术先进适用，可操作性强，是各级畜牧技术人员和养殖场（小区、户）生产管理人员的实用参考书。

（四）《世界主要国家和国际组织动物福利法律法规汇编》

由南京农业大学严火其等编译，江苏人民出版社2015年3月出版。

该书对世界代表性国家和国际组织动物福利方面的现行法律和规章进行了收集、整理和翻译。对象的选取以发达国家为主，也考虑了发展中国家。现行法律和规章反映的是保护动物福利的法律现状，为增强汇编对我国的借鉴作用，编者对每一个国家和国际组织动物福利立法的发展作了概述。针对中国国情和现实需要，《世界主要国家和国际组织动物福利法律法规汇编》主要关心了猪、鸡等农场动物方面的法律法规。收集和编译了在动物福利方面具有先进性和代表性的主要国家如英国、瑞士、美国、日本、韩国、印度、尼泊尔，以及国际组织如欧盟、世界动物卫生组织、世界贸易组织、联合国粮农组织有关动物福利的法律法规，并对这些国家或国际组织动物福利立法的发展变化进行了梳理，目的是总结国际经验，为在我国推进动物福利事业的发展提供借鉴。

（五）《鸡艺·中国古代养鸡智慧附书法艺术》

由孟祥兵、徐廷生、杜炳旺、滕小华编著、王高书法，中国农业出版社2017年8月出版，2018年1月第二次印刷。

该书是中国鸡文化系列丛书的开篇之作，虽然内容涉及的是中国古代养鸡智慧并以书法艺术展现中国古代的科学养鸡技术与古人智慧，但是正如本书的后记所讲："北魏时期《齐民要术·养鸡篇》、宋朝《岭外代答·斗鸡篇》、清朝《鸡谱》使我们不仅发现了中国古代特有的养鸡技艺、养鸡智慧及养鸡文化，而且发现，在鸡的养育过程中，我们的先人们就根据鸡的行为学及其特性实施了一系列福利养殖的技术措施，比如舍内安装栖架、夏天搭建凉棚、冬天铺设垫料、四季分时而养、自然生虫喂鸡、防止兽害侵袭、编制荆条鸡栖并离地面一尺高而使鸡和粪隔离开来……，这些论述无不蕴含着朴素的科学认知和古人的高超智慧，无不与当今世界农场动物福利的追求和目标不谋而合。之前我们也没想到这些都记载于1486年前的中国的养鸡专论中！可见就动物福利而言，中国的福利养鸡历史和文化源远流长，不知要比欧美国家早多少年，很值得我们来追溯、来研究"！

可见该书的出版，同样与当今中国的福利养鸡密切相关，而且其历时源远流长，很有借鉴、传承和发扬光大的历史意义和重要价值。

（六）《动物福利与肉类生产》

顾宪红、时建忠译，英·果戈里著，中国农业出版社2008年出版。

该书聚焦最新研究发现，对主要肉用动物生产的福利现状进行了系统阐述，特别对发展中国家的动物福利、遗传选育对动物福利的影响以及如何在养殖场和屠宰场评价动物的福利进行了重点论述，并对上述问题做出了科学的解答，对提高肉类品质和推动我国养殖业健康发展具有重要的指导意义，适合从事畜牧兽医行业的政府官员、企业领导和生产技术人员、科研人员、师生以及关心动物源食品安全的广大消费者阅读。

（七）《动物福利法·中国与欧盟之比较》

由常纪文著，中国环境科学出版社2006年9月出版。

该书作为法学研究的成果，集立法介绍、立法评论与立法比较研究于一体，在重视动物伦理学者关于"动物权利"的研究成果时，并没有拘泥于单纯地给受难的动物诉苦伸冤，也没有脱离我国法制建设和文化传统的实际情况，而是以主客二元法律结构和由该结构所维护的法律秩序为起点，采用法学的研究方法，从欧盟有什么、我们有什么、欧盟的长处和短处是什么、我们的长处和短处是什么、我们应当向欧盟学习什么几个方面，系统地比较研究了中国和欧盟动物福利法的若干问题。最后，希望本书对中国动物福利法的发展能起一定的作用。

（八）《世界农场动物福利大会论文集》

由世界农场动物福利大会编委会主编，吉林科技出版社2017年10月出版。

该书共收录23篇来自中国、美国、加拿大、英国、法国、瑞典、澳大利亚等国家和台湾地区的著名专家学者提交的论文。涉及动物福利标准、养殖、屠宰和教育培训等方面，较为全面地阐述了动物福利所涉及的关键要点

及发展趋势，是不可多得的关于动物福利在中国乃至全球动物福利状况的参考资料。

第二节 中国福利养鸡研究进展

动物福利是现代意义上的称谓，从概念上我们起步较晚，虽然中国古代没用此概念，但如前所述，可以说我国动物福利在中国的历史源远流长，可以追溯到数千年前。

虽然2010年后，动物福利这一词汇在我国畜牧行业才频繁出现，但是2000年前，我国的学者已经开始调查、研究、探索、尝试着开展了动物福利领域的系列工作，并取得了许多研究成果，特别是福利养鸡领域的研究内容和范围不断增多和扩展。所以算起来，我国学者围绕鸡的福利养殖已经开展了超过20年的研究探索。这里就福利养鸡设备的研发、福利对鸡的行为学影响的研究、福利养殖中不同饲养模式的对比研究、无抗或替代抗生素养殖的研究、现代养鸡场的动物福利—科学减负、鸡的福利屠宰工艺研究六个方面的研究成果和效果予以重点展示。

一、福利养鸡设备的研发

（一）蛋鸡网上栖架福利化养殖新技术与装备的研发

近几年，随着我国集约化养殖业的迅速发展，畜禽养殖生产系统对动物健康和福利的影响逐渐引起业内人士的重视。福利化健康养殖设施的开发关系到蛋业的可持续发展。健康养殖是指能够让畜禽适度运动，保障其正常行为表达，以提高其健康体质和抗病力的饲养理念，是一种以优质、安全、高效、无公害为主要目标，数量、质量和生态效益并重的可持续发展的养殖。实施动物福利化养殖，善待动物并为其提供舒适的生存环境、投喂营养全面的日粮能减少个体间的争斗、保持动物的健康和活力、增加采食量提高饲料转化率、动物存活力和生长速率，从而大大提高畜禽生产力。

2016年，中国农业大学水利与土木工程学院李保明教授团队在改良畜禽健康环境与福利养殖方面做了深入研究和创新，研制出一套"蛋鸡网上栖架福利化养殖新技术与装备"，自主研发了基于蛋鸡行为和福利的蛋鸡网上栖架健康养殖新模式，提升了蛋鸡健康水平和产品质量。如图4-1所示。

该项研究成果的主要特点在于：

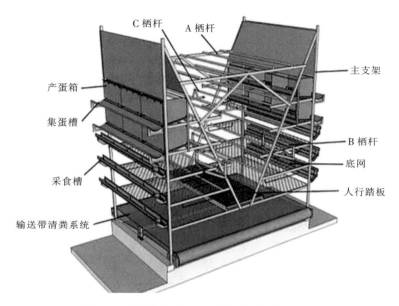

图 4-1 蛋鸡网上栖架福利化养殖新技术与装备

（1）创造了一个能在舍内运行的较大程度上模仿自然散养条件的人工环境，既能满足鸡的行为表达需要，使鸡能够自由栖息，在产蛋箱产蛋，又能使鸡在一个较大的空间内进行水平和垂直活动，增强了鸡体健康和抵抗力，提高生产率。

（2）还能保持传统笼养中离地饲养的优点，尽量避免鸡体与粪便接触，减少舍内粉尘，减少疾病发生。

（3）全过程采用舍内饲养，可以完全人工控制饲养环境，与自然散养条件相比减少了环境的复杂性，从而改善了鸡体健康，降低散养蛋的脏蛋、破蛋率。

（4）双区食槽的使用还能减少饲料浪费，提高饲料利用率。

（5）该系统饲养密度为 25 只/m²，采用自动喂料，自动给水，半自动捡蛋，自动清粪，养殖人员劳动强度较小，可望实现较大规模的系统化生产。

（6）蛋种鸡（自然交配）离地栖架养殖系统与本交笼养种鸡孵化效果对比试验，栖架组受精率 95.59%，本交组 96.07%，合格种蛋率栖架组 90.15%，本交组 85.90%。

该成果于 2015 年获得中华农业科技奖一等奖和教育部科技进步一等奖。

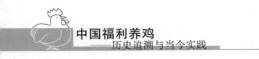

（二）一种适合亚热带湿润季风气候的全天候蛋鸡福利别墅鸡舍研发

由贵州柳江畜禽有限公司朱国安、许殿明、张树旺、田院平等研发的一种适合亚热带湿润季风气候的全天候蛋鸡福利别墅鸡舍（专利号 ZL 201120552806.3），是一种适合贵州气候全天候产蛋鸡福利小别墅鸡舍。贵州省地处我国西南云贵高原东北部，是我国唯一没有平原的省份。贵州省由于历史和地理原因，长期欠开发、经济欠发达，然而，境内森林覆盖率高达 48%，喀斯特地貌特征显著，荒山荒坡面积大。贵州柳江畜禽有限公司结合当地气候和生态环境特点，经过 3 年攻关，研发了这种全天候蛋鸡福利别墅鸡舍，其特点在于：

（1）包括离开地面架构在网上的 5m² 左右的鸡圈，母鸡产蛋房，乳头式自动饮水器，容量较大的可持续供料器、可移动的自制饲料槽，由多根长条木棍构成的栖架，鸡圈顶部的瓦盖，装有适合蛋鸡生理特征的沙子的沙浴坑，以及能翻转与地面连接、方便鸡出入的进出门等设施。

（2）小别墅在山坡上的布局是每亩* 地饲养 20～50 只商品蛋鸡，以放牧为主、补饲为辅，鸡与自然和谐相处。

（3）小别墅鸡舍每个容纳 36 只左右产蛋鸡和 1 只公鸡，公母鸡同舍，做到了性别的和谐共存。

（4）既有木质的栖架，又有爽身的沙浴坑，还有自然阳光的沐浴和自由活动的宽敞山坡林地，使鸡的自然属性得以表达和展现。

（5）圈内密度小，每平方米 6～8 只，鸡在圈内网上活动，与粪便隔离；圈外空间大，每亩仅容纳 30 只左右鸡，空气质量高，鸡运动量大，增强了鸡的免疫力和抵抗力，有利于蛋鸡的健康生长和产蛋。

该企业围绕全天候蛋鸡福利别墅鸡舍和适合山区的生态牧养特点，先后获国家实用新型专利 17 项，外观设计专利 7 项，为我国适合亚热带湿润季风气候的生态福利养鸡一直走在创新开拓的大道上。

（三）蛋鸡散养集成系统的研发

为了有效解决国内的传统散养模式，由新三板上市企业深圳市振野蛋品智能设备股份有限公司的研发团队经过多年的研发攻关并获多项国家发明专利和实用新型专利（如专利号：201620487684.7），打造了中国最先进的散养鸡集成系统。它能有效解决传统散养带来的脏、乱、差现象，植被破坏严重、养殖

---

   *   亩为非法定计量单位，1 亩＝667 平方米。——编者注

环境污染严重、水源问题、空气污染问题、鸡粪处理难问题、脏蛋问题、破损率高等问题。

ZYY-100型、ZYY-300型、ZYY-600型散鸡集成系统采用了模块化设计，可移动设计，多功能融为一体。可在不同复杂环境下使用。例如：果园、草原、灌丛、山地、花木场、农家乐等地进行可移动轮牧养殖。由于可移动有效保护了养殖地块的植被不被破坏。可充分利用临时不用的土地进行养殖，减少养殖成本。其主要特点在于：

（1）可移动装置——移动方便，轮换养殖，保证生态环境不被破坏，保证养鸡地块可持续发展。

（2）照明系统——光伏太阳能配电装置，补充蛋鸡所需光源及照明，和赶鸡装置使用。

（3）饮水系统——乳头管线供水系统，配恒压器，需另接来水，保证蛋鸡的饮水安全卫生。

（4）独立料箱——保证散养蛋鸡所需营养，特殊的采食结构，可防潮（防止饲料变质）防鼠，并可减少蛋鸡在采食时产生的饲料浪费。

（5）产蛋房——集蛋系统为柔性蛋品输送装置，手摇筒集中收蛋，减轻饲养员的劳动强度。提高收蛋效率，降低对蛋的破坏率，鸡蛋干净卫生，卖相好。

（6）赶鸡装置——自动定时将鸡赶出产蛋箱，防止蛋鸡在产蛋箱内赖窝。

（7）箱体结构——箱体结构采用框架结构，箱外墙采用复合PVC板，用这种材质可以起到隔热的效果，而且坚固耐用，外观精致。ZYY-300外形尺寸为：6 080×2 150mm，可供300～350只鸡栖息和产蛋，底部为镀锌铁网，二层木架供鸡栖息，上层为产蛋箱和集蛋装置。

（四）山林地生态福利鸡舍和空中鸡舍的研发

根据粤西和桂南地理条件特殊、山林地多、濒临海洋、降水量多、天气潮湿、气候变化较大、对鸡舍的防水保温通风透气等性能要求较高的现状，湛江市山雨生态农牧有限公司因地制宜，大量种植药材，并研发了多种林下养殖模式；其中一种模式就称为山林地生态鸡舍的养殖模式，专为山雨湛江鸡的优质肉鸡生产而研制，该养殖模式2016年获国家实用新型专利，同时获得法国2016年斯特拉斯堡国际发明展览会（列宾竞赛）奖。

其优势在于：适用于华南地区山林地的生态养殖，能有效预防呼吸道疾病与肠道疾病，有效增强鸡的体质，提高鸡的抗病力。其主要特点在于：

（1）包括鸡棚和运动场，鸡棚面积为300m²，运动场为圈围在鸡棚前侧的、面积为 10 亩的山地果林，鸡棚包括支撑架和横梁组成鸡棚的框架体系。

（2）支撑架中下部设有隔离层，由固定在支撑架上隔离架体和固定在隔离架体上的隔离网组成，隔离网距离地面的高度至少为 1.5m，其材质为塑料网或钢丝网，隔离层与底层之间形成鸡粪室，隔离层的上部空间形成保温隔热阁楼。

（3）框架体系的顶部外侧安装有保温瓦，框架体系的顶部内侧安装有电灯，框架体系的四周网体密封，网体的外面还装有可收放的布帘。

（4）保温隔热阁楼通过斜坡与鸡棚外的运动场连通，保温隔热阁楼内的斜坡口两侧还装有铁丝隔网。

（5）鸡棚内还安装有自动饮水器、料桶、三层产蛋箱及栖架，运动场内设有饮水点，自动饮水器和距离隔离层的高度为 20～30cm。

（6）鸡棚与鸡棚之间建立起防疫隔离带，在防疫隔离带里种几种药材；运动场上在果森树下鸡呼吸的是新鲜空气，晒的是自然的阳光；达到过滤空气消毒杀菌和生物防控的目的，实现了无抗生养殖。

该企业与上述成果相类似的另一项实用新型专利是山林地空中鸡舍。其主要不同点是：①隔离网与地面的距离是 1.1m，而不是上一专利的 1.5m；②鸡棚和运动场均离开地面，二者的隔离网水平对接，隔离层与山林地场中的果树之间设有塑料软网，所有鸡只不论在棚内还是在运动场，均不与地面接触，而且可以直接上树栖息活动。

（五）一种新型福利鸡舍的研发

由四川农业大学李地艳、高剑、吴楠、朱庆、张璞、陈彬龙等研发的一个实用新型专利即一种新型福利鸡舍（专利号 CN201520181938.8）同样引人关注。

这种新型福利鸡舍，包括舍体，在舍体内并排设置若干笼体，笼体上设有笼门，所述笼体底部为栖息网板，笼体正面或/和背面有供鸡头部伸出的采食窗口，并在对应外壁设置有食槽，内壁设有饮水器和产蛋箱，且产蛋箱位于饮水器上方，在产蛋箱上方设置栖息架。此鸡舍实用、结构合理，设计巧妙、专业，能满足禽类养殖福利要求，广泛适用于蛋、肉鸡和善飞珍禽的养殖，具有活动空间大、观赏性强、适用范围广、满足鸡只生活习性、生产出的肉蛋品质好等优点。

二、福利对鸡的行为学影响的研究

（一）一种用于识别蛋鸡发声类型的方法研究

2017 年，中国农业大学杜晓冬等研究提出一种自动辨识蛋鸡发声类型的方法，探索一种较优的特征分类模型用于蛋鸡发声的识别。饮水声、鸣叫声、产蛋叫声、呼噜声、风机噪声等。

对比其他研究，蛋鸡发声识别率分别为 88.3%（Yu L，2013）、85.9%～92.5%（Cao Y，2014）；其他动物发声识别率分别为 73%～98%（Mielke A，2013）、89.1%～92.5%（Cheng J，2010）。本文提出的算法可较好地应用于分类识别蛋鸡不同声音类型，MFCCs－3＋TF＋BPNN 模型的识别率为 89.2%，建模时间为 2660ms。后续研究提高算法识别率，应用于在线识别系统；探索基于时间序列的音视频相结合的方法。

（二）栖架养殖模式下蛋鸡发声分类识别

2013 年，中国农业大学余礼根等针对栖架养殖模式下蛋鸡的发声，采用频谱分析技术，运用音频分析软件 Sound Analysis Pro 提取不同行为状态下的发声图谱，采集其声学参数作为特征向量，应用 J48 决策树算法、朴素贝叶斯理论和支持向量机模型分别构建蛋鸡发声分类识别器，利用开源的数据挖掘平台 Weka 3.6 进行实验。结果表明，栖架养殖模式下，7：00～8：00 点的蛋鸡发声中，产蛋叫声、愉悦叫声分别占全部发声的 42.2%、21.6%，相比于传统的笼养模式，有效地表达了蛋鸡生长过程中的自然行为和生理活动；基于 J48 决策树算法的蛋鸡发声分类模型识别率最高，达到 88.3%，具有较好的识别效果，可运用于蛋鸡发声的实时监测和不同情感的分类识别。

（三）栖架对蛋鸡行为影响

2009 年，河南科技大学赵芙蓉等试验观察了蛋鸡对栖架材质（木质、塑料、钢质）和直径（3cm、6cm、9cm）的选择性，并分析了栖架对蛋鸡采食、饮水、趴卧、梳羽及舒展等行为的影响。结果表明：蛋鸡对栖架材质和直径的偏好顺序分别为，木质、钢质、塑料，直径 9cm、6cm、3cm。栖架饲养下蛋鸡趴卧时间显著低于地面平养的蛋鸡（P<0.05），同时，其趴卧、梳羽、舒展等行为频次则显著高于地面平养的蛋鸡（P<0.05）。研究结果认为蛋鸡栖架的设计以木质、直径 9cm 为宜，并且设置栖架比地面平养更利于蛋鸡的行为表达。

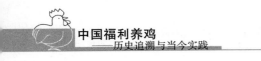

（四）富集型笼具对肉仔鸡行为与福利的影响

2011 年，河南科技大学赵芙蓉等为探讨富集型笼具对肉仔鸡行为的影响，采用单因子试验设计，选择健康、体重相近的 21 日龄肉仔鸡 128 只，随机分为 4 个组，每组 32 只，公母各半，1 组作对照，笼内不设置富集物体；2、3、4 作试验组，分别在笼内设置栖木、垫料与同时设置栖木、垫料等富集物体，观察分析 4～6 周龄肉仔鸡的各种行为。结果表明：采食频次和时间 2、3、4 组显著高于 1 组（P＜0.05）；梳羽频次和时间 1 组显著高于 4 组（P＜0.05）。饮水、趴卧、行走、站立、伸展等行为的发生频次和时间各组间无显著差异，但趴卧频次和时间 1 组比 2、3、4 组有增加的趋势；啄物、争斗等异常行为发生频次和时间 1、2 组显著高于 3、4 组（P＜0.05），同时，1 组比 2 组也呈增加的趋势。探究、抖身等舒适行为发生时间 4 个组分别为 1.89%、2.28%、2.53% 和 5.49%。因此，富集型笼具使肉仔鸡的采食更为频发，使啄物、争斗等异常行为减少，并利于其种属内的抖身、探究等舒适行为的表达，提高了其福利水平。

（五）不同配种模式对慢羽系淮南麻黄鸡产蛋性能、蛋品质和福利水平的影响

安徽省农业科学院畜牧兽医研究所李岩等（2017）研究探讨了不同配种模式（本交和人工授精）对慢羽系淮南麻黄鸡产蛋性能、蛋品质和福利水平的影响。将 360 只 196 日龄慢羽系淮南麻黄鸡母鸡和 40 只公鸡等分为本交笼组和人工授精组，测定两组的产蛋性能、死亡率、蛋品质和福利水平。结果显示：与人工授精组相比，本交笼组试验鸡的开产日龄较早，产蛋率、受精率和母鸡死亡率较低，蛋黄颜色显著较深，其他指标差异不显著。福利水平测定结果表明：本交笼组淮南麻黄鸡各个部位脱羽评分与人工授精组差异不显著，但全身脱羽评分显著低于人工授精组。此外，本交笼组鸡群的惊恐程度显著高于人工授精组。结果提示：配种模式是影响淮南麻黄鸡部分产蛋性能、蛋品质以及福利水平的重要因素，建议应用人工授精模式。

（六）饲养密度和鸡笼局部遮光对肉种鸡产蛋期行为与福利的影响

2006 年，中国农业大学赵阳等（2006）用行为录像记录分析仪（The Observer Video - Pro，Noldus）观察和测定肉种鸡在产蛋期行为的变化对两种不同饲养密度（或者空间供给：单鸡笼组，1 600 cm²/只；双鸡笼组，800cm²/只）及鸡笼后部局部遮光与对照组进行比较，实验结果表明，单鸡笼组肉种鸡

的转身、挠头等行为均显著多于双鸡笼组，而展翅行为显著少于双鸡笼组；遮光组的肉种鸡采食行为显著多于未遮光组；遮光单鸡笼组肉种鸡，其产蛋行为趋向选择暗光区域。研究提示，虽然密度对蛋鸡行为的效应大于遮光的效应，但是局部遮光能够在一定程度上增加盒式笼养鸡的环境丰富度，降低密度增大引起的拥挤效应，可能缓解其较差的福利状态。

本研究在取得上述结果的同时，还旨在唤起国内的动物行为学者、家禽学者以及舍饲养殖环境工程学者，联合家禽企业主，为适应家禽舍饲养殖模式变革，努力吸取并发展西方发达国家的先进经验，为建立富有中国特色的动物福利化养殖理论、技术和操作规程做出应有的贡献。

（七）饲养密度和环境富集材料对肉鸡行为、福利状况、生产性能及肉品质的影响

2009 年，扬州大学白水丽等从动物福利的角度出发，结合国内外对动物福利水平的研究评价指标，研究分析了饲养密度和环境富集材料对 AA 肉鸡福利状况、生产性能和肉品质的影响。

试验采用 3（饲养密度）×2［环境富集材料（EEM）］因子，饲养密度设高、中、低三水平，分别 6，10，14 只/m²，EEM 设有，无两种状态。有 EEM 的各组包括 1 个栖架、1 个沙盘、2 个彩球和 2 条彩绳。选择 21 日龄健康状态良好，体重为 696.29g 的 AA 肉公鸡 816 只，随机分到 6 个处理组，每个处理组 4 个重复，试验期为 4 周，试验进入第四周的前 2 天进行日常行为学的观察，试验结束的前 2 天进行羽毛评分（FCS）、步态评分（GS）和紧张不动性行为（TI）。试验结束时从每个重复中随机选 3 只鸡称重、采血、屠宰，测量肢体不称性（FA）。

试验结果如下：行为学分析结果表明：随着饲养密度的升高，肉鸡站立的频次，休息和修饰行为的频次和比例都有降低趋势，且高密度减少了肉鸡的站立、休息和修饰行为（P<0.05），增加了肉鸡的热喘（P<0.01），低密度增加了觅食行为（P<0.01）；添加 EEM 的各组减少了肉鸡的热喘（P<0.01），增加了沙浴行为（P<0.01）。饲养密度和 EEM 对肉鸡的单腿展翅、运动、饮水、采食、攻击行为和 TI 的影响并不显著（P>0.05）。

表观性状和骨骼发育状况分析结果表明：饲养密度和 EEM 对肉鸡的羽毛评分（FCS）、步态评分（GS）和肢体不对称性（FA）都有显著影响（P<0.05）。高密度组中 FCS 为 1 分的肉鸡数量明显降低（P<0.05），3 分的明显增加（P<0.05）；GS 为 0 分和 1 分的数量明显降低（P<0.05），3 分和 4 分的明显增加（P<0.05）。添加 EEM 后高密度组中 FCS 为 1 分和 GS 为 0 分的

数量都明显增加（P＜0.05），FCS 为 3 分和 GS 为 3 分以上的数量明显降低（P＜0.05）；高密度增加了肉鸡腿长（P＜0.05）和翅宽的 FA 值（P＜0.01），腿宽的 FA 随着密度的升高而升高（P＜0.01）；添加 EEM 后能使三个不同饲养密度组中腿长的 FA 都有所降低，并使低、中密度组中腿宽和翅宽的 FA 值也有所降低，但差异不显著。

肉鸡血液指标分析结果表明：随着饲养密度的增加，异噬白细胞与淋巴细胞比值（H∶L）显著升高（P＜0.01），添加 EEM 的各组 H∶L 值降低（P＜0.05）；饲养密度和 EEM 对肌酸激酶（CK）活性无显著影响；低密度组中丙二醛（MDA）含量显著降低（P＜0.05），高密度组中谷胱苷肽过氧化物酶（GPX）活性明显升高（P＜0.05）；添加 EEM 的各组 MDA 含量（P＜0.05）和 GPX 活性（P＜0.01）升高；饲养密度和 EEM 对总抗氧化能力（T-AOC）和超氧化物歧化酶（SOD）无显著影响。

生产性能和肉品质分析结果表明：随着饲养密度的增加，肉鸡的日增重和采食量降低（P＜0.01），料重比增加（P＜0.01），添加 EEM 能减少高密度组中肉鸡的死亡数，但对日增重、采食量等的影响不明显；饲养密度对肉鸡的屠体率、胸肌率和腹脂率无显著影响，但添加 EEM 的各组腹脂率下降（P＜0.05），而对屠体率和胸肌率的影响不显著；随着密度的增加，滴水损失率、烹饪损失率和胸肉的 a 值升高（P＜0.05）；添加 EEM 的各组胸肉的 L 值升高（P＜0.05），IMP 值降低（P＜0.05），但对 pH、剪切力等指标影响不显著。

三、福利养鸡中不同饲养模式的对比研究

（一）从生产到福利水平递进式评估鸡的饲养模式研究

肉鸡和蛋鸡养殖越来越标准化和集约化；对肉蛋产品质量要求的提高以及对动物福利认识的加深，福利化养殖和生态放养越来越受到人们的青睐；福利化养殖和生态放养形式多种多样；何种方式最优缺乏系统研究？对此，2016年中国科学院遗传与发育生物学研究所向海做了研究。

试验设计：①吃虫效应：笼养鸡中比较（CF vs MF）；②吃草效应：笼养鸡中比较（MF vs MGF）；③饲养模式：笼养与散养比较（MGF vs FRN）；④公鸡效应：散养鸡中比较（FRN vs FR）。

试验方法：①笼养——使用双面 3 层阶梯式鸡笼，鸡笼长 0.66m，宽0.37m，每笼内放 2 只鸡，每只鸡平均占有笼底面积 0.122m²，舍内照明节律为 16h 光照，8h 黑暗。②散养：带窗口的开放式鸡舍及运动场，舍内面积20m²，运动场面积 30m²，平均每只鸡占有面积 0.50m²。舍内有 50cm 厚发酵

床，带 12 个产蛋箱，运动场中有 2m² 的沙浴池和 2 根栖架木。舍内照明节律为 16h 光照，8h 黑暗，舍外为自然光照节律。

结论：

（1）笼养条件下采食新奇性有助于提高鸡的福利水平；

（2）散养模式可能降低一定的生产性能，但在改善动物福利水平和提高产品品质方面有明显的积极作用。

（3）散养模式下增加公鸡效应有助于进一步改善动物福利水平，但也会使得动物的生产性能进一步降低。

讨论：

（1）笼养下添加黄粉虫和菊苣草，对生产性能影响较小，但提高鸡采食新奇性，提升福利水平，改善鸡的身体状况，丰富肠道微生物菌群结构，并最终提高蛋和肉的品质。

（2）与笼养相比，散养降低死亡率和软壳蛋率，显著改善鸡群腿部健康和羽毛状态，丰富并显著改变鸡的肠道微生物菌群结构，提升鸡蛋和鸡肉品质；但同时也吃得更多而产得更少，并且显著增加鸡脚灼伤比例。

（3）与无公鸡散养比，有公鸡散养是更为福利化的饲养模式，并能稍微提升肉蛋品质，不显著改变肠道微生物菌群结构，但降低微生物丰富度，并进一步降低鸡的生产性能，造成羽毛损伤，说明其对动物福利水平也有一定负面影响。

（二）立体笼养和山地放养两种方式对卢氏绿壳蛋鸡福利状况的影响

2015 年，河南科技大学徐廷生等以卢氏绿壳蛋鸡为研究对象，对立体笼养和山地放养鸡的福利状况进行了研究，立体笼养为三层全阶梯笼，舍温 26～28℃，相对湿度 47％～53％条件下饲养；山地放养是在空旷的山地，树木茂盛、温度适宜 23～26℃条件下，鸡群早出晚归，活动自由，各种行为习性可任意表达，或钻树林觅食，或藏于灌木丛中乘凉，历时 6 个月。结果表明：

（1）就肢体不对称性（FA），笼养鸡的翅膀长的不对称性显著低于放养鸡，胫长的不对称性显著高于放养鸡，说明高密度笼养会肉鸡腿长和翅膀宽的不对称性（P＜0.01）。

（2）就紧张性静止行为（TI），笼养的 TI 持续时间为 103.28s，比山地放养的 TI 持续时间 154.67s 显著缩短（P＜0.05）。

（3）就步态评分（GS），山地放养鸡的步态缺陷要低于笼养鸡。

（4）就羽毛缺陷状况（FCS），山地放养的鸡 FCS 是 36.51，立体笼养鸡的 FCS 是 42.39。

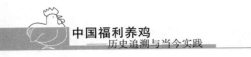

（三）饲养方式对肉鸡福利状况的影响

在集约化养殖条件下，肉鸡的饲养环境单调枯燥，饲养密度高，严重限制了肉鸡的活动和行为表达。这些现象对肉鸡形成了长期的慢性应激，严重破坏了肉鸡的福利状况。2011 年，东北农业大学赵子光等从动物福利角度出发，研究了不同饲养条件下肉鸡的福利、生产性能和肉质状况的变化。

试验一：挑选 22 日龄健康状况良好、体重为 633.58g 的艾维因肉鸡 200 只（公母各半）随机分到平养组和散养组两个处理组，每个处理组 4 个重复，每个重复 25 只鸡。结果表明：两处理组间趴卧行为、饮水行为、采食行为、争斗行为差异不显著，散养组的运动行为、站立行为、觅食行为、沙浴行为和修饰行为以及紧张性静止显著高于平养组（P＜0.05），啄羽行为则显著低于平养组（P＜0.05）。散养组的趴卧、站立、行走行为在上午的持续时间显著高于下午的持续时间（P＜0.05）。两处理组肉鸡的胫骨长，胫围长以及胫长不对称性和胫围不对称性差异不显著。散养组日增重、料重比、腹脂率和翅膀长度不对称性显著小于平养组（P＜0.05），死亡率显著高于平养组（P＜0.05）。平养组和散养组步态评分、羽毛评分差异不显著。两处理组间的 pH、粗脂肪、粗蛋白、烹饪损失差异均不显著。散养组剪切力显著高于平养组，肌纤维密度显著低于散养组（P＜0.05）。

试验二：采用 3 因子 2 水平的试验设计，选择体重为 650.45g 的健康 AA 肉鸡共 160 只（公母各半）随机分成 8 组，研究了能量、食盐、及饲养密度对肉鸡福利、生产性能及肉质性状的影响。结果表明：肉鸡的日增重，采食量，胫围长度以及免疫系数不受实验设计的各主因素的影响，腹脂受能量水平影响显著，高能量饲料饲喂的肉鸡腹脂率显著高于低能量水平饲料饲喂的肉鸡（P＜0.05）。料重比受能量水平和含盐量影响显著，高能量水平可以显著减低料肉比，而高盐量则刚好相反。肉鸡的死亡率在高能量和高盐量的作用下显著高于其他处理组（P＜0.05）。肉鸡的胫围长度受各因素影响不大，胫骨长度主要受饲养密度的影响，在高密度下肉鸡的胫骨长度显著短于低密度下的肉鸡（P＜0.05），在高密度下翅膀长度不对称性显著大于低密度下的翅膀不对称性（P＜0.05）。同时，高密度下的肉鸡其紧张性静止显著高于低密度下的肉鸡（P＜0.05）。肌肉的剪切力、粗脂肪含量、pH、粗蛋白含量不受试验设计的各主因素的影响，烹饪损失主要受饲养密度的影响，高密度下的烹饪损失显著大于低密度下的烹饪损失（P＜0.05），肌肉的 pH 受能量影响显著，高能量水平饲料显著降低了肌肉的 pH（P＜0.05）。

结论：散养组和平养组相比，更能满足肉鸡的行为表达要求。在不同饲养模式下，鸡肉的组成基本上没有变化。但是散养模式受到更多的自然环境的影响并使死亡率增加，降低了日增重，对生产性能有负面影响。饲料中不同能量水平对于肉鸡的生产性能影响不大，虽然提高了腹脂率但也降低了料重比，高能量水平会提高肌肉的 pH，对肉质改善有促进作用。饲养密度过高会增加鸡的应激，影响肢体对称性，降低福利水平，含盐量在该试验中除对日增重有负面效应以外对于各项指标影响不大。

（四）栖架舍饲散养模式对蛋鸡生产性能、蛋品质及免疫机能的影响

2014 年，河南牧业经济学院席磊等根据蛋鸡的生物学特点和行为学习性，在舍内配置栖木、采食底网、料线、水线及产蛋箱等规模饲养设施，构建了栖架舍饲散养模式，围绕其对蛋鸡生产性能、蛋品质与免疫机能的影响，进行了初步的应用研究。结果表明，栖架散养组开产时间推迟 3 周，但其平均料蛋比下降了 9.05%，平均蛋重、平均产蛋率较对照组分别提高了 2.62%、3.45%；栖架舍饲散养组蛋品质的蛋白高度、哈氏单位、蛋形指数均显著高于对照组（P<0.05），分别提高了 24.13%、8.03%、6.35%；栖架舍饲散养组的胸腺指数、脾脏指数、法氏囊指数、鸡新城疫抗体效价较对照组分别提高了 5.44%、3.48%、6.57%、16.74%。因此，栖架舍饲散养模式有助于降低蛋鸡料蛋比，改善蛋品质，促进免疫机能的提高，体现了福利健康养殖的优越性。

（五）笼养和栖架养殖模式下鸡蛋品质比较研究

2014 年，中国农业大学曹晏飞等在比较研究了笼养模式和栖架养殖模式对海兰褐蛋鸡鸡蛋品质的影响。试验选择 80 只 13 周龄海兰褐蛋鸡，随机分成两组，25 只蛋鸡采用笼养模式（笼底面积为 500cm²/只）饲养，55 只蛋鸡采用栖架养殖模式（网格面积 593cm²/只＋栖杆长度 16.4cm/只＋沙浴区域面积 1.05m²＋产蛋箱面积 0.675m²）饲养，在蛋鸡 36、42 和 49 周龄时对蛋品质进行测定。结果表明，除 36 和 49 周龄鸡蛋蛋黄颜色栖架饲养模式和笼养饲养模式存在显著性差异（P<0.05）外，蛋重、蛋形指数、蛋壳强度、蛋壳厚度、蛋壳重、蛋壳颜色、蛋白高度、哈氏单位、蛋黄重、蛋黄比例以及蛋清比例在不同饲养模式下均无显著性差异（P<0.05）。

（六）不同笼养条件下蛋鸡健康与福利的比较研究

2007 年，中国农业大学耿爱莲等研究了不同笼养条件下蛋鸡的健康和福利状况。研究选取位于北京地区的 3 家商品蛋鸡场 A、B、C，其饲养密度分别为 411、420 和 450 cm²/只。对夏季不同蛋鸡场内环境参数及空气中 NH_3、

CO_2 和 H_2S 的质量浓度进行测定，记录蛋鸡的产蛋性能和死亡率，分析异常行为的发生频率。结果表明：场 C 的即时风速、最大风速和平均风速均显著高于场 A 和 B（$P<0.05$），场 C 和 A 的空气温度、风寒温度、应激温度、露点温度均显著低于场 B（$P<0.05$）。NH_3 和 CO_2 质量浓度各场均有显著差异（$P=0.003$ 和 $P=0.011$），其中均以场 C 最低，分别为 1.00 和 83.73 mg/m^3；H_2S 质量浓度低于测定下限 1.00 mg/m^3。观察发现，场 C 鸡群比场 A 和 B 鸡群对外界敏感性强。蛋鸡外观评分各场差异不显著，但蛋鸡步态评分及鸡蛋污损评分各场差异显著（$P=0.042$ 和 $P=0.023$），其中步态评分场 C 显著高于场 A 和 B（$P<0.05$），鸡蛋污损评分场 C 显著低于场 A 和 B（$P<0.05$）。各场中蛋鸡异常行为的发生频率无显著差异。场 C 入舍母鸡产蛋量显著高于场 A 和 B（$P<0.05$），平均蛋重、料蛋比、平均产蛋率、高峰期产蛋率、腿病发生率、产蛋疲劳症发生率、死亡率各场均无显著差异，但场 C 蛋鸡生产周期显著短于场 A 和 B（$P<0.05$）。3 家商品蛋鸡场饲养环境、管理措施等综合因素造成的差异远大于单纯饲养密度造成的差异，为了提高现阶段我国笼养蛋鸡的健康和福利状况，应该更加重视蛋鸡整体养殖环境和管理措施的改善。

（七）蛋鸡笼养福利问题以及蛋鸡养殖模式的研究

2007 年，中国农业大学耿爱莲等通过关注蛋鸡笼养发展、笼养引起的蛋鸡福利与健康问题，进一步比较了几种蛋鸡养殖模式下蛋鸡福利、生产成本、死亡率以及生产性能的情况，结果表明：不同养殖模式下蛋鸡的福利状况各有优缺点；采用欧盟所推荐的大笼饲养和自由散养蛋鸡时，蛋鸡生产成本分别会增加 13% 和 21%；相比地面平养和自由散养，笼养蛋鸡模式下的蛋鸡死亡率相对较低，生产性能一般较高。从而提出今后我国蛋鸡养殖模式仍将会以笼养为主的观点，并在此基础上提出了一些改善笼养蛋鸡福利可以采取的措施，如笼养方式的选择、合理的鸡笼设计与安装、笼养密度的调整、饲养管理的改进以及环境条件的改善等。

（八）饲养方式和饲养密度对肉鸡生产性能、肉品质及应激的影响

2017 年，山西农业大学秦鑫等研究了不同饲养方式和饲养密度对肉鸡生产性能、肉品质及应激的影响。试验采用 2×2 因子设计，选用 1 日龄爱拔益加（AA+）肉鸡 516 只，两种饲养方式分别为网上平养和笼养，两个密度分别为 14 只$/m^2$ 和 10 只$/m^2$，一共四个组，每个组 6 个重复。试验期 42 天，于42 日龄屠宰取样。试验结果显示：

（1）饲养密度和饲养方式对肉鸡耗料增重比有极显著的互作效应（$P<$

0.01）。网上平养低密度组肉鸡耗料增重比极显著高于笼养高、低密度组肉鸡（P＜0.01）。网上平养肉鸡的日采食量极显著高于笼养（P＜0.01），日增重和平均体重显著高于笼养（P＜0.05）。

（2）网上平养肉鸡的胸肌率、腿肌率显著高于笼养（P＜0.05）。网上平养胸肌和腿肌剪切力极显著高于笼养（P＜0.01），胸肌滴水损失显著高于笼养（P＜0.05）。低密度饲养肉鸡腿肌 pH 极显著高于高密度（P＜0.01）。

（3）网上平养肉鸡的血清中总抗氧化能力（T－AOC）、谷胱甘肽过氧化物酶（GSH－PX）显著低于笼养（P＜0.05），低密度饲养的肉鸡血清总抗氧化能力（T－AOC）显著高于高密度（P＜0.05）。网上平养肉鸡血浆的白细胞介素－6（IL－6）显著高于笼养（P＜0.05）。饲养方式和饲养密度对肉鸡血浆肌酸激酶（CK）的互作效应显著（P＜0.05）。网上平养高密度饲养的肉鸡肌酸激酶（CK）显著高于笼养高、低密度组（P＜0.05）。

总之，饲养方式与饲养密度对肉鸡的耗料增重比有互作效应；网上平养在生长性能、产肉性能方面优于笼养，而笼养在肉品质、抗氧化、免疫应激方面优于网上平养。

（九）不同饲养方式对乌骨鸡生产性能、肉品营养及药物残留的影响

乌骨鸡是我国特有药用鸡种，是一种营养丰富、滋补强壮的珍品。在我国具有较长的养殖历史，近年来兴起的高产、高效的集约化、规模化饲养方式，难以达到优质、营养和保健，也不符合当前国内外放牧饲养的趋势。2009 年甘肃农业大学左丽娟等选取甘肃条山农场枸杞园中放养的 90 日龄左右健康乌骨鸡 30 只为放养组，同龄立体封闭笼养的健康乌骨鸡 30 只为笼养组。采用常规方法和氨基酸自动分析仪、火焰原子吸收分光光度计仪、高效液相色谱仪及气相色谱仪等仪器对两组乌骨鸡的生产性能、常规营养成分、维生素、氨基酸、脂肪酸、黑色素、矿物质元素（重金属）和药物残留等内容进行了比较及系统的测定分析，结果表明：

（1）饲养方式，在两种不同饲养方式下所生产乌骨鸡在生产性能、营养品质、脂肪酸、黑色素、重金属和药物残留等方面存在差异。其中，枸杞园放养乌骨鸡的多数指标高于笼养组。

（2）生产性能，枸杞园放养乌骨鸡宰前活重 1.25 kg、日增重 10.70g、胴体重 1.00kg 显著高于笼养组（P＜0.05）。枸杞园放养乌骨鸡屠宰率 81.68％，高于笼养组，但饲料日采食量和料肉比低于笼养乌骨鸡。

（3）营养品质，枸杞园放养乌骨鸡蛋白质、灰分、维生素 B_2 含量分别为 294.7g/kg、10.5g/kg、6.612×10^{-4}g/kg，分别显著高出笼养乌骨鸡 7.98％，

8.24%、38.84%（P＜0.05），水分、脂肪、维生素 B1 含量分别为 641g/kg、54.7g/kg、2.13×10⁻⁴ g/kg，显著低出笼养乌骨鸡 2.93 %、5.67%、12.68%（P＜0.05）。总氨基酸含量、必需氨基酸、与肉品香味有关氨基酸，分别比笼养乌骨鸡高出 37.4g/kg、16.7g/kg、20.4g/kg。矿物质铁、硒的含量为 25.11mg/kg、0.092 8mg/kg 分别较笼养乌骨鸡低 0.85mg/kg，0.016 2mg/kg。锌含量为 4.38mg/kg，较笼养乌骨鸡高 0.18mg/kg，钙含量为 23.21mg/kg，显著高出笼养乌骨鸡 6.48mg/kg（P＜0.05）。

（4）脂肪酸，枸杞园放养乌骨鸡饱和脂肪酸，单不饱和脂肪酸，多不饱和脂肪酸，不饱和脂肪酸的相对含量分别为 42.96%、37.09%、19.95%、57.04%，其中饱和脂肪酸及多不饱和脂肪酸两者相对含量均高于笼养乌骨鸡，但单不饱和脂肪酸的相对含量却要低于笼养乌骨鸡。放养乌骨鸡较笼养组多检出二十二碳六烯酸（DHA）、亚麻酸两种脂肪酸。

（5）黑色素，枸杞园放养乌骨鸡黑色素 15.78g/kg 含量显著（P＜0.05）高于笼养乌骨鸡，枸杞园放养乌骨鸡保健价值较好。

（6）重金属及药物残留，在笼养与放养的鸡肉中均未检出重金属元素砷，磺胺类及呋喃唑酮。其中枸杞园放养乌骨鸡铅、汞含量极显著（P＜0.01）低于笼养乌骨鸡，并且二者含量远低于《中国强制性标准汇编》中禽肉的最大检出限量值。

综上所述，枸杞园放养乌骨鸡的饲养方式，有利于乌骨鸡生产性能的提高、营养品质的改善、安全性的提高。同时，枸杞园里放养的乌骨鸡，实现了资源的有效利用，生态的良性循环。

（十）山地放养大骨鸡对植被和土壤的影响研究

近几年，随着人们对山地放养鸡肉产品需求量的增加，越来越多的养殖户开始以山地放养的方式来从事肉鸡生产，然而，这种放养方式对山地环境有何影响，目前还不清楚。弄清放养鸡对山地环境的影响，对于合理利用山地资源进行肉鸡生产具有重要意义。

2011 年，吉林农业大学张涛等研究了放养鸡对放牧地植被及土壤的影响，试验选取 1 500 只 4 周龄大骨鸡，从 5 月份开始进行为期 3 个月的山地放养，测定了不同月份山地（未放牧地以及分别距离栖架 10m、20m、40m、70m 和 100m）植被的鲜重、生物量、多样性指数、植被的粗纤维、粗蛋白、土壤中全氮和全磷的含量，以及放牧 1 年后植被生物量、多样性指数、土壤全氮和全磷的含量变化规律。

研究结果表明：

（1）距离栖架的距离为 10m、20m、40m、70m 和 100m 时，每只鸡所占的面积分别为 6.06m²、6.14m²、9.74m²、24.42m² 和 43.06m²。与 9 月相比，5 月和 7 月植被更易受到放牧的影响。5 月，10m 处即每只鸡所占的面积为 6.06m² 时，植被的鲜重和生物量显著低于对照组；在 10m 与 20m 处即每只鸡所占的面积小于 6.14m² 时，植被的多样性指数显著低于对照组。7 月 10m、20m 处即每只鸡所占的面积小于 6.14m² 时，鸡只的鲜重和多样性指数显著低于对照组。9 月，各组间鲜重差异不显著，40m 处植被的生物量显著高于 10 m、20m，100m 处以及对照组多样性指数显著高于 10m 处。

（2）鸡只密度高的地方，植被的粗纤维含量高、粗蛋白含量低，当每只鸡所占的面积小于 24.42m² 时，大骨鸡对植被的粗蛋白和纤维影响显著，当每只鸡所占的面积大于 24.42m² 时，大骨鸡对植被的粗蛋白和纤维影响不显著。

（3）土壤中全氮与全磷的含量随着与栖架距离的增加而减少，土壤中全氮的含量从 5 月逐渐升高，9 月达到最大，然后降低，其中 9 月 10m 处全氮含量达到最大值 6.077g/kg，土壤中全磷的含量在 7 月到达最大值，而后又逐渐下降，7 月 10m 处全磷含量达到最大值 0.961g/kg。在 70m 和 100m 处，即每只鸡所占的面积为 24.42m² 土壤的全氮、全磷与对照组差异不显著。

（4）放牧 1 年后，植被的生物量、多样性指数，以及土壤的全氮和全磷含量都有不同程度的变化。与去年相比，10m 处的植被多样性指数与同期相比显著增加（P＜0.05），其他距离也有增加但都不显著，100m 处与对照组差异不显著；10m 与 20m 处的植被生物量与去年同期相比，得到显著提高（P＜0.05），其他距离也有增加，但是差异不显著，2010 年 40m、70m、100m 和对照组间生物量差异不显著；放牧 1 年后，土壤中全氮的含量均有不同程度的下降，40m 与 70m 处全氮含量与去年同期相比下降显著（P＜0.05），100m 处即单位鸡只所占的面积为 43.21m² 时，土壤中 TN 含量与对照组差异不显著；土壤全磷的含量与去年同期均有下降，但是与去年相比，差异均不显著。

总之，山地放养鸡对生态系统的调节能力有一定的影响，在适当的放养密度下，放牧不但不会破坏环境而且有利于植被的生长，当放养密度过大，则会破坏生态平衡；放牧停止 1 年后，植被与土壤指标均有不同程度的恢复，但是不能完全恢复。

四、无抗或替代抗生素养殖的研究

无抗养殖是指动物饲养过程中，使用完全不含抗生素、激素、精神类药物、防腐剂、色素、瘦肉精等药物的无抗饲料添加剂或制剂，如酶制剂、低聚糖类、中草药类、微生态制剂、微生物发酵制剂等代替抗生素进行预防和治

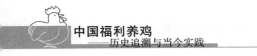

疗，实现动物的健康生长及肉、蛋、奶等产品中抗生素残留量符合国家现行食品安全标准的养殖模式。

（一）饲用抗生素替代品应用现状

由于抗生素本身所具有无法克服的弊端，很多国家和饲养者都反对抗生素作为生长促进剂。基于抗生素的种种缺点，饲用抗生素替代品有如下5种：酶制剂、低聚糖类、中草药类、微生态制剂、微生物发酵制剂，在这5种替代品中，目前公认最有前途的就是微生态制剂、中草药及微生物发酵制剂。

1. 酶制剂 酶制剂在饲料工业中的应用已经有几十年，饲用酶制剂主要功能为：补充动物（尤其是幼小动物）体内消化酶分泌量和功能的不足。酶的添加可增加消化道中酶浓度，提高日粮的消化率，可强化幼龄动物的消化功能。有消除或降低非水溶性多糖等抗营养因子的副作用，同时使营养物质易于被消化吸收。

2. 低聚糖类 又称寡聚糖、低聚糖，通常指糖单原通过糖苷键连接形成的直链或支链，聚合度为2～10的单糖基聚合物。一般具有低热、稳定、安全、无毒等良好的理化性能。目前饲料中常用的寡糖有果寡糖、甘露寡糖等。低聚糖类具有促进机体肠道有益菌的生长繁殖，直接吸附病原菌，增强机体免疫力，改进动物健康状况等功效。

3. 微生态制剂 微生态制剂是采用已知有益的微生物经培养、提取、干燥等特殊工艺制成的用于动物的活菌制剂。微生态制剂有助于扶持体内益生菌生长，拮抗致病菌繁殖，促进饲料消化吸收，提供营养，增强动物免疫功能，改善体内外生态环境。微生态制剂主要使用菌种有三类，乳酸菌类、芽孢菌类和真菌类，其中乳酸菌类被众多学者认为是最有前途的饲用抗生素替代品。

4. 微生物发酵制剂 绿色、环保、富含活益生菌及其次生代谢产物和一些功能性小肽，能抑制有害菌的生长，提高动物的肠道健康及生长性能，有望减少或替代饲用抗生素。另外，发酵饲料还能减少畜禽粪便中氮磷的排放量和养殖场有害气体及臭味的产生，还兼具可利用非常规饲料资源，节省粮食，减缓人畜争粮等优点，因此，是我国畜牧业可持续发展的重要保障，国内在20世纪90年代后，开始关注和研究发酵饲料制剂，但种种原因一直没能很好地推广应用。从2012年起，生物饲料呼声加紧，生物饲料、发酵饲料再次成为新宠。

5. 中草药类 中草药作为饲料添加剂早有记载，但研究则从20世纪80年代开始。实践证明，中草药作为饲料添加剂具有促进食欲、增强抵抗力、防病治病等优点。

中草药免疫功能，如健脾、补气、益肾中药能增强体液免疫；清热解毒类、补益类、活血化瘀类、化痰祛湿类、以毒攻毒类等中药可提高单核巨噬细胞、自然杀伤细胞、树突状细胞；白及愈疡汤提高血沉、C反应蛋白、免疫球蛋白IgG；黄芪、枸杞、当归、香菇、地黄、蒲公英、板蓝根、柴胡等提高TNF-α、IL-10、IL-6、IL-8等细胞因子；黄芪多糖组、酵母胞壁多糖组和虫草菌丝体多糖组均可显著提高肉鸡增重率和胸腺指数等。

中草药促进肠道益生菌生长功能：如生地黄、阿胶、绿茶茶叶和党参药液促进保加利亚乳杆菌和嗜热链球菌生长；神曲、薏米、红参、甘草等九种健脾胃中草药促双歧杆菌和鼠李糖乳杆菌；白术多糖促双歧杆菌、青春双歧杆菌、动物双歧杆菌和植物乳杆菌；黄芪多糖、促双歧杆菌、乳酸菌；党参多糖促双歧杆菌，抑制大肠杆菌；补中益气汤促乳酸杆菌、双歧杆菌、肠球菌、枯草芽孢杆菌增殖；七味白术散促乳酸菌、大肠杆菌、真菌生长；四神丸促双歧杆菌、乳酸杆菌、类杆菌生长。

6. 空气和环境净化相结合　针对目前畜牧业中呼吸道疾病流行的现状，许多学者提出了综合治理养殖环境和使用替代品并行的方法来替代饲用抗生素，空气电净化是近年来应用于畜牧业的一项新技术，将环境治理和使用促生长替代品相结合将是未来替代抗生素的重要方向。

随着经济的发展，生活水平的提高，人们的健康意识在不断增强，消费者对绿色健康食品的需求日趋热衷。再加上进出口贸易的日益扩大，寻找对动物与人类有益无害的抗生素替代品已成为必然的趋势。随着微生态制剂、发酵饲料、中草药制剂、低聚糖类等抗生素替代品的进一步推广，空气电净化技术和抗菌材料等新技术的应用，再加上饲养者观念的更新，饲养管理的改进，将抗生素作为饲料添加剂的时代即将过去。

（二）新型微生态制剂研发促进了抗生素替代研究

2016年，中国农业科学院饲料研究所王建华承担的国家科技支撑计划"新型微生态制剂的创制与应用"（2013BAD10B02）课题通过验收。课题成果为新型微生态制剂在促进抗生素替代、保障畜产品安全和畜牧业结构优化升级等方面提供了解决方案、奠定了理论和应用基础。课题针对畜禽养殖中存在的饲料用抗生素带来的负面效应、饲料霉菌毒素污染等突出问题，开展了益生菌（布拉酵母、乳酸菌和芽孢杆菌）活菌制剂、益生元（改性菊粉、植物多糖）制剂、复合微生态制剂、霉菌毒素生物降解剂、鱼类益生菌及其专用藻类等细分产品的创制与应用研究工作。

该课题基于不同动物防治腹泻特定需求，首次提出和设计了微生态制剂差异性细分产品。通过3年的潜心研究，取得了一系列技术创新成果：研发的布拉酵母新产品中活菌数＞370亿菌落单位/g，解析了其作用机制。完成了羧甲基菊粉等6种改性菊粉的制备及其表征分析，建立了益生菌与改性菊粉等增效复配技术，其中羧甲基菊粉钙提高动物钙吸收20％以上，氨乙基菊粉对自由基的清除率提高25％以上。建立了乳酸菌复合壁材包被（海藻糖、中草药等）高效包埋体系，形成了干酪乳杆菌等专用的"W/O/W"型包埋产物—多液芯乳酸菌微胶囊制剂技术，包埋产物干燥死亡率＜50％，过人工胃酸死亡率＜20％，4℃储藏40天最高存活率接近100％。开发了工程化乳酸乳球菌、乳酸链球菌、抗菌肽、植物多糖、藻类多糖等新产品，研制出幼龄动物复合微生物制剂8个、反刍动物用腐殖酸复合微生物制剂产品3个。

（三）发酵饲料微生物制剂酸益壮对鸡的应用效果

中粮集团研究结果表明，在肉鸡养殖试验中一定程度上可提高肉鸡生长性能，降低料重比，提高养殖收益。张光勤等用湿态酒糟发酵蛋白饲料饲喂蛋鸡，也发现鸡舍内氨气浓度大幅下降，比对照组降低了32.0％。吕月琴等在基础日粮中添加三个不同梯度的发酵饲料并饲喂42周龄的海兰褐蛋鸡发现：与不添加发酵饲料组相比，三个添加组蛋鸡肠道中乳酸杆菌数量显著提高，大肠杆菌数量则显著降低；三个添加组氮排泄率均有下降，且中剂量组下降显著；所有添加组磷排泄率均有下降的趋势，但差异不显著。以上结果表明微生物发酵饲料可以明显改善蛋鸡的肠道微生态平衡，降低氮、磷排泄率。

（四）酵母产品禽用格瓦斯的应用效果

就肉鸡生产中使用酵母产品而言，譬如，广西北流的张老板饲养11 310只皇须鸡，从60日龄开始使用佛山百瑞生物科技有限公司的酵母产品格瓦斯，养殖130日龄出栏。结果表明：

1. 增重 总肉重为19 000kg，均重1.18kg/只，比平时多增重0.18～0.33kg/只。

2. 省料 按喂养标准计算，需要用料77 900kg，实际只喂了76 000kg，用料少了2.4％。

3. 省药 期间多维＋药品等只使用了1 000多元，格瓦斯70包4 200元，相比平时10 000多元的药费，节省了一半。

4. 增收 这批鸡净赚44 000元，上一批鸡未使用产品，只赚20 000元。

该客户表示在未使用禽用格瓦斯之前，仅药物的费用就需要1万多元，而使用格瓦斯之后，鸡肠道变好，免疫力提升了，健康少病，毛色靓丽，成活率大大提高，期间只需要用1 000多元的多维＋格瓦斯酵母产品，省了很多钱。张老板说使用格瓦斯，可以省时、省料、省心、提高成活率，轻松养鸡赚大钱！

这里所说的禽用格瓦斯，其发酵产物是活性肽、有机酸、复合酶；其发酵菌是海洋红酵母、低聚糖、虾青素及有机微量元素 K、Na、Mg、Ce；其功效是肠道好、消化好、免疫好；其原理是鸡肠道变好，消化功能增强，提升免疫力，健康少病，毛色靓丽，成活率提高。

（五）活菌中药微生态制剂替代抗生素解决药物残留研究

与西兽药饲料添加剂相比，活菌中药微生态制剂有其优势：一是它具有多种营养成分和生物活性，兼有营养物质和药物的两重性，既可防病治病，又可提高动物的生产性能；二是不易在动物体内形成残留，从而保证动物产品的品质；三是动物一般不会对中草药产生耐药性，不会出现因耐药性问题导致的"药效越来越低——用药量越来越大——残留越来越严重"的恶性循环现象。

2013 年，黑龙江省科学院微生物研究所曹亚斌的研究发现，可以用金银花、连翘、大青叶、牛蒡子、马齿苋、鱼腥草等中草药用乳酸菌进行发酵，可完全代替抗生素。专家认为，饲料中添加活菌中药微生态制剂可明显改变肠道细菌组成及数量，使有益菌类增加，并抑制大部分条件致病菌的生长。而且活菌中药微生态制剂在畜禽体内发挥有效作用后可被分解，没有毒害与残留。

活菌中药微生态制剂药效稳定，使用方便，也是可以大面积普及的原因。由于饲养条件和组方的差异，不同的品种、不同的生长阶段、不同的季节、不同的水土、不同的饲养方式、不同的营养水平，应该根据具体情况选择合适的活菌中药微生态制剂产品才能达到理想的使用效果。

（六）中药及益生素对文昌鸡生长性能、血液学指标的影响

为探讨中药及益生素替代抗生素应用于文昌鸡的临床效果，2014 年，华南农业大学陈秀琴选用 1 日龄雌性文昌鸡 2.7 万只，随机分成 2 组，每组 3 个重复，每个重复 4 500 只。基础日粮中添加 0.02‰的维吉尼亚霉素作为抗生素组，基础日粮中添加 0.5％的 3 个中药复方和 0.02％的益生素作为中药益生素组，试验期 135d，测定不同日龄文昌鸡生长性能、血生化及血液学指标。结果显示，在整个试验期间，中药益生素组的死亡和淘汰率低于抗生素组，体重高于抗生素组（$P<0.05$）；中药益生素组的白细胞数在 85 日龄时显著高于抗生素组（$P<0.05$），红细胞数在 70，85 日龄时显著高于抗生素组（$P<0.05$）；日粮中添加中药和益生素在 100 日龄显著提高血清总蛋白的含量（$P<0.05$），100，115，135 日龄中药益生素组的白蛋白含量均显著高于抗生素组（$P<0.05$）；谷丙转氨酶和谷草转氨酶活性整体上未见明显变化。结果

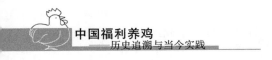

表明，鸡日粮中添加0.5％的中药复方Ⅰ和0.02％的益生素能明显降低死亡率和淘汰率；日粮中添加0.5％的中药复方Ⅲ和0.02％的益生素的促生长作用优于抗生素；日粮中添加3种复方中药及益生素对文昌鸡的血液生理学指标和血生化指标无不良影响。

（七）基于动物福利角度的非侵入性抗生素残留检测的可行途径研究

2017年，东北农业大学黄贺做了此项研究。

生物传感器：利用生物物化学和电化学原理，将生化反应信号转换为电信号，通过电信号放大和模数转换，测量出被测物质及其浓度。

蛋白质芯片技术（HPLC）：在固相支持物表面高密度排列蛋白质探针，可特异的捕获样品中分子，然后用CCD相机或激光扫描系统获取信息，最后用计算机进行定性定量分析。

优点：微型化高通量，灵敏度高，特异性强。检测动物毛发、粪便及尿液中的抗生素残留，不但操作简单，实时取样，而且不会对动物造成侵入性的伤害，达到最大限度地不影响动物的福利。

可见，HPLC技术可实现毛发和粪尿中抗生素残留的快速和大批量检测。HPLC如能将其与纳米技术、化学计量学等其他交叉学科的技术结合起来，发挥各学科技术的优势，可提高毛发和粪尿中抗生素检测的准确性和稳定性。相信在不久的将来，HPLC在毛发和粪尿中的抗生素残留的快速检测中得到广泛应用。进一步改进毛发和粪尿中抗生素残留的检测方法，逐步完善标准检测方法，对食品安全和疾病防控等均具有重要意义。

（八）中草药在肉鸡、蛋鸡生产中替代抗生素的研究与应用

1. 中草药饲料添加剂对蛋鸡生产性能影响的研究进展

蛋鸡的中草药添加剂在我国古已有之，远在公元6世纪的北魏贾思勰的《齐民要术·养鸡五十九》中就记载有"麻子和谷，炒熟饲喂，日日生蛋不绝"。中草药作为蛋鸡的饲料药物使用，对提高商品蛋鸡产蛋率、鸡蛋品质、种蛋鸡生产性能等方面起着重要作用。

近年来，国内许多学者应用天然资源如药用植物、矿物及其副产品等作为畜禽饲料添加剂。其中，应用较多的是中草药饲料添加剂，它具有多种营养成分和生物活性，兼有营养物质和药物的两重性，既可防病，又可提高畜禽生产性能。所以开发无药物残留、无污染，并能提高饲养效益的环保饲料添加剂，已成为人们关注的焦点。为了适应市场对安全畜产品的需求，畜牧兽医工作者为研究和寻找具有提高蛋鸡生产性能的中草药，做了大量的研究工作。

（1）中草药添加剂对蛋鸡生产性能的影响　对商品蛋鸡产蛋率的影响：许光胜用淫羊藿、何首乌和麦饭石等组成方1，用蛇床子、淫羊藿和何首乌等组成方2，以不同剂量（0.25%、0.5%和1.0%）添加。结果发现，组成方1产蛋率比对照组提高3.0%、4.65%和4.62%；组成方2产蛋率比对照组提高4.25%、5.4%和6.35%。

李文彬等用陈皮、黄芪、白芍、川芎、当归、补骨脂、益母草和麦芽8味（配方1）以及黄芪、菟丝子、薏苡仁、淫羊藿、何首乌和麦饭石6味（配方2）添加饲喂，结果发现，配方1组和配方2组的产蛋率分别比对照组提高6.96%和6.03%，差异极显著（P<0.01）。赵聘等用野菊花、板蓝根、荷叶、甘草和石膏等作配方，饲喂添加剂量为0.5%的基础日粮，结果表明，产蛋率比对照组提高8.9%。

（2）对商品鸡蛋品质的影响　王福传等将黄芪、当归、白术、陈皮和甘草等10味中草药按不同比例分别组成3个复方，以1%剂量投药30天，试验中分别测量蛋中的Fe、Cu、Zn和Se等4种元素含量。结果发现，其含量在3个试验组之间无显著差异，但试验组1的鸡蛋中Cu含量比对照组高16.8%（P<0.05），Se含量比对照组高41.3%（P<0.01）。

朱兆荣等报道，用陈皮、山楂、藿香、何首乌、远志和苍术等中药组成中药复方，辣椒粉为单方，中药复方按0.5%与1%比例拌入罗曼蛋鸡饲料中，辣椒粉单方按1%拌入，试验期为30天。结果显示，各试验组蛋黄重与对照组相比，有增长趋势，但无显著差异；各试验组蛋黄指数均比对照组高，其中在前10天中，中药复方1%剂量组与对照组相比有极显著差异（P<0.01）。

郑明学等用0.5%降胆增蛋灵（山楂、陈皮和刺五加等13味中草药）作蛋鸡饲料添加剂，连续饲喂海兰褐蛋鸡30天，结果表明其降低鸡蛋胆固醇和总脂含量分别为16%和20%，提高鸡蛋蛋白质和钙含量分别为15.2%和15.0%，提高了蛋壳硬度，减少了鸡蛋破损率，加深了蛋黄色泽。表明降胆增蛋灵是降低鸡蛋胆固醇较为理想的添加剂。

王宏岩等用金银花、蒲公英及甘草等12味药粉碎混合替代抗生素饲喂蛋鸡，明显改善了鸡蛋的营养品质，鸡蛋的蛋白质含量增加了23.1%；碘和锌含量也比对照组高11.8μg/kg和1.4mg/kg。赵云焕等用野菊花和板蓝根为主要药物粉碎成粉状饲喂蛋鸡，结果发现蛋壳厚度比对照组高4.5%，蛋壳强度比对照组高21.4%（P<0.05），破蛋率比对照组降低5.17%。

（3）对种鸡生产性能的影响　徐长德等用中草药饲料添加剂按1%比例饲喂种蛋鸡，试验组的受精率、受精蛋孵化率比对照组分别提高3.2%、3.1%。

张永英等报道，在种鸡日粮中加入不同剂量的以黄芪、柴胡为主的中草药添加剂，结果表明加入0.3%的本添加剂可显著提高产蛋率和种蛋孵化率，分别比对照组提高3.1%和4.4%。

祝国强等把神曲、陈皮等18味中药粉碎成末以0.2%和0.5%饲喂种蛋鸡，受精率对照组分别提高0.8%和6%，孵化率比对照组分别提高1.9%和5.4%，以0.5%的添加剂量效果明显。

2. 复方中草药饲料添加剂对肉鸡生产性能的影响

2012年，李笑春等选用1日龄艾维茵肉仔鸡225只，随机分成5组，分别为基础日粮组、中草药0.09%、0.12%、0.15%添加水平组、杆菌肽锌组，每组设3个重复，每个重复15只鸡，饲养时间为42天，本试验以基础日粮组和杆菌肽锌组为对照，研究该复方中草药添加剂对肉鸡生产性能的影响及其替代抗生素的可行性。中草药复方以抗菌消炎、理气消食、益脾健胃、增强免疫为组方原则配制，由辣椒、牛至、薄荷、肉桂、山楂、神曲、天冬、黄芪、淫羊藿、甘草共10味中药组成。首先，将各味中草药（除神曲外）的有效成分经过不同的工艺提取、干燥后，按一定比例组方，再加入一定比例的神曲后溶解，最后加入载体制成复方中草药饲料添加剂。

结果表明，中草药组与基础日粮组相比，终末平均体重、日增重、采食量、料肉比和死淘率均无显著差异，除料肉比稍高于基础日粮组外，其他指标均优于基础日粮组，以0.12%添加水平效果最好；中草药组与杆菌肽锌组相比，各项生产性能指标差异也不显著。与基础日粮组相比，中草药组在平均体重、日增重、采食量、料肉比和死淘率方面均无显著差异，但终末平均体重、日增重、采食量均高于基础日粮组，死淘率低于基础日粮组。

可见中草药对肉鸡具有促进生长、提高采食量和防治疾病的作用；与杆菌肽锌组相比，终末平均体重、日增重、采食量、料肉比和死淘率均无显著差异，说明在肉鸡日粮中能够替代杆菌肽锌，且0.12%添加水平效果最好。

3. 复方中药对肉鸡生产性能、免疫功能及抗氧化作用的影响

为探讨中药复方添加剂对肉鸡生产性能、免疫功能及抗氧化作用的影响，试验分为4个处理组，每组设5个重复，每重复10只鸡。对照组饲喂基础日粮，低剂量组、中剂量组和高剂量组分别在基础日粮中添加0.5%、1.0%和1.5%的复方中药添加剂。试验期间每天记录采食量，并于21和42日龄早晨饲喂前，从每处理的各重复中随机抽取4只鸡称质量并记录体质量，计算平均日增质量（ADG）、平均日采食量（ADFI）和料重比（F/G）。翅下静脉采血，分离血清，剖杀采鸡肝，测定血清和肝中超氧化物歧化酶（SOD）、谷胱甘肽过氧化物（GSH-Px）和丙二醛（MDA）的含量及总抗氧化能力（T－AOC）。摘取免疫器官脾、法氏囊和胸腺并称质量，测定免疫器官指数。结果表明：在肉鸡饲料中添加 0.5%、1% 和 1.5% 复方中药添加剂能显著提高肉鸡 ADG，促进免疫器官的发育，提高抗氧化作用，其中添加 1% 综合效果最高。

4. 中草药饲料添加剂在鸡生产中的应用研究

中草药添加剂具有改善动物生产性能、增强机体免疫机能、提高动物抗应激、抗疾病能力以及低残留和不易产生耐药性等优点。中草药是一类具有营养和药物作用的物质，其原料来源广泛，配方灵活，具有不易产生药物残留、无毒、无不良反应和无抗药性等优点，是抗生素等药物无法比拟的，这使中草药添加剂在众多抗生素替代物中脱颖而出。

（1）增强免疫力　当畜禽感染疾病或遇到应激时，容易引起机体免疫性能下降。中草药添加剂能够促进淋巴细胞转化，增强巨噬细胞的吞噬功能，提高细胞免疫及体液免疫水平，大约有 200 种中草药具有免疫活性，可增强机体免疫力和抗病能力。

（2）抑菌消炎　抗生素容易在动物体内残留，使机体产生耐药性，造成严重的食品安全隐患，而中草药添加剂具有双向调节及整体调控的特点，有标本兼治之功效，复方中草药抽提物能有效抑制大肠杆菌、沙门杆菌、变形杆菌、链球菌、葡萄球菌和枯草芽孢杆菌等多种致病菌的生长，促进胃肠道双歧杆菌、乳杆菌、乳链球菌、拟杆菌和消化球菌等有益菌的增殖。

（3）补充营养　中草药中含有蛋白质、糖、脂肪、淀粉、维生素和矿物质等大量营养物质，作为添加剂可补充营养成分，其中党参茎叶中含有 18 种氨基酸，其中 10 多种是动物生长所必需的氨基酸，含有 K、Na、Ca 和 Mg 4 种常量元素和 12 种微量矿物质元素，同时还含有淀粉和微量生物碱。

（4）蛋鸡生产　中草药添加剂能够促进蛋鸡生长，提高产蛋率、蛋质量和饲料转化率。王海凤等选用淫羊藿、枸杞、黄芪、甘草、刺五加和益母草等十几味中药组成添加剂并制成超微粉，在蛋鸡产蛋饲粮中添 0.25%～0.5% 显著提高了产蛋率和蛋质量。郭文凯等以麦芽、松针粉、胡萝卜、陈皮和石膏组成的中草药添加剂，蛋鸡采食后能极显著提高雏鸡的日增质量（P<0.01）。陈俊峰等选了党参、黄芪、当归、淫阳藿和陈皮等 13 味中草药组成纯中药添加剂，按 0.5%～1.0% 添加到蛋鸡饲粮中，显著提高了产蛋率和蛋品质。

（5）肉鸡生产　无论是中草药添加剂单独使用还是与益生素等混合使用，均能不同程度地提高肉鸡的生产性能，并且尚无中草药添加剂对肉鸡生产性能的负面影响的报道。中草药添加剂能增加肉仔鸡体质量及提高饲料转化率，促进蛋白质的合成与生长相关的激素分泌和矿物质元素在机体内的利用；增加肌肉中氨基酸及不饱和脂肪酸的含量，改善鸡肉风味，提高鸡肉品质。满晨等在肉仔鸡饲粮中添加由黄柏、板蓝根和陈皮等 10 味中草药组成的复方中草药添加剂，结果发现，中草药添加剂可显著提高肉仔鸡增质量和成活率。蔡荣先等用白术、甘草和茴香等组成的中草药香味添加剂饲喂肉仔鸡，肉仔鸡体质量增加了 8.85%（P＜0.01），饲料转化率提高了 6.9%。祝国强等添加黄柏、当归和苍术等 16 味中草药于艾维茵肉仔鸡饲料中，试验组肉仔鸡日增质量和饲料转化率都显著高于对照组。

（6）抗鸡病　如连翘、大蒜、板蓝根、金银花和大青叶等具有广谱抗菌效果，大黄、黄芩、蒲公英和野菊花等有抗大肠杆菌的功能，而大蒜中的主要活性物质大蒜素杀菌力强、抗菌谱广、无毒及无不良反应。戴永强等发现用 10% 的大蒜粉剂替代饲料中抗生素饲喂 AA 肉鸡，对预防细菌性痢疾、祛除蚊蝇和改善环境有很好的作用。在蛋鸡场中，由麻黄、板蓝根、双花、白头翁和黄芪等制成的中草药添加剂，按 2% 比例在饲料中添加，发现蛋鸡传染性支气管炎症状明显减轻，经过一个周期的连续用药症状基本消失。马得莹等在蛋鸡基础饲粮中分别添加党参、女贞子、五味子、枸杞子和刺五加复方中草药，试验结果表明这 5 种中草药的免疫增强效果较好。

（7）抗热应激　夏季在蛋鸡饲粮中添加中草药抗热应激剂，可提高产蛋性能和蛋品质，降低病死率，改善血液生化指标。马得莹等分别用女贞子、五味子和四君子汤对热应激条件下的海兰褐蛋鸡进行试验，研究发现，3 味中草药均能通过提高蛋鸡脂质稳定性、HSP70 基因表达及调节内分泌等途径改善热应激下蛋鸡的生产性能，减轻热应激对蛋鸡的危害。黄芪和淫羊藿具激素样作用，石膏可调节体温中枢，益母草能刺激并加强应激状态下垂体—肾上腺功能，还能增强机体的非特异性免疫。

（8）其他作用　中草药中含有许多有效成分，可掩盖多种不良气味，并具有健胃增进食欲作用。其中的香辛料如大蒜、辣椒、生姜、桂皮、甘草及众多的天然花卉和精油，含有抗菌成分，将它单用或与某种化学防腐剂混合使用防腐效果更好，在蛋鸡料中添加苍山子不仅防腐效果好，且对鸡采食量和产蛋率均无影响。

5.　"1＋3＋1"中药无抗健康养殖方案的实施效果

据甘肃省农业科技创新项目介绍：使用广东高山动物药业有限公司"1＋3＋1"中药无抗健康养殖方案对放养肉鸡无抗饲养管理技术产业化开发，取得了显著效果：根据良凤肉鸡各生长发育阶段的发病特点，探索出"基础保健＋三大预防"的用药组合模式，即在饲养的全过程饲料中添加纯中药"料磺 1

号"进行溯源基础保健，从源头开始解决滥用抗菌素和清除机体内毒素两大难题。第一大预防是在室内温控饲养阶段分别服用"四逆汤、清解合剂、板清颗粒和七清败毒颗粒"，做好了纯中药开口前置预防；第二大预防是在室外放养阶段定期添加纯中药"麻黄鱼腥草（强力粤威龙散）或者荆防败毒散（正冠乐散）"，进行呼吸道综合征预防，定期添加纯中药"郁金散和健胃散"，进行肠毒综合征的预防，增强肉鸡免疫力和抗接种应激反应等；第三大预防是在出栏前 15 天，添加"速效育肥宝"（多种维生素及中药耦合物），进行中药后期育肥增重和保健。本方法基于以上"基础保健＋三大预防"的用药总则，构建人与放养肉鸡安全的"大健康"保健体系，达成了促进肉鸡生长，提高肉鸡免疫力的目的，本方法饲养出来的肉鸡羽毛颜色光亮，成活率高，日增重高，能够生产出安全、优质与绿色的鸡肉产品。该研究体系一是解决肉鸡生产的完全无抗问题，二是解决肉鸡因长期滥用抗生素导致机体免疫功能损伤而带来的饲养健康问题，三是解决肉鸡健康带来的高饲养成本问题，四是解决肉鸡产品的安全问题，五是解决肉鸡因大量使用矿物质产品中可能带来的重金属致癌物问题，六是解决消费者的健康安全问题。

（1）中草药添加剂对放养肉鸡生长性能及成活率的影响　中草药含有多种生物活性成分，作为饲料添加剂使用，具有增加动物营养、改善机体代谢、促进生长发育、提高免疫功能、防治畜禽疾病等作用。大量的试验证明，中草药饲料添加剂在提高动物生产性能方面不亚于抗生素。本试验中，中草药组终末平均体重、总体日增重均高于对照组，说明中草药添加剂对肉鸡生长发育具有促进作用。这主要与中草药组方中各味中草药的功效有关。组方中的山楂、麦芽、神曲、白术等能健脾开胃，增进食欲，促进消化吸收；鱼腥草等具有抗病原微生物的作用，可以杀死或抑制体内外病原微生物的生长、繁殖，起到保护机体免受病原微生物侵染的作用，从而增强免疫的功能，增强机体对疾病的抵抗能力。因此，中草药饲料添加剂可以替代抗生素，在肉鸡饲养中起到促进生长发育、降低发病率死亡率的重要作用，将在肉鸡生产中具有较大应用空间。

（2）中草药添加剂对血液生化指标的影响　试验组血清中总蛋白含量显著高于对照组的（$P<0.01$），白蛋白含量显著高于对照组的（$P<0.05$），总胆固醇和低密度脂蛋白含量显著低于对照组的（$P<0.05$）。而试验组与对照组血清中的甘油三酯和高密度脂蛋白差异均不显著。

（3）中草药添加剂对放养肉鸡免疫器官的影响　试验组中脾脏重比对照组的高 33.90%，差异显著（$P<0.05$），法氏囊重比对照组的高 88.70%，差异极显著 $P<0.01$）。一般认为免疫器官重量增加是由于其自身细胞生长发育和

分裂增殖所致，是免疫增强的表现；免疫器官重量的降低为免疫抑制所致，表明机体免疫状况变差。王艳华等选用黄芪、党参、白术、茯苓、山楂等中草药组成两种复方中草药添加剂，研究复方中草药添加剂对肉仔鸡免疫功能的影响，结果表明在基础日粮中添加两种复方中草药可以提高免疫器官指数，延缓胸腺和法氏囊的退化。黄银姬等的试验结果表明，饲料中添加一定量的中草药提取物可明显提高肉仔鸡胸腺和脾脏的质量和指数。本试验中，免疫器官发育方面，试验组的脾脏重、胸腺重和法氏囊重均大于对照组的，且法氏囊重与对照组的差异极显著。说明中草药添加剂主要通过促进肉鸡免疫器官的发育进而提高机体的免疫功能。中草药能从多层次、多靶点、多途径作用于机体，提高机体免疫力，从而起到防治疾病的作用。

注：高山"1＋3＋1"中药无抗健康养殖实现利润倍增理念：即"1"：做好1个长期的饲料基础大保健；"3"：做好掌控养殖利润关键点的3个阶段性小保健（家禽包括中药开口前置预防、病毒与呼吸道病定期净化、消化系统定期预防等）；"1"：做好1个出栏前纯中药绿色健康增重育肥和改善肉蛋奶品质风味方案，实现效益养殖。

6. 中草药的深层次研究"中药藿香复合制剂抑制鸡肠道细菌易位及改善蛋风味的研究"（华南农业大学谢青梅，2018年）该研究围绕 H_9N_2 AIV（甲型流感）引起鸡的细菌易位展开研究，这是中草药较深层次的研究。

（1）H_9N_2 AIV 引起的肠道菌群紊乱

①回肠菌群——攻毒后第5天埃希氏菌属（Escherichia）、梭菌属（Clostridium），和韦永氏球菌属（Veillonella）极显著上调（$P < 0.01$）乳杆菌属（Lactobacillus），SMB53 和链球菌（Streptococcus）极显著下调（$P < 0.01$）。攻毒后第12天，埃希氏菌属（Escherichia）、梭菌属（Clostridium）和韦永氏球菌属（Veillonella）极显著上调（$P < 0.01$）；乳杆菌属（Lactobacillus）、肠球菌属（Enterococcus）、SMB53 和链球菌属（Streptococcus）极显著下调（$P < 0.01$）。

②盲肠菌群——埃希氏菌属（Escherichia）、梭菌属（Clostridium）和韦永氏球菌属（Veillonella）极显著上调（$P < 0.01$），乳杆菌属（Lactobacillus），SMB53 和链球菌属（Streptococcus）极显著下调（$P < 0.01$）。攻毒后第12天，埃希氏菌属（Escherichia）、梭菌属（Clostridium）和韦永氏球菌属（Veillonella）极显著上调（$P < 0.01$）；乳杆菌属（Lactobacillus）、肠球菌属（Enterococcus）、SMB53 和链球菌属（Streptococcus）极显著下调（$P < 0.01$）。

（2）H_9N_2 AIV 引起的肠道粘膜屏障损伤　与空白组相比，攻毒后第5天的回肠黏膜局部绒毛上皮细胞坏死脱落；少量单核细胞浸润，均有明显的炎症发生。H_9N_2 AIV 导致 SPF 鸡回肠绒毛结构受损，导致 SPF 鸡肠上皮细胞之间的通透性增加。

（3）H_9N_2 AIV 促进肠道细菌感染　H_9N_2 AIV 会使肠道菌群紊乱，肠系膜、肝、肺黏膜屏障破坏，导致细菌的继发感染。

根据上述症状，利用中草药制剂（藿香正气液）调节流感病毒（H_9N_2 AIV）引起的肠道菌群易位，结果表明，相对于 H_9N_2 组：藿香正气液组和 H_9N_2＋藿香正气液组中，有害菌（为主）：埃希氏杆菌属（Escherichia）、梭菌属（Clostridium）显著减少（$P < 0.01$）。有益菌：乳杆菌属（Lactobacillus）、分节丝状菌（Candidatus-Arthromitus）显著增加（$P < 0.01$）。藿香正气液可以减轻 H_9N_2 AIV 引起的回肠菌群紊乱，抑制致病菌的增殖，减轻 H_9N_2 AIV 引起的肠道粘膜屏障损伤，阻止 H_9N_2 AIV 引起的肠道细菌移位，进而表明藿香正气液可以抑制 H_9N_2 AIV 导致细菌的继发感染。

7. 建立无抗健康养殖技术生产体系是本行业的历史使命

综合鸡的无抗养殖方面的研究成果和应用案例，不论采用哪种无抗养殖或替代抗生素模式，都必须采取综合措施，必须实施系统工程。正如华南农业大学谢青梅教授指出：实施无抗养殖，需具备五要素，即鸡苗是根本，饲料是基础，管理是核心，疾病控制是关键，养殖环境是条件。她说："当下疾病控制成为无抗养殖的最大挑战，主要是由于肝脏解毒功能不足引发免疫机能低下，易受到外源生物入侵，导致发病。"因此，她提出从生物安全、疫苗免疫、水环境卫生、免疫监测、饲料营养、疾病控制与保健、环境管理、员工培训八大疾病控制措施入手构建无抗养殖的技术体系。同样，无抗养殖技术还需要配套食品安全检测技术，为优质畜禽产品的生产和上市再添一道防火墙，打造完整的无抗技术养殖生产体系，连接消费终端输送优质食品资源。这不仅是整个畜禽养殖领域要努力做到的，更是我国鸡的福利养殖始终追求的目标。

在这里，还值得一提的是，做为传统中药即中草药起源并生产量最大的中国，我们更应该有信心、有责任、有使命感，在继承和发扬祖国传统中兽药宝库及其蕴涵的无限智慧的今天，使中兽药在无抗养殖中发挥和展现其难以替代的巨大作用，让中药保健成为中国养鸡的最好福利。

正如广东高山动物药业梁其佳董事长所讲：从中药应用在生产实践的多年来的认识角度，当前无抗养殖正站在风口上，谁来承担取代抗生素所解决的问题已经成为行业关注的焦点。他认为，无抗养殖，至少包括三层含义或者说基本要素，一是从实现动物健康的角度出发，要实现无抗。因为抗生素会对畜禽健康造成影响，会严重干扰免疫器官发育和免疫功能完善，尤其是雏禽和幼畜时期；二是从确保畜禽产品安全的角度讲，要实现无抗。因为耐药菌形成和畜禽产品安全会严重影响人类健康；三是从有效改善肉蛋奶的品质和风味出发，尤其是解决 PSE 肉现象的世界性难题，中药的效果是显著的，也是独特的。因此，抗生素在动物中的使用受到了严重的限制，无抗养殖，准确地说是无抗健康养殖，更准确地说是中药无抗健康养殖。因为开始使用了抗生素而导致最终离不开抗生素。

在他看来，替代抗生素之酶制剂、酸化剂、肽制剂、微生物制剂、精油提取物、传统配伍中医中药及添加剂等的众多选项中，中药将最有可能实现无抗健康养殖。他认为中药有几大价值：能同时解决抗生素问题和内毒素问题等影响畜禽健康的两大主要"元凶"；中药没有抗性，实现无抗健康养殖确切可行；中药保健能有效提高生产性能和改善肉蛋奶的品质和风味，可实现无抗蛋、无抗鸡等优质畜禽产品的品牌目标，中药引航健康发展，担当健康未来的主力军。

五、科学减负是鸡福利的重要组成部分

以北京市华都峪口禽业有限责任公司周宝贵——现代养鸡场的动物福利——科学减负为例。

思考1：单项福利与综合福利

思考2：福利与成本，福利降低单只生产成本，增加综合成本

思考3：福利的判定标准：生产成绩，产品质量

防疫对鸡群健康的影响，各项防疫应激指数统计见表 4-1。

表 4-1 不同防疫方法的应激指数

减负项目	应激指数
油苗	1
活苗	0.75
兽药	0.5
带鸡消毒	0.1
抗体检测	2

减负使鸡群更健康，鸡群健康的基础上减负。基于鸡群本身需求出发，科学减负遵循的 3 个规律：鸡体生理规律，疾病发生规律，抗体消长规律。

（一）免疫程序中的科学减负

脆弱的雏鸡阶段（21日龄前）不免疫，敏感的产蛋阶段（产蛋期间）不免疫，实现两个不免。

科学减负//免疫成效：减少灭活疫苗免疫14次，减少活疫苗免疫11次，降低应激指数22.25点。

（二）投药环节中的科学减负

预防性投药，取消预防性投药，无病不投药；保健性投药，包含：多维和免疫增效剂，原则：多维添加取消，按应激目的；治疗性投药，国家政策取消原粉使用，使用成品药，措施：提高饲养管理。

科学减负//投药成效：减少应激指数5～7.5点，减少预防性投药10～15次。

（三）消毒环节中的科学减负

科学减负//消毒成效：减少消毒次数200～300次，减少应激指数20～30个点。

（四）监测环节中的科学减负

检测项目与疾病关注度见表4-2。

表4-2 检测项目与疾病关注度

关注度	项目	检测安排
高度关注	H5（4、6、2、7）	
	H9	
	ND	重点检测项目
中度关注	IBD	1日龄免疫，不检测
一般关注	EDS	1次免疫终身保护，检测1次

科学减负//监测成效：减少监测次数80余次，减少应激指数160点。

总结：减负也是福利：免疫、投药、消毒、监测优化，减少应激次数320次，减少应激指数209.75。

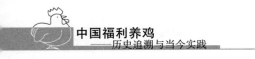
六、鸡的福利屠宰工艺研究

以北京安华动物产品研究所——鸡福利屠宰的培训内容为例。

从鸡的行为学、鸡的处置、搬运箱的使用、栓挂设计、栓挂操作、鸡的健康、急宰、待宰圈环境、热应激、电学原理、水浴电击致晕、水浴电击致死、刺杀放血13个环节，进行全国性的培训。

福利屠宰指在鸡的运输、装卸、停留待宰以及宰杀过程中，采取符合鸡行为的方式，尽量减少鸡的紧张和恐惧。宰杀时，必须先将其"致昏"，使其失去痛觉，再放血使其死亡。为保证鸡的健康和福利，必须从卡车到达屠宰场的那一刻起小心驱赶和处置鸡，在任何情况下，都不应该使它们受到伤害。必须使鸡处于一个舒适、安静的环境中，必须快速、有效地击晕和宰杀，从而使它们免受疼痛和应激。

为什么鸡的福利屠宰工艺如此重要？因为不良的处置方法会造成皮肤损伤、淤青和伤口。不合适的环境温度会导致应激，甚至导致其死亡。不正确的击晕和放血操作，会给鸡造成不必要的疼痛、应激和痛苦。

所有这些问题，都可以通过良好的操作来避免。此外，良好的处置、击晕和宰杀操作，不仅会改善胴体质量，也会使屠宰场的工作更有效率。良好设施和操作，不仅对鸡有好处，而且会使工人操作更安全、简单和快捷。

我国每年有110亿只家禽被屠宰，确保良好的动物福利必不可少。建议除鼓励农场动物散养外，对其在屠宰和运输环节也要提出相应福利要求。在动物福利屠宰方面，北京安华动物产品研究所近期已在全国多个相关单位进行过数次技术培训工作。本简介便是对北京安华动物产品研究所鸡福利屠宰的培训内容，包括行为学、电击原理，以及从鸡到达屠宰场直至被电击后刺杀各环节的具体操作要领。

从上述可见，我国在鸡的福利这一领域不仅开展了近20年的研究，而且所取得的研究进展是令人鼓舞的，研究成果是可喜可贺的，不论在鸡的福利设施配套的研究上，还是在鸡的福利行为学的探索上，不论是在饲养模式对鸡生产性能及相关性状影响的比较研究上，或者是抗生素替代和产品质量及食品安全上的大胆尝试，其创新性、系统性及广泛性，都是有目共睹的。其实我国广大学者在福利养鸡领域所做的研究和取得的成果比上述所列的要多得多，很值得我们继续搜集和发现。对这些围绕我国鸡的福利开展的多方位的研究的专家教授及青年学者，我们应该致以崇高的敬意和由衷的感谢！因为他们是我国当代鸡福利养殖的先行者，也是我国当代鸡福利事业的开拓者。如何将这些科研成果转化应用于实践，则需我辈加倍努力！

第三节 中国鸡的福利养殖状况分析

一、动物福利的政策法规和国民的动物福利意识滞后

（一）动物福利法律体系不健全

相关法规有待完善，与国外动物福利法制相比，我国还没有一部专门的、完整的动物福利法。目前，我国现行的关于动物保护的法律法规还很不完善。

（二）公众关于动物福利的理念还十分淡薄

尽管学术界对于动物福利理念的研究在逐步深入，但在大多数人心中，动物福利的理念还十分淡薄，对动物福利观念缺乏广泛的认同和了解，虐待动物的现象时有发生。在饲养、运输、屠宰等环节也存在着严重的福利问题。这不仅影响动物性食品安全和卫生质量，也严重影响了我国动物性产品的出口。

动物特别是为人们提供产品的畜禽更多的是被看作一种经济资源，而它们作为具有一定意识和一定情感的生物本性则完全被忽略。伤害动物和违反动物福利的行为比比皆是。这也是我国的国情所决定的，我国目前对于畜禽在饲养时主要从如何降低成本，提高经济效益来考虑，很少会考虑到给它们一定的空间和自由等福利条件。

尽管目前养鸡业的技术水平、生产效率及经济效益已达到空前水平，鸡为人类提供了大量价廉物美的动物性食品，但是其养殖方式和一些畜牧学管理措施却遭到了欧洲不少国家动物福利组织及有关人士的不满和微词。

二、蛋鸡的福利问题

（一）蛋鸡笼养

自 20 世纪 50 年代以来，笼养的饲养方式被广泛推广，直至现在，笼养一直是蛋鸡生产的主要饲养模式，笼养提高效率、节约饲养成本的优点，在收蛋、粪便处理、减少饲料浪费、维持适当的环境温度、检查每只鸡的状况等方面都有着散养鸡无可比拟的优势。但是规模化蛋鸡笼养饲养管理条件差，难以满足鸡的生理需求，生产中所采取的一些管理技术虽然有利于人类提高鸡的生产性能，但却不符合鸡的生活习性，不符合动物福利原则。随着社会的发展，笼养方式也越来越受到质疑，主要是因为被笼养的鸡行动受到很大限制，失去自由，如栖息、沙浴、展翅、刨食、活动空间等自然习性无法实现。

笼养虽然提高了饲养密度，但却限制了鸡的活动和自由。其饲养密度，一般是 16～25 只/m²，多的达到 42 只/m²，所以每只鸡所占的空间很小，使鸡不能正常的活动。鸡笼狭窄的空间使得蛋鸡不能正常拍打翅膀、转身、飞行和自由伸展身体，不能自由梳理羽毛，使得蛋鸡失去了自然表现行为的福利。笼内没有栖架可供休息，也没有产蛋箱提供安静的环境产蛋。笼内没有可以进行沙浴的土壤和垫料，鸡频繁地用爪子抓挠铁丝网，试图冲出鸡笼。缺乏沙浴的母鸡经常把饲料当作沙砾的替代物，所有这些异常行为表现被称为"刻板症"。由于长期限制性的运动缺乏导致蛋鸡骨骼变得十分脆弱，极易造成骨折并产生笼养蛋鸡疲劳症。骨折的发生率增加就导致了非常严重的福利问题。为了便于管理，即：方便粪便的处理和蛋的收集，笼养鸡始终站于倾斜的铁丝网之上，使鸡只永远处于一种紧张和无可奈何的状态中。

（二）断喙和断趾

互相啄食即啄食癖会导致鸡群伤亡率上升，减少自相啄食的方法是断喙，即把鸡喙部切除 1/3 左右。除了减少光照强度外，还没有其他方法来替代断喙的作用，尽管最近的研究表明遗传选择可以降低自相啄食的发生率。当鸡群已经发生自相啄食现象时，断喙可以作为一种治疗的手段。当已经决定对鸡进行断喙，那么，如何减少对鸡群行为和生产的长时间的影响是必须考虑的重要因素之一。断趾也是家禽生产中常用的一种方法，在生产中去除母鸡的中趾用以减少蛋壳的破损率，对种公鸡断趾是为了减少配种时公鸡对母鸡背部的抓伤。断喙、断趾、剪冠会导致鸡剧烈的疼痛，给鸡造成比较大的痛苦。

（三）人工强制换羽

通过人工换羽的方法即引导母鸡快速换羽，以便早日进入新一轮产蛋周期。包括限饲、缩短光周期、日粮成分如钙、碘、硫、锌的控制，以及影响神经内分泌学的药品的管理。这些方法都可以导致产蛋期的突然停止，并伴有体重的下降和羽毛的脱落。而恢复产蛋期则需要在开始时，饲喂满足排卵和正常羽毛生长期的营养需要的日粮，接下来饲喂正常产蛋鸡的日粮。

三、肉鸡的福利问题

在 20 世纪 40 年代，肉鸡需要 12 周龄达到上市体重 2.0kg，而在今天只需要 6 周龄的时间，料重比达 1∶1.6 的高水平，而快速生长的同时，肉鸡的一些健康和福利问题随之显现。

（一）肉种鸡笼养

笼养模式下肉种鸡饲养在笼内，其活动和自由受到严格限制，不能进行大幅转身和运动，没有产蛋箱，没有栖架，没有舒适的垫料，更没有沙浴池及公母同在一起的自然交配，等等。使种鸡的自然天性受到严重影响，福利条件很差。

（二）肉种鸡限制饲喂

限饲在种鸡生产中，特别是肉种鸡生产中广泛采用，限饲可以防止肉种鸡过肥、体重过大，提高繁殖性能，但同时也给鸡造成了极大的痛苦。限饲方案中，育成期肉种鸡的进食量仅为同期自由采食条件下的 25％～33％。产蛋期的进食量限制在同期自由采食量的 50％～90％，肉种鸡在生长期时，日粮受到严格的限制，使肉种鸡饱受饥饿痛苦，限饲会导致鸡只之间争斗增加，应激激素水平上升，常表现出与受挫、厌倦、饥饿和沮丧相关的行为。

（三）肉用仔鸡饲养中的高密度饲养

主要表现在高密度饲养，还包括垫料管理、光照管理以及因遗传选择导致体重快速生长与骨骼和内脏发育不协调导致的疾病。不良的环境，如高温、拥挤、有害气体超标、缺氧等都会影响肉鸡的健康与福利水平，甚至会造成死亡。

高饲养密度限制了肉鸡的行为活动并引发健康问题。饲养密度的大小直接影响肉鸡的活动空间和行为，也间接影响鸡舍环境因素如温度、湿度、垫料和空气质量等。随着饲养密度的增加，肉鸡的活动越来越少，导致肉仔鸡腿病增加及胸囊肿、慢性皮炎和传染病的发生。高密度饲养使垫料变得又脏又潮湿，增加了有害气体和灰尘微粒的污染，所有这些都损害了肉鸡的健康和福利。

四、氨气和鸡的福利

氨气和湿垫料是出现鸡福利问题的重要因素。例如：腹水、胃肠炎和呼吸道疾病的发生都与氨气的高浓度有关，氨气水平超过 50ppm 时，角膜结膜炎和气管炎的发生率上升。这些气管和肺的病变使鸡易受大肠杆菌等细菌的感染。

氨气浓度的高低还与接触性皮炎的高发生率有关，超过 50ppm 浓度的氨气水平将会影响生长速率和性能。在高密度饲养地区，氨气水平和行为因素是生长速度下降的主要因素。当垫料潮湿时，通过细菌活动会产生氨气。因此，

在室内任何影响垫料湿度的因素都会影响氨气的水平。

五、鸡在运输和屠宰中的福利问题

（一）运输

运输是养鸡生产中一个十分关键的环节，在这些环节中违反动物福利的现象尤为突出。包括人为处理、饲料和水的缺乏、限制、噪音、运动和把不熟悉的鸡群混在一起等。不适当的处理和运输会导致鸡群死亡、撞伤和骨骼碎裂等。活鸡长途运输是流通的一种主要方式，在运输过程中，鸡被装在铁笼中，层层叠放，拥挤不堪。尤其夏天环境温度过高，易产生严重的运输应激和热应激，甚至死亡。

产蛋结束淘汰鸡的运输福利状况尤其糟糕，从饲养地到屠宰加工厂往往有一段距离，运动、摇摆、开车、停车对鸡来说都是一种应激，运输使家禽非常疲劳，肉鸡在运输过程中体重会减轻，运输路程越长，体重减少越大。研究者把 ACTH（促肾上腺皮质激素）注射到蛋鸡体内进行实验，发现皮质酮激素增加，并且证实了许多由于应激而带来的行为变化。

（二）屠宰前的处理

鸡在屠宰前的处理程序包括从鸡场抓鸡、运输、装卸等，对鸡来说，这是遭受很大应激的过程，受伤、因炎热导致的不适、脱水等，造成运输途中死亡的主要原因是充血性心力衰竭（47％）和处理不当造成的外伤（35％）。

在鸡被运到屠宰场之前，它们已经遭受一系列的应激，肉鸡在屠宰前必须限制饲喂清空肠道，这通常会导致鸡只的衰竭，而脱水是因为在运输前和运输途中没有提供饮水，尤其当天气干旱和长途运输时更加严重，抓鸡过程的不当会引起鸡的疼痛，屠宰后发现 40％的鸡只身上有青肿淤血现象。无论是手工或机械抓鸡，都会引起心跳加快，意味着应激发生，但是机械化抓鸡的心跳速度很快降下来，表明机械抓鸡情况下鸡福利状况会好一些。

蛋鸡的福利问题在运输前或许更为严重，当蛋鸡饲养在笼养鸡舍时，它们的骨骼很脆，假如从这些笼子抓鸡不当，骨骼断裂的情况时有发生，在屠宰场发现骨骼断裂的情况达 29％，大部分发生在抓鸡和把鸡吊挂起来时，正确的抓鸡方法可减少这种比例，从鸡笼中抓鸡时，抓住的两只脚其骨骼断裂的比例（4.6％）比只抓一只脚（13.8％）低。

肉鸡和淘汰蛋鸡的屠宰加工是以现代化屠宰加工生产线为主完成的，但国内大约超过一半的肉鸡屠宰加工企业很难达到福利屠宰的基本要求；并且还有很大一部分肉鸡是通过便民市场现卖现宰的，因目睹同类被宰杀，鸡十分恐惧，严重侵害了鸡免受惊吓和恐惧的自由权利。这不仅影响食品安全和卫生质量，也严重影响了我国畜禽产品的出口。

因此，在现代化屠宰加工生产线上，停留待宰以及宰杀过程中，采取符合鸡行为的方式，尽量减少鸡的紧张和恐惧。宰杀时，必须先将其"致昏"，使其失去痛觉，再放血使其死亡。为保证鸡的健康和福利，必须从卡车到达屠宰场的那一刻起小心驱赶和处置鸡，在任何情况下，都不应该使它们受到伤害。必须使鸡处于一个舒适、安静的环境中，必须快速、有效地击晕和宰杀，从而使它们免受疼痛和应激。

第四节　中国鸡的福利养殖对策与养殖模式探索

一、加快我国动物福利立法步伐

在我国目前的状况下，如果不制定相应的法律制度，就无法真正提高畜禽等农场动物福利的水平。因此，我们应该根据我国的国情，借鉴国外的先进经验，尽快制定专门的动物福利法并组建专门的监督机构，以确保动物福利的顺利推行。在动物福利立法过程中，要注意结合我国现有的生产力水平、社会文明发展程度以及公民科学文化素质，加快动物福利立法工作，制定动物福利相关法律法规，建立符合我国国情的动物福利法律法规体系，以保证国家在处理相关问题时有法可依、有章可循。

改善动物福利，不仅能符合发达国家的相关贸易壁垒，还可以提高企业的经济效益，尤其是在国际贸易日益频繁的今天，越来越多的国家尤其是发达国家已经开始将动物福利与国际贸易紧密挂钩，无形中又树立了一道新的"贸易壁垒"。

二、加大宣传力度，普及动物福利理念

文明人道地对待动物和我们自身的利益息息相关。动物福利既是保护生态平衡的需要，也是人类自身利益之所在，更是人类文明道德的体现。动物福利的真正提高依赖广大民众的积极参与，因此，应该通过各种媒体、行业会议、动物福利专题报告、研究成果、科普读物、及相关著作等多种宣传渠道，使国人树立动物福利的理念，不论是养殖者和生产者，还是消费者和广大民众，都能逐渐养成尊重、爱护、善待动物的观念和习惯。甘地曾说过，对待动物的态度反映了一个民族的文明水平。悲悯、理性的对待动物，符合人类善良的本性，也符合人类的精神利益和长远利益。

我们提倡动物福利，是反对虐待动物，并不反对开发利用动物资源。虽然为人类提供食物来源的动物最终无法逃避被宰杀的命运，但人类有责任和义务减轻他们在提供产品过程中所承受的痛苦，并为那些为人类做过贡献的动物提供舒适的生活环境。随着人类文明程度的不断提高，我们对动物的保护与关怀已不再是单纯的同情和怜悯，动物福利也不再是人类的恩赐，而是人类自身的伦理和道德诉求的自然流露。中华民族的崛起不单单是经济的繁荣和科技的进步，还必然伴随着全民族文明程度的提高。而动物福利的状况也将是评价我们文明程度的一个重要标准。作为一个负责任的大国，顺应时代的发展潮流，提高动物福利水平将是我们的必然选择！

三、建立农场动物（鸡）福利认证机制

由中国标准化协会2017年7月发布的我国《农场动物福利要求·蛋鸡》和《农场动物福利要求·肉鸡》标准，可以作为今后一定时期内的我国蛋鸡和肉鸡的行业福利标准，据此，通过专门的机构（行业内第三方认证评审机构或政府组织）对我国内销或出口的蛋鸡和肉鸡的饲养管理、运输、屠宰等企业进行动物福利评审、认证及监管，强制性地在相关的产品加贴动物福利状况标签。通过认证标签可以向消费者提供更多的产品信息，更好地维护消费者的知情权和选择权，而且有利于产品的可追溯性，并可以促进养殖场不断完善和提高动物福利水平。

四、改善鸡的生存环境

主要从这八个方面入手：①即合理设计鸡舍，使鸡可以进行各种正常的生理活动；②添加各种福利设施，提供环境富集材料，包括栖架、产蛋空间、沙浴池、垫料、刨食物等，有效的提高其福利水平；③营养全价的饲料和清洁卫生的饮水，使鸡不受饥渴；④提高空气质量，减少有害气体排放，有效减少鸡的呼吸道疾病；⑤降低饲养密度，使鸡有充分的活动空间；⑥宽阔的运动场所和凉爽的遮阴篷或果树林木；⑦良好的养殖场和鸡舍的生物安全及防疫卫生，使鸡健康安全；⑧有效的降温通风系统和保温防寒设施，确保鸡生存环境的适宜温湿度。从而使鸡能够充分表达其天然习性，快乐愉悦地生长、生产、生存！

通过创造上述这八个方面的基本环境条件，使鸡达到当前国际公认的五大福利养殖原则，即：享有不受饥渴的自由；享有生活舒适的自由；享有不受痛苦伤害和疾病的自由；享有生活无恐惧和悲伤感的自由；享有表达天性的自由。

五、中国鸡的福利养殖模式探索

（一）因地制宜推行放牧养鸡

在纯天然、无污染、原生态的山地、丘陵、林间、果园放养所得的鸡产品备受消费者青睐。放牧养鸡是将传统方法和现代技术相结合，根据各地区的特点，利用荒山、林地、草原、果园、农闲地等进行规模养鸡，让鸡自由觅食昆虫和野草、饮露水、补喂五谷杂粮，严格限制化学药品和饲料添加剂等的使用，以提高肉蛋风味和品质，生产出符合绿色食品标准的产品的一项生产技术。

我国拥有大面积的荒山、草坡、草场、滩涂等自然资源，而且我国正在大规模推行退耕还林、还草工程，发展放牧养鸡具有得天独厚的资源优势；广大农村特别是贫困山区和革命老区经济发展滞后，发展放牧养鸡业可以在利用较少蛋白质和能量饲料的情况下，充分利用当地自然资源实现脱贫致富。

我国各地已经对土鸡放养模式进行过许多探索，目前，已报道的饲养管理模式有在果园、田间、林地围网、林下和灌丛草地、经济林、山地、野外简易大棚、橡胶园以及黄土高原放牧饲养等，并且对放牧养鸡的营养水平、生产性能、屠宰性能、鸡肉肉质和鸡蛋品质进行了系统研究。

2002 年，李英、谷子林对规模化生态放养鸡技术体系进行研究，探索出当前规模化生态放养鸡切实可行的模式，提出了包括品种选择、饲养管理、营养水平、设施建设、适宜放养密度、安全保健、标准化生产、生产实用模式为一体的规模化生态放养鸡技术体系。2003 年，李泽义等探索和实践了组装配套的果园散养草鸡技术，并对应用效果进行了分析。2016 年，郭永邦通过大量的调查、研究和应用，对湘黄鸡散养的综合配套技术进行了研究。2005 年，吕进宏比较了同种营养水平下笼养和散养对北京油鸡生长性能和肉质的不同影响，以及笼养方式下三种营养水平（高、中、低）的北京油鸡生长性能和肉质的差异。

特别是河南省家禽种质资源创新工程研究中心通过对耐粗饲、抗病力强的优质地方鸡种固始鸡进行林地放养试验，筛选出了放养固始鸡适宜的补饲日粮营养水平，对放养固始鸡补饲日粮配方进行了研究，并系统研究了放养对固始鸡生长发育、体形参数、消化系统发育、消化道微观结构、生产性能、胴体品质、蛋品质量等的影响。在传统放牧饲养的基础上，依据固始鸡放牧饲养的实践经验，参考近几年有关固始鸡生长发育、营养需要、肉质风味、育种改良等的最新研究结果，制订了固始鸡 0～4 周龄舍内育雏、5～10 周龄野外放牧、

11 周龄后舍内集中育肥的"三段制"放牧饲养技术规程。该规程从引种来源、品种选择、营养需要和鸡场的设计与环境控制，育雏期、育肥期饲养管理，放养期饲养管理及疫病防治、生产记录、出栏、检验和质量评价等方面制定出适合固始鸡生长、屠宰要求的技术参数，目前，已作为企业标准在固始三高集团推广应用。

放牧养鸡利用果园、山地、林地作为鸡的栖息地，鸡的活动范围大、采食范围广，可大量采食果园和林地杂草、害虫，营养全面，生产速度快、产蛋率高，具有良好的生态效益和经济效益。同时，散养的方式可以增强鸡的抗病能力，在林地、果园养鸡远离村庄，可减少对居住环境的污染，避免和减少鸡病的相互传播，提高鸡的成活率。放牧饲养的鸡其产品风味独特，品质优异，是真正的绿色食品，深受消费者欢迎。同时，放牧养鸡可使鸡自由地表达习性，有效防止啄羽、啄肛等啄癖的发生，改善了鸡的福利状况，是适合中国国情的解决鸡福利问题的理想生产模式。

（二）舍内垫料平养即"两高一低平养"

将鸡饲养在铺有垫料的地面上，这是目前国内外白羽肉用种鸡主要采用的养殖模式，即在鸡舍左右两边配置有木质栖架和双层铁皮产蛋箱（即为"两高"），中间地面铺设垫料（即为"一低"），分别设置有专门供种公鸡和种母鸡的料线，其中种公鸡的料线布置较高，并采用定时限制饲喂的方法，喂完后将料线提起，而种母鸡采用自由采食。公母采用自然交配的繁殖方法，比例为1∶10。

在两高一低平养模式下的肉种母鸡表现非常活泼，经常发现母鸡普遍都能高飞 1m 左右，这可能是由于其能够经常上下栖架活动，胸部、腿部肌肉发达，运动能力较强的缘故，这一点显然有利于种母鸡的福利。而笼养模式下肉种鸡饲养在笼内，其活动和自由受到严格限制，不能进行大幅转身和运动等，福利较低。而且平养模式下种鸡采取 1∶10 自然交配的方式，母鸡和公鸡能够经常接触交流，在精神、心理上具有愉悦感，而笼养没有这种条件。当然，平养的饲养模式也有缺点，如由于大量使用垫料，鸡舍内相对湿度较高等。

（三）自由活动式

鸡在舍内自由活动，包括地面平养、网上平养、栖架式饲养等。其中地面平养和网上平养较多见于肉鸡规模化饲养，而蛋鸡的栖架式饲养近几年被广泛提及。优点：可获得某些活动的自由，如筑巢、休憩栖息。缺点：鸡舍内氨气和尘土较多，鸡群饲养数量可能过大，容易受到体外寄生虫的影响。

（四）富集型笼养（大笼饲养）

富集型鸡笼是指被丰富改良的鸡笼，包括蛋巢、栖木、干草、沙浴池及帮助母鸡磨短脚爪的磨棒。这些装置可丰富蛋鸡的生活环境，满足其各种基本行为，如栖息、就巢和沙浴等。这些改良型的新式鸡笼被称为富集型鸡笼。富集型鸡笼一般为 10～14 只/笼，以形成稳定的群序。从提高鸡只福利的角度出发，在传统笼具基础上通过提高空间面积和增添一些设施或设备来丰富鸡只的生活环境，满足其各种基本行为和活动需求，每个笼底面积不少于 3.6m²，笼前部高度不低于 56cm，笼后部高度不低于 46cm。每只鸡所占面积不少于 660cm²。

优点：卫生，方便鸡只筑巢、休憩和栖息，鸡群数量小，比传统的层架式鸡笼稍微宽敞一些。缺点：空间限制大，沙浴困难，仍旧是鸡笼限制了鸡只的行为。

（五）生态养殖

生态养殖是我国养殖业大力提倡的一种生产模式，其核心主张就是遵循生态学规律，将生物安全、清洁生产、生态设计、物质循环、资源的高效利用和可持续消费等融为一体，发展健康养殖，维持生态平衡，降低环境污染，提供安全食品。生态理念及生态技术实施的核心就是牧场，旨在打造真正意义上的生物安全牧场、食品安全牧场、环境友好牧场、生态循环牧场、低耗高效牧场。其养殖技术源于免疫营养技术，以调节动物肠道微生态平衡及机体免疫机能为核心，提高饲料营养物质利用，增强动物抗病能力，饲料中不使用抗生素等化学药物，达到改善养殖环境和动物健康的目的，最终生产出健康食品甚至绿色食品。

生态养殖的全程使用含有多种高效益生菌的复合微生态制剂和中草药等绿色饲料添加剂，以调节动物肠道健康。所用的饲料称之为生态饲料，即环保饲料，它是指围绕解决畜产品公害和减轻畜禽粪便对环境的污染问题，从饲料原料的选购、配方设计、加工、饲喂等过程，进行严格质量控制和实施动物营养系统调控，以改变、控制可能发生的畜产品公害和环境污染，使饲料达到低成本、高效益、低污染的效果的饲料。

（六）蛋鸡网上栖架福利化养殖模式

蛋鸡网上栖架福利化养殖模式是中国农业大学李保明教授带领的团队经多年探索研究并获教育部和农业农村部科技成果一等奖的蛋鸡福利装备及养殖模

式。这是在蛋鸡网上栖架福利化养殖新技术与装备的创新研究基础上，基于蛋鸡行为和福利的蛋鸡网上栖架健康养殖新模式，提升了蛋鸡健康水平和产品质量。

该养殖模式的主要特点在于：全程采用舍内饲养，舍内配置有 T 型栖架、可以遮光的产蛋空间、减少饲料浪费的双区食槽，以及自动集蛋、自动清粪设备，可以完全人工控制饲养环境，与自然散养条件相比减少了环境的复杂性，从而改善了鸡体健康，降低散养蛋的脏蛋、破蛋率；创造了一个能在舍内运行的模仿自然散养条件的人工环境，既能满足鸡的行为表达需要，使鸡能够自由栖息，在产蛋箱产蛋，又能使鸡在一个较大的空间内进行水平和垂直活动，增强了鸡体健康和抵抗力，还能保持传统笼养中离地饲养的优点，尽量避免鸡体与粪便的接触，减少疾病发生。

该系统饲养密度为 25 只/m²，采用自动喂料，自动给水，半自动捡蛋，自动清粪，养殖人员劳动强度较小，可望实现较大规模的蛋种鸡养殖。

（七）别墅式生态牧养模式——蛋鸡福利的生态实践

由河南柳江集团探索的"别墅式蛋鸡福利生态牧养模式"，从三接轨（饲养技术模式同国际趋势接轨，生产方式同中国国情接轨，产品质量与国内外市场趋势需求接轨）入手，通过四大转移（由养殖高密度地区向养殖低密度地区转移，由人口高密度地区向人口低密度地区转移，由经济发达地区向经济欠发达地区转移，由平原耕地向山地林地转移），使所养的蛋鸡实现了高标准的福利待遇：住的是林间别墅，息的是原木栖架，吃的是有机原粮套餐，喝的是天然矿泉水，吸的是森林天然氧吧，听的是班得瑞轻音乐，洗的是沙浴池，伴的是公鸡，行的是依依芳草地，补的是山间虫虫草草。

全国首家高规格高福利生态牧养基地中牧养别墅每个 6m²，中型鸡舍每个 100m²，适合农户养殖，大型鸡舍每个 1 000m²，适合规模化自动化。当前共 14 个 5 万亩以上生态牧养基地，中试实验基地 5 千亩以上，为规模化生态牧养奠定了基础。该模式于 2010 年获河南省科技成果奖，不仅得到国内著名专家的高度评价和充分肯定，还得到国务院总理李克强、全国政协主席汪洋及中国科协主席陈章良亲临基地考察指导。

第五节　我国当今践行的鸡福利养殖模式

为了初步摸清我国福利养鸡的现状和正在实施的养殖模式，为了给我国农场动物—肉鸡和蛋鸡福利标准的起草和制定工作提供依据，做到既与国际接轨，又结合中国国情，更符合中国蛋鸡和肉鸡的养殖特色，更重要的是要在此基础上，为我国福利养鸡提供可资借鉴和值得参考的践行于我国现行的好模式、好方法、好经验、好成果。因此，我们组成了来自我国东、西、南、北、中五个方位（山东、重庆、广东、黑龙江、河南）的专家调研小分队，从2016年4月至2017年8月，开展了先后历时16个月的实地调研和考察走访工作，行程15万余千米，涉及15个省市，包括北京、河南、广东、山东、江苏、浙江、湖北、云南、贵州、宁夏、陕西、山西、内蒙古、江西、黑龙江等省市的50多个企事业单位（国有企业、民营企业、科研单位、高等院校及业务管理部门），涉及的鸡种包括蛋鸡、黄羽肉鸡、白羽肉鸡及珍禽的多个鸡种和多种养殖模式。

通过调研，归纳起来，体现在中国各地正在践行的鸡福利养殖大致有七种类型或七种模式。即原生态山林散养模式、类原生态林地散养模式、地面平养模式（薄垫料、厚垫料、发酵床或网上）、半自动化与类原生态相结合的林地散养模式、高床竹片地面舍内平养模式、轮牧式流动鸡舍养殖模式（蛋鸡散养集成系统）、多层立体网上平养模式。本节就各种模式予以概要介绍。

一、原生态山林草地散养模式

（一）原生态山林草地散养模式的定义

原生态山林散养模式，是指在已有且没有经过人为干预的自然生长的原生态树林环境条件下开展的肉鸡或蛋鸡的福利养殖，称之为原生态散养模式。

这里主要包括原生态山林小别墅散养模式、原生态松林散养模式、原生态柏林散养模式、原生态松柏林可移动微型别墅散养模式、原生态林地散养模式——五五三模式、原生态热带雨林散养、原生态草原散养模式。共7种模式。

（二）原生态山林草地散养模式的特点及案例

1. 原生态山林小别墅散养模式　该模式的显著特点是，在未被开发的荒原丘陵山林地带为鸡建起一个个可容纳30多只蛋鸡（30只母鸡配1只公鸡）的小别墅供鸡自由出入于别墅与林地之间，每个别墅内都设有供水、供料、产蛋、栖架、沙浴及离地的网上（板条）地面系统。如河南柳江在河南、贵州、北京等地的生态牧业有限公司正是该模式的成功探索和实践。正由于该模式的特色非常鲜明，让生活在该企业的数万只蛋鸡享受着高标准的福利待遇，如前所述：住的是林间别墅；息的是原木栖架；吃的是有机原粮套餐；喝的是天然矿泉水；吸的是森林天然氧吧；听的是班得瑞轻音乐；洗的是沙浴池；伴的是公鸡；行的是依依芳草地；补的是山间虫虫草草。因此，在 2017 年 6 月 28 日世界农场动物福利协会在英国伦敦举行的 2017 农场动物福利奖全球颁奖仪式上，河南柳江集团贵州生态牧业有限公司荣获国际最高奖五星级金蛋奖，该公司代表中国把中国的福利养鸡走出过门，飞向世界！

2. 原生态林地散养模式 该模式的显著特点是，在未被开发的松树林或杂树林大群散养着地方优良品种肉鸡，可容纳 2 000 只左右鸡并配有料桶、饮水器、栖架及板条地面的简易鸡棚，散布在树林的空当处，所养的肉鸡可以自由自在地出没于阴凉茂盛的松树林与鸡棚之间。由云南荣云泰农业开发有限公司养殖的驰名全国的国家级品种云南武定壮鸡、广东盈富农业有限公司的国家级品种信宜怀乡鸡、及广东南雄市金福实业有限公司的珍禽贵妃鸡就是在这样的福利生态环境中舒适自在地生长着、嬉戏着。

3. 原生态柏林散养模式 该模式的显著特点是，与上述的模式类似，在未被开发的柏树林大群散养着珍禽贵妃鸡，可容纳 1 500 只产蛋母鸡或 3 000 只公鸡并配有料桶、饮水器、栖架、沙浴池及产蛋窝土质地面的简易鸡棚，分布在树林的空当处，所养的产蛋母鸡或公鸡可以自由自在地出没于阴凉茂盛的松树林与鸡棚之间。如贵州铜仁柏里香专业合作社贵妃鸡的柏林散养模式，该合作社名称"柏里香"就是因为鸡养在原始柏树林而得名。

4. 原生态山林移动式微型鸡棚散养模式 该模式的主要特点是，在不宜建较大鸡舍的较陡峭的原生态山林里，安置先组装好的可移动式微型鸡棚，每棚 10 只鸡（1 公∶9 母）。棚底距地面 60cm，四条腿，全木质结构，面积 1.5m²，内有饮水器、喂食槽、产蛋窝及栖架，既可供鸡夜间栖息防兽害，又可白天遮风挡雨，根据植被状况随时可以人工搬动到适宜的山坡林带里。如南京中顺君生态农业有限公司的珍禽贵妃鸡饲养模式正是这种模式的代表。

5. 原生态林地散养模式——五五三模式 该模式的主要特点在于原生态下的五五三，即在荒山林地灌木丛中，一群鸡数量不大于 500 只，一亩地饲养数量不大于 50 只，鸡群更新日龄 300 日龄左右。可容纳 100 只鸡的小型鸡舍内设有产蛋巢、"A"字型多阶梯木条栖架、饮水器及料桶。该模式主要是根据鸡的生物学特性，从提高生态养鸡产品品质和维护生态平衡出发而设定的。要提高生态养鸡的禽产品品质，必须使鸡群有足够的放牧空间，让鸡群充分采食牧草、昆虫，并通过减少饲养密度，提供新鲜空气，减少各种应激，让鸡群生活得愉快，从而生产出高品质产品。放牧养鸡的鸡群活动半径多在 150 m 内。湖北蕲春时珍畜禽专业合作社已成功开展此模式 10 多年。

6. 原生态热带雨林特点的散养模式 云南省西双版纳的气候特点具有酷

似热带雨林的气候生态环境，特殊的生态气候造就了特殊的鸡种，那就是闻名世界的产于西双版纳的品种茶花鸡和产于镇沅的品种瓢鸡。云南昆明云岭广大种禽饲料有限公司，作为负责保护这两个珍贵的国家级品种，在完成国家种质资源有效保护任务的同时，充分利用特殊的酷似热带雨林的原生态条件，践行着茶花鸡和瓢鸡的生态福利养殖，不仅使鸡能尽情享受在我国得天独厚的热带雨林天然生态环境中，任鸡自由自在地活动，自然选择地交配、欢畅自如地沙浴、随意地采食昆虫野果，而且生产出的茶花鸡和瓢鸡蛋肉产品安全优质、放心可靠，不仅达到国家绿色食品的要求，而且实现了原生态高福利养殖，在当地享有极高的声誉，打造出著名的"云岭香"品牌。

7. 原生态草原散养模式　众所周知，内蒙古草原是目前中国最大的草场和最佳的天然牧场，占全国草场面积的 27%，居全国五大草原之首，也是我国重要的畜牧业生产基地和最大的无污染源动物食品基地。内蒙古丰业生态发展有限责任公司正是发挥了天然草原的固有优势，成功尝试了原生态草原散养模式的北京油鸡规模化生产。该模式的最大特点是：

（1）利用得天独厚的天然草原，放养优质肉鸡和蛋鸡，生产无污染的安全鸡肉鸡蛋。

（2）依据草地地形建立规模化散养鸡舍，舍内离开地面设置网床进行网上平养，舍内配备盘式自动喂料线和乳头饮水器自动水线，并配置有栖架和产蛋箱。

（3）舍外是广阔的草原，同时配有饮水采食设施，任鸡运动自由、行动自由、嬉戏自由、公母配对自由。

（4）除了保证鸡在天然草地享受大自然特有的恩赐以外，还开展了黄粉虫、蝗虫等昆虫养殖，通过鸡吃草，鸡吃虫，粪肥田种菜，菜喂虫，虫喂鸡的生物链，形成良性循环的绿色生态养殖链。

（5）所养的公鸡生长到 150 日龄左右作为肉鸡上市，母鸡用于生产优质土鸡蛋，产蛋 1 年后作为优质老母鸡上市。

正由于此模式由该企业在内蒙古乌兰察布市千亩草原上的成功实践并在与北京结对精准扶贫上为当地牧民的增收致富做出了显著成绩，所以 2012 年被确立为北京市农林科学院畜牧兽医研究所养殖北京油鸡示范基地，2014 年产品北京油鸡肉、蛋被评为内蒙古自治区名优特农畜产品，2016 年绣华油鸡、绣华油鸡蛋被评为"内蒙古名片价值品牌""内蒙古名片百佳农特产品品牌"，并在 2017 年参加的北京科技周活动受到国务院副总理刘延东、北京市市委书记郭金龙等领导人的高度赞扬，荣获 2017 年全国科技周暨北京科技周主场最受公众喜爱的科普项目。

二、类原生态林地散养模式

(一) 类原生态林地散养模式的定义

顾名思义，类原生态林地散养模式，是指接近或类似原生态条件，人为创造出适合鸡生存生长产蛋的生态环境条件的林地散养模式。

该模式主要有类原生态——大群网上林地散养模式、类原生态——林地小群散养模式、类原生态——林地中群散养模式。类原生态——林地大群散养模式。

(二) 类原生态林地散养模式的特点及案例

1. 类原生态——大群网上林地散养模式　该模式的显著特点是，结合广东、广西等华南地区四季常青的生态气候条件，在人工栽培的荔枝园、龙眼园、风景树、麻黄松或桉树林，散养着每舍 2 500 只左右的优质肉鸡，鸡舍底部的构造是离地 1.5m 高的竹竿和金属网结合的网上平养，内设饮水器、料盘、产蛋箱等，不论昼夜鸡都可以在鸡舍和果林之间自由出入活动，或栖于树上，或回到舍内，果园内每只鸡的占地面积 3～4m²。

该模式所养的优质肉鸡饲养期一般在 240 日龄，甚至有的 360 日龄以上，但在自由自在的天然散养条件下，地上走，树上飞，鸡的免疫力和体质显著增强，所以才生成真正意义上的健康生态鸡蛋，而不是一般的普通鸡蛋。广东的湛江市山雨生态科技有限公司是该模式的典型代表，在 2017 年 6 月 28 日世界农场动物福利协会在英国伦敦举行的 2017 农场动物福利奖全球颁奖仪式上，该企业的山雨湛江鸡荣获国际四星级金鸡奖和金蛋奖。

2. 类原生态——林地小群散养模式　该模式的显著特点是，结合广东、广西等华南地区四季常青的生态气候条件，在人工栽培的荔枝园、龙眼园、风景树、麻黄松或桉树林，以每 100 只为一单元散养在自由活动的舍内、树上或树荫下，小鸡舍内外配有饮水器、料桶、栖架及沙浴池。此模式是广东和广西普遍存在的优质肉鸡生态养殖模式，并延续了数十年。如广州江丰实业公司在该模式的 10 年应用中已建成若干个标准化生态福利养殖示范推广基地。

3. 类原生态——林地中群散养模式　该模式的显著特点是，根据生态环境优美、山峦起伏、水面碧波荡漾、虫草丰富、空气净度高且含氧量高的自然条件，采用舍内配有厚垫料、食槽、饮水器、栖架、沙浴池及产蛋巢的大棚与林地散养相结合的养殖方式，充分利用周边自然环境中的大片原生林地、树种、草籽、昆虫等，为生态散养鸡提供动植性饲料营养。同时以相当低的饲养密度（每舍 1 000～1 200 只鸡，每只鸡 2～3m² 的空间面积），给鸡提供了能充分自由活动、愉悦生长和生活的高标准福利空间。

此模式正是致力于现代生态循环农业的特色禽类养殖企业——江苏宁创农业科技开发有限公司在其南京冶山贡鸡生态养殖园实施的。该企业张萍董事长——这位国内外鸡福利理论及生态养殖理念的践行者、现代农业专家、阉母鸡特种养殖技术传承人、冶山贡鸡品牌创始人，坚持把"享受福利高待遇、无抗养殖零残留、特色鸡肉赢顾客"作为冶山贡鸡的核心竞争力，使"冶山贡鸡"品牌得到了社会各界人士的大力支持和广泛认可，得到了国际动物福利组织的高度赞誉。在她看来，做农业就是做良心，养好鸡，才能让更多的人吃上好鸡。正因如此，2017 年 6 月 28 日，世界农场动物福利协会在英国伦敦举行的 2017 农场动物福利奖全球颁奖仪式上，由她领导的企业荣获福利养殖最高级别的五星级金鸡奖和金蛋奖，也是同时获双五星金奖的中国两个企业之一！

4. 类原生态——林地大群散养模式　该模式的显著特点是，利用云南海拔较高、空气清新、没有污染的山地条件下种植的茶园作为类原生态环境散养的方式饲养地方品种优质肉鸡，在茶园旁建有可容纳 5 000 只地方品种优质土鸡的鸡舍内外配置有饮水器、料桶、沙浴池，所有鸡可以在茶园的林荫下和鸡舍间自由活动、嬉戏及沙浴，防治疾病可用山上野生的中草药熬药汤喂给。这正是古代传统养鸡防病的传承，所养的优质鸡不仅福利好，而且产品质量安全，不含抗生素。如云南绿盛美地有限公司位于普洱市的普洱茶园养殖基地。

另外，我们考察的浙江新昌宫廷黄鸡繁育有限公司、广东湛江绿韵农业发展有限公司（以产凤梨鸡闻名）与上述的三种类原生态方式雷同，这里就不再细述。

三、地面（或网上地面）平养模式

（一）地面平养模式的定义

地面平养模式，是指把鸡直接放养在地面或单层网上地面并实施全进全出制的方式统称为地面平养模式。主要分为薄垫料地面平养、厚垫料地面平养、发酵床平养、舍内网上地面平养、及室内外结合网上地面平养模式。

（二）地面平养模式的特点及案例

1. 薄垫料地面平养模式　铺设 5cm 左右厚的垫料的地面平养模式，以饲养优质肉鸡为主，舍内设有吊塔式或乳头式自动饮水装置、自动喂料桶、栖架等。此法在我国长江流域特别是华南、华东及华中地区应用较多。如广州江丰实业有限公司、浙江新昌宫廷黄鸡繁育有限公司。

2. 厚垫料地面平养模式　在铺有 10～20cm 的垫料上饲养肉鸡或蛋鸡的方式称之为厚垫料地面，主要用于肉鸡的饲养，舍内设有吊塔式或乳头式自动饮水装置、自动喂料桶、栖架（优质肉鸡设有栖架，快大白羽肉鸡不设栖架）等。此模式通常是在舍内饲养，不设置舍外活动设施（白羽肉鸡为主）。但对于生长较慢的黄羽肉鸡或优质鸡，一般都配有舍外运动场，即：其大小有等同于或 3 倍于鸡舍面积，供鸡自由出入。国内的白羽肉鸡约有 25%～30% 采用此模式，如湖北正大有限公司商品肉鸡养殖场和福喜（威海）农牧发展有限公司商品肉鸡养殖场，这两个企业在 2017 年 6 月 28 日世界农场动物福利协会（CIWF）在英国伦敦举行全球颁奖典礼上，荣获福利养殖三星级金鸡奖。采用此模式养黄羽肉鸡的有如江苏立华牧业股份有限公司等知名企业。

3. 发酵床平养模式　在厚垫料基础上用微生物发酵原理将有益微生物按一定浓度和比例添加于 20～30cm 厚的垫料中，使其发酵产生的细菌作用于鸡所排出的鸡粪而成为分解臭味、减少舍内氨味并能给鸡提供有益微生物的方法，待鸡上市或淘汰时一次性清理鸡舍。舍内配置有乳头式自动饮水器、自动喂料桶（或槽）、栖架、产蛋箱（肉鸡则不需）等，舍外有沙浴池和宽阔的林地运动场。

发酵床的最典型特点和最大优势就在于微生态在生物链上的有效循环利用，具体体现在：①利用有生命力和适应性、有很强的分解能力的微生物 EM菌，通过 EM 菌的活性来分解鸡粪达到鸡粪零排放；②鸡的消化肠道比较短，粪便率还有 70% 左右的有机物没有被分解。粪便如果不及时分解，会变质发臭，粪便被发酵床上的 EM 菌分解后变成菌体蛋白，再被鸡食入补充营养，从而使鸡舍几乎消灭了氨臭味；③EM 菌能够有效的除臭，这是通过分解粪便使舍内氨气降低而减少了臭味，从而又预防了呼吸道疾病的发病率；④节约成本，既不需人工每天清理鸡粪，又节省饲料，鸡粪在发酵床上一般只需三天就会被微生物分解，粪便给微生物提供了丰富营养促使有益菌不断繁殖，形成的菌体蛋白被鸡利用不但补充了营养，还能提高免疫力，节约饲料成本 10%以上。

此模式用于蛋鸡或优质肉鸡的饲养，如河南爱牧农业有限公司就是这一生态福利养殖模式的代表和成功实践者，该企业号称亚洲规模最大的山林发酵床养殖基地，该企业董事长郑好女士被誉为鸡蛋女王，巾帼英雄，她打造的北京油鸡蛋 72 小时慢产蛋荣获 2016 年度中国孕婴童行业妈妈宝宝喜爱品牌。同时，北京绿多乐农业有限公司饲养的北京油鸡也是发酵床生态养殖模式的杰出代表。这两个企业在 2017 年 6 月 28 日世界农场动物福利协会在英国伦敦举行的 2017 农场动物福利奖全球颁奖仪式上，河南爱牧农业有限公司的北京油鸡蛋荣获福利养殖最高奖五星级金蛋奖等，北京绿多乐农业有限公司所养的北京油鸡和油鸡蛋荣获福利养殖最高奖五星级金鸡奖和金蛋奖。

4. 舍内网上地面平养模式　其特点在于把鸡养在离开地面 60～70cm 高的板条（或竹竿）与塑料网结合的单层网上，使鸡不与粪便直接接触，网上配有料桶、吊塔式或乳头式自动饮水器，鸡从进舍的 1 日龄开始至饲养期结束上市期间的一切活动均在舍内的网上，每批鸡出栏后一次性清粪、清洗消毒，控制 15～20 天再进下一批雏鸡。国内 10％～15％的快大白羽肉鸡多以此方式饲养。

5. 室内外结合网上地面平养模式　其特点在于把鸡养在离开地面 60～70cm 高的板条（或竹竿）与塑料网结合的网上，使鸡不与粪便直接接触，舍内配有料桶、吊塔式或乳头式自动饮水器，部分蛋鸡场或优质肉鸡养殖场，除了舍内网上地面平养的基本设施外，还增设有产蛋箱、栖架及户外运动场和沙浴池。如湖北神丹健康食品有限公司利用此福利养殖模式使他们的蛋鸡场在 2017 年 6 月 28 日世界农场动物福利协会在英国伦敦举行的 2017 年农场动物福利奖全球颁奖仪式上荣获福利养殖四星级金蛋奖。

四、半自动化与类原生态相结合的林地散养模式

（一）半自动化与类原生态相结合的林地散养模式的定义

是指在类原生态散养模式基础上，在鸡舍内增设有自动喂料、自动饮水、自动集蛋系统的散养模式。

（二）半自动化与类原生态相结合的林地散养模式的特点及案例

该模式的最大特点是，除了类原生态外，现代化元素包含其中，即在类似原生态的人工种植的大片林地鸡自由自在运动、嬉戏、息凉、觅食虫草树叶、沙浴环境条件下，配套的可容纳 3 000 只左右的优质鸡产蛋母鸡舍内，安装有离地 60cm 高的塑料网格地面（淘汰时一次性清粪）、喂食自动传送带、乳头自动饮水器、与产蛋箱配套的自动集蛋装置、空气质量监控器、栖架等半自动

化系统。可谓半自动化与仿原生态相结合的林地散养模式，这可算一种当前为止比较理想的生态福利养鸡模式，不论蛋鸡或肉鸡均可采用。如北京绿多乐农业有限公司的北京油鸡生态福利养殖基地。

五、高床竹片地面舍内平养模式

（一）高床竹制地面舍内平养模式的定义

由架设在距地面180cm高的高床上的竹制漏缝地面组成的高床平养模式，我们称之为高床竹制地面舍内平养模式。

（二）高床竹制地面舍内平养模式的特点及案例

该模式的主要特点是：

（1）在基本全封闭的现代化大型鸡舍内，装配有离地180cm高的竹制漏缝地面、自动喂料槽、乳头饮水器、自动控温湿、产蛋箱、沙浴池、栖架等用塑料网隔开的每1 000只鸡（1公：9母）为一个单元的蛋鸡福利养殖模式。

（2）鸡在离地1.8m的竹制漏缝高架地面上，使鸡与粪便分离，解决了传统地面平养与粪便接触造成的疾病传播与交叉感染。

（3）这是一种既有现代元素（饮水、饲喂、清粪、环境温度空气控制自动化）又符合鸡的自然天性（如公母鸡在一起自然交配的自由求偶、可自由栖息的栖架、可遮暗的产蛋箱、可沐浴爽身的沙浴池）的蛋鸡福利特色养殖模式。如宁夏晓鸣农牧股份有限公司正是这么运行十多年的典型模式。

六、轮牧式流动鸡舍养殖模式（蛋鸡散养集成系统）

（一）轮牧式流动鸡舍养殖模式的定义

由组装式箱体、照明系统、饮水系统、独立料箱、产蛋房、赶鸡装置等组成的可移动式轮牧蛋鸡散养集成系统，我们称之为轮牧式流动鸡舍，由该系统实施的蛋鸡福利养殖即为轮牧式流动鸡舍养殖模式。

（二）轮牧式流动鸡舍养殖模式的特点及案例

如前所述，该系统属于可移动装置，供蛋鸡轮牧时专用的散养集成系统，其特点体现在：可移动，可轮牧，设施移动方便，地块轮换养殖，保护生态环境。

具体讲，①移动方便，轮流放牧，保证生态环境不被破坏；②光伏太阳能配电装置，补充光源、照明及赶鸡装置；③乳头管线供水系统，保证蛋鸡的饮水安全卫生；④特殊的采食结构，可防潮、防鼠及防饲料浪费；⑤产蛋房，手摇筒集中收蛋，保证清洁度，降低破损率；⑥赶鸡装置，防止蛋鸡在产蛋箱内赖窝；⑦箱体结构——箱体结构采用框架结构，复合 PVC 板，隔热并坚固耐用；⑧底部为镀锌铁网，二层木架供鸡栖息，上层为产蛋箱和集蛋装置；⑨外形尺寸为：6 080×2 150mm，可供 300～350 只鸡栖息和产蛋。

散养蛋鸡集成系统采用了模块化设计，可移动设计，多功能融为一体。可在不同复杂环境下使用。例如：果园、草原、灌丛、山地、花木场、农家乐等地进行可移动轮牧养殖。由于可移动有效保护了养殖地块的植被不被破坏。可充分利用临时不用的土地进行养殖，减少养殖成本。该系统由深圳市振野蛋品智能设备股份有限公司研制生产。目前，珠海市顺明有限公司等多家蛋鸡企业已在成功使用该系统。意愿实施蛋鸡福利散养的企业可根据各自的生态条件和自然环境选择不同型号的集成系统，如 ZYY–100 型、ZYY–300 型、ZYY–600 型。

七、多层立体网上平养模式

（一）多层立体网上平养模式的定义

多层立体网上平养模式，是指采用四层或四层以上立体网上平养在密闭式鸡舍内，按自动化的配置自动喂料、自动饮水、自动通风、自动控光、自动控温湿度和空气质量、传送带自动清粪、自动转鸡的现代化肉鸡养殖模式。

（二）多层立体网上平养模式的特点

主要特点在于从购入雏鸡到上市出栏的全程自动化，期间为鸡提供所需的基本要求，包括饲料、饮水、光照、通风等条件，层与层之间不用网盖，层间距离 75cm，每层隔开的每一小群不超过 80 只。这是目前规模化、集约化快大白羽肉鸡采用的养殖模式，也可算是中国白羽肉鸡产业中的现代化福利养殖模式。国内白羽肉鸡的 30％以上多采用此模式饲养。其代表企业有山东民和牧业股份有限公司。

其实，践行于我国当前的福利养鸡不仅仅限于上述的七种福利养殖模式，虽然我们调研范围覆盖了祖国的东、西、南、北、中五大方位，但时间所限，更没有专项经费，实属不易！祖国的西南边陲的四川和大西北的新疆、西藏及青海以及东南沿海的福建等地均尚未涉及，这些地方将是我们下一步的行动计划。

第五章

中国鸡福利养殖的评价

第一节 鸡福利养殖的评价方法

鸡福利状态的好坏直接关系到鸡和消费者的健康，因此，有必要对鸡的饲养、运输、屠宰环节的福利、健康和管理水平进行客观的评价。评价指标的选择既要有科学依据，又要可用于生产实践。每个指标的选择都是人为根据评价目标而设定，因此，在家禽福利的评价体系中，主观评价和客观评价共存，只能通过不断完善评价指标体系尽量做到客观评价。

一、鸡福利的评价指标

20 世纪末期，欧美发达国家针对不同的农场动物，依据不同的动物福利指标，建立了多种动物福利评价体系。主要包括：动物需求指数评价体系（如 TGI-35 体系、TGI-200 体系）、基于临床观察及生产指标的因素分析评价体系、畜禽舍饲基础设施及系统评价体系、危害分析与关键控制点评价体系和欧盟福利质量计划等方面，但目前，国内外还没有被普遍认可的能全面反映农场动物福利状况的评价体系。

判定鸡福利优劣的指标主要有疾病、损伤、行为和生理指标等。多年来国际通用的做法是利用生理和行为指标评价鸡的福利状况，这两类指标非常有用。但利用行为指标评价时结果带有一定的主观性和不确定性；使用生理指标评价时收集数据需要非常小心，以免测定过程造成二次应激导致结果不准确。受伤和患病鸡的福利要比健康鸡差，影响程度从轻微到严重不等，因此，也可以从疾病预防和控制的角度评价鸡的福利。

（一）行为指标

对周围环境的变化，鸡最初的反应是其行为模式的改变，行为模式的变化也是鸡对环境变化第一个容易发觉的反应。因此，行为学评价作为判定鸡福利状况的指标之一，可以通过观察鸡的行为表现，特别是对异常行为的观察来了解鸡的心理变化，从而判定个体的福利状况。

1. 日常行为学观察 鸡的行为是个体与其有机、无机环境维持动态平衡的手段，是由先天遗传和后天获得复合起来的，是其在长期的生存进化过程中发展形成的。现代商业化的鸡种尽管经过专业化的选育过程，但很多与其原始品种相同的行为并没有消失，如觅食、社交、领地、修饰行为等，为了表达这些行为就要求有表达这些行为的环境条件。

由于外界环境的某种刺激会引起其行为的变化，这些刺激对鸡的状态是否有益需要反复去证实和研究，从而进一步去量化和评定。很多业界人士认为，行为学是鸡体疾病诊断的可靠标准。在健康和福利的状态下，由于满足了机体生理、心理等各方面的需求，鸡就有了充分表达天性的自由，会通过行为表现出自己的愉悦、满足之感。而当机体处于恶劣环境中或染患疾病时，行为就会表现出与之相反的变化。总之，鸡行为的变化是评价鸡健康和福利状态的可靠指标。

鸡的行为反应是个体在日常生活中表现最多而且是最快速的调节环境稳定的手段。维持需要的行为可归纳为八种：反应、采食、自卫、适应、探求、领地、休息和协调。集约化生产方式把鸡限制起来，生存环境日益恶劣，鸡的正常行为得不到满足，生产中就会表现出异常行为，如表现出趴下、鸣叫、停止前进或后退等行为，并寻找适合的地点躺下休息或趴下。当温度升高时，鸡的行为变化更为明显，主要有以下几点：水的消耗增加、采食量下降、活动量减少从而限制热量的产生、翅膀张开以散发热量等。这些行为往往是在受到长期的、严重的压抑、挫折时才会发生。

刻板行为是鸡福利差的主要行为表现之一，是典型的异常行为，即反复的、无目的的机械性的重复某一姿势或动作。测量刻板行为发生的频率和强度，有助于明确鸡的福利与鸡舍环境的关系，当鸡长期受到限制，刻板行为就会出现。

鸡异常行为的表达既不利于生产，也不利于其个体本身。因为大多数异常行为对个体是有害的，会导致个体损伤，例如啄肛、啄羽等，即使一些异常行为对鸡身体无害，也会增加其能量消耗，导致采食量增加、饲料转化效率降低。因此，行为模式的改变可以作为一项福利指标。

鸡的行为可分为状态性行为和事件性行为，状态性行为包括站立、趴卧、走动、采食、饮水、修饰，事件性行为包括啄物、沙浴、啄羽等，具体参见表5-1。

表 5-1　鸡的行为及其定义

行为类别	行为定义
站立	双腿站立且没有表现出定义中的其他行为
趴卧	胸部着地同时没有表现出定义中的其他行为
走动	鸡以正常的运步姿势行走且没有表现出定义中的其他行为
采食	位于喂料器旁边，且头在食物上方或采食食物
饮水	喙部距离饮水器 5cm 以内，且朝向饮水器
修饰	使用喙部轻轻摩擦、翻弄、梳理它的羽毛或使用脚趾轻轻的摩擦翅膀
事件性行为	
啄物	啄击墙壁、喂料器上的金属、鸡喙上的食物颗粒等
沙浴	趴卧时胸部着地，同时颤动翅膀，以此来清洁身体
啄羽	啄或拉扯其他个体的羽毛，并且有时被啄者的羽毛被拉下并被吃掉

2. 紧张性静止行为（Tonic Immobility，TI）　恐惧感严重影响鸡的福利和生产性能，而紧张性静止行为是一种相对于健康、普遍用来评价鸡恐惧感的指标，是鸡在感受到外界刺激时自身的一种适应性反应。如果将鸡的头塞在翅膀下，将其前后左右甩几次，再将其横着或腹部朝上轻轻放置在地面上，鸡常会安静不动地躺着。这时的鸡并不是已昏过去，而是眼睛仍张着，心跳加速，呼吸加快，肌肉完全瘫痪了。这种行为其实是自然的反映，称之为紧张性静止行为。几乎所有动物在极度害怕的情况下，都会产生这种行为。这种现象被达尔文解释为动物的逃生反应。这与动物的害怕有关，因为动物越是害怕越能产生紧张性静止行为，并且瘫痪不动的时间也较长。如今 TI 指标在一些国家被作为一项强制性的指标，例如，在英国如果不会做 TI 实验将不给予办理实验动物许可证。

（二）羽毛质量评分

鸡的羽毛具有良好的隔热效果，能有效地阻止体热散发，因此，羽毛的质量可以间接地反应鸡的福利状况和舒适度。影响鸡羽毛质量的因素较多，如管理因素、营养因素和疾病因素，其中环境的温湿度、空气的污染程度均会对其羽毛质量产生非常大的影响。

羽毛受到损伤将直接导致经济效益下降。同时，掉毛会给鸡体带来痛苦，因为受损的羽毛与伤口极易诱发其他个体参与啄羽和攻击行为，进一步引起皮肤受伤，这些都会导致鸡福利水平的下降和生产力的降低，严重者甚至会导致死亡。已有研究表明：饲料组成、长期的慢性应激、饲养密度过大、环境过度贫瘠等因素都会影响啄羽的发生。传统的羽毛质量评分方法为：对试验鸡的头部、颈部、胸部、背部、翅膀、肛门等几个部位羽毛的损伤程度进行评定，严格按照表 5 - 2 中标准给予评分（Wechsler 和 Huber - Eicher，1998）。

表 5 - 2　鸡羽毛损伤状况评定标准表

评分标准	标准
1 分	羽毛质量良好，无损伤
2 分	羽毛受到损伤，但没有裸露皮肤
3 分	裸露面积少于 3 cm×3cm
4 分	裸露面积多于 3 cm×3 cm
5 分	完全裸露

（三）骨骼发育状况

肉鸡饲养面临的一个最主要的福利问题就是骨骼发育不良易造成腿病的发生，其主要原因是遗传选育和营养改善促进了商品肉鸡的生长率迅速增加，肌肉增长速度加快，而腿部鸡肉的生长速度跟不上身体其他部位的生长速度，庞大的体重超过了骨骼所承受的压力，使其骨骼的生长严重变形。腿部异常的鸡要遭受许多折磨，它们大部分时间都是躺着度过的，同时这些疼痛改变了其行为模式，增加了恐惧的程度，甚至妨碍了肉鸡正常的采食和饮水，这些变化都表明肉鸡的福利在下降。因此评价肉鸡骨骼的发育情况是一个很重要的福利水平指标。

1. 步态评分（Gait scoring, GS）　步态评分是一个被认可的评估鸡行走能力的方法。Kestin 等认为商用肉鸡行走能力较差与育成期的快速生长有关，说明腿部的健康和生长率有极强的相关性。虽然由于福利条件的改善和对跛腿的重视，使步态评分看似为一个相对滞后的指标，但在目前的集约化生产中，它仍是一个判断腿部健康状态的经典方法之一。步态评分的标准如表 5 - 3 所示。

表 5-3　步态评分表

分值	定义
0 分	正常：能够行走，同时可以很好的保持平衡
1 分	轻微的步态缺陷
2 分	有明显的缺陷——不稳，跛行等
3 分	只能在外界的强烈刺激下才能行走
4 分	无法行走

2. 肢体不对称性（Fluctuanting Asymmetry，FA）　　肢体不对称性是目前最普遍用于评价鸡的遗传应激和环境状况的行为学指标参数，也是一个评价个体动物福利和舒适度的指标，它反映了鸡在既定的环境条件下生长状况是否良好，如果个体的生长不能抵抗影响因素，便会导致对称面的两侧发育不同，其特点是右侧与左侧的差值呈正态分布，平均值为零。从适应度的方面来说，肢体不对称性值越大说明鸡的生长环境越差，福利水平越低，对于农场动物肢体不对称性值越大说明生产力越低。但也有相反的报道，这有可能是因为对于肢体不对称性的测量和分析缺乏标准化的设计。

很多时候用来测量肢体不对称性所选择的性状并没有依据，但实验研究往往要依赖这些结果，例如，传统测量应激与肢体不对称性的关系，都是依赖单一性状以及其平均值，这样显得没有说服力，因此联合分析多种肢体性状就显得更有力度，对于检测应激更加可靠，然而，选择性状的最佳组合来估计肢体不对称性值到目前为止还没有引起太多地关注。

肢体不对称性具有一定的遗传稳定性，所以，肢体不对称性的评价多应用于鸡的品种选育上。在蛋鸡品种选育中，肢体不对称性评价所选取的肢体部位有：腿的长与宽、翅膀的长与宽、耳垂面积及脚趾粗细等。肉鸡则选取翅和腿两个部位的宽与长进行肢体不对称性评价。

（四）生理指标

从动物福利学科的出现开始，动物的生理水平就成为了评价动物福利的手段。动物所处环境变化时，动物会对周围环境的改变发生相应的生理变化，而一旦动物无法适应这种变化，就会发生不同程度的应激，动物的福利水平也就随之降低。心率、激素水平和血液中的其他化学物质能表明一个动物正在经历应激的程度，但需要谨慎的解释。

1. 血液指标

（1）血浆皮质酮　皮质酮（Corticosterone）是肾上腺皮质分泌的糖皮质

激素。其作用是抑制肌肉和脂肪组织对葡萄糖的摄取，促进肌肉蛋白质的分解，增强脂肪组织的脂解作用和促进糖异生，为对付应激提供充足的能量，对提高机体抗应激能力，维持生命活动有十分重要的意义。

杜荣和顾宪红报道，当环境温度在 25℃ 以上时，种公鸡血浆皮质酮水平随温度升高而增加。除热应激外，其他应激源对禽类皮质酮的影响也有大量的报道：如限饲可使火鸡血浆皮质酮浓度增加，抓捕、缚脚、运输应激可使肉鸡血浆皮质酮浓度增加，饲养密度、氟烷麻醉等也会对鸡的血浆皮质酮浓度产生一定的影响。

（2）异噬白细胞与淋巴细胞比值（Heterophil to Lymphocyte Ratio，H/L）免疫系统的生物学功能就是对抗原物质发生免疫应答，从而使机体能通过免疫防护、免疫自稳和免疫监视三大机制，来适应多变的外环境，并保持内环境的平衡与稳定。免疫应答是指机体的免疫系统在接触抗原后，抗原特异性淋巴细胞（即指其抗原受体能特异性地识别该抗原）因抗原激发而活化、增殖、分化，表现出一定效应功能的过程。

应激是评价动物福利状态好坏的一个重要方面。现已证明 H/L 比值是比皮质酮更好的应激指标。下丘脑—垂体—肾上腺系统（HPA）激活程度与 H/L 比值相一致，H/L 比值既是 HPA 活性指示指标，也是动物非特异性应激反应指标，而且 H/L 比值相对稳定和持续时间长。

1983 年，Gross 和 Siegel 首先提出用 H/L 比值作为鸡应激指标，之后的研究证明 H/L 比值比单个异噬细胞和淋巴细胞的变化更加敏感。饲料或水的缺乏、营养不良、机体损伤、环境等应激因素都可能引起 H/L 比值的增加。研究发现运输过程中肉鸡的血液中的 H/L 比值明显升高，并随运输环境温度的增加而升高。限饲可以使肉鸡血液中的 H/L 比值降低，蛋鸡换羽（64 周龄）期间 H/L 比值显著增加，氨气浓度增加、电击和热应激使肉仔鸡异噬白细胞显著增加，同时淋巴细胞则显著降低，H/L 比值显著增加，且随着应激源数量增加，H/L 比值也相应升高。

（3）肌酸激酶（Creatine Kinase，CK）　　肌酸激酶是一种器官特异性酶，在细胞能量代谢过程中起重要作用，它参与 ATP 由线粒体进入胞浆的过程，催化该反应的逆反应，使磷酸肌酸由线粒体进入胞浆，这对于维持线粒体的正常呼吸和有氧代谢，避免组织损伤具有重要意义。

环境应激条件下，血液中的 CK 活性升高。当肌肉出现剧烈或发生损伤时，肌细胞膜功能和通透性受到破坏，CK 会释放到血液中，它是骨骼肌损伤的标志，是动物受到应激的重要特征之一，因此，可以和其他指标一同作为福利指标。高温影响鸡血浆中的 CK 活性。热应激使肉鸡血浆 CK 浓度增加。另外有研究报道高温使肉种鸡、蛋鸡血浆 CK 活性显著增加。也有学者研究报道，在 32℃下，2h 应激使肉鸡血浆中的 CK 活性显著增加，而且鸡的日龄越大，CK 浓度变化也越大。运输应激使肉鸡血浆 CK 显著增加。肉鸡血浆 CK 浓度随着运输过程中热负荷增加而显著升高。鸡血液中 CK 的浓度也会受到性别的影响，雄性与雌性肉鸡血液中 CK 浓度具有不同的变化节律，其中母鸡血液 CK 浓度呈昼夜变化，节律与气温变化相一致，而公鸡的变化规律则滞后 8h。

（4）儿茶酚胺类物质 儿茶酚胺类物质同样可以反映应激反应的程度，去甲肾上腺素和肾上腺素在动物受到刺激的 1～2s 即可释放，采血时的刺激会直接影响其浓度，所以这两类激素的取样难度要远远高于皮质醇类激素，去甲肾上腺素和肾上腺素的测量并未实际应用，然而最新的研究显示儿茶酚胺合成酶可用于实际测量。

（5）生长激素 生长激素有垂体腺前叶的亲躯体细胞产生和分泌。生长激素的分泌也受应激的影响，应激状态下生长激素分泌量增加。束缚应激下的生长激素浓度升高是由于 GHRH 释放增加造成的，糖皮质激素也促进生长激素分泌。营养性应激或温热应激均会影响生长激素分泌量。

2. 心率、体温、呼吸率 心率的变化能反映出短期应激对鸡的影响，关键是要区分代谢和情绪的影响，并保证测量本身不会对鸡造成太大的应激。因此，心率测量虽然对于评价福利有一定价值，但单一的心率指标不能准确地反映鸡的福利，只有当与行为数据联系在一起时，心率能提供额外的信息资料，这对于推断鸡的主观感受可能是有用的。

鸡的代谢水平会影响其体温，因此体温在一定程度上能反映鸡的应激状态。处于疼痛或不良应激中的个体可能比通常呼吸快，但一个长时间遭受疼痛的个体，其心率和呼吸可能恢复到正常水平。这些短期影响的信息，多由急性应激时交感神经兴奋引起，对鸡舍环境的长期作用没有太多意义，因此，应慎重使用这些指标。

（五）生产性能指标

生产性能是评价动物福利状况的方式之一。在一定范围内，鸡的生产性能与福利状况成正相关，福利状态好时，鸡可以自由表达其天性，进而发挥最佳的生产性能。在生产过程中，鸡如果不能正常的发育和繁殖，或是其寿命比正常寿命短，则说明鸡的福利状况受到了负面影响。例如，应激能引起鸡日增重和饲料转化率降低从而影响其生产性能。

从福利的角度评定生产性能是多方面、多角度的。人们最初认为动物的福利与生产性能的最大化有关，福利较好的动物其生产性能也会相应的提高。不

过 Mench 报道，某些动物的生产性能很高，但它们可能处于相当差的福利状态。造成福利状态和生产性能相关关系不显著的原因，主要是测量生产性能指标时是以群体为单位的，但是福利问题一般出现在个体身上，而个体对生产性能的影响会在大群中被抵消。因此，生产性能可能不是评价动物福利的最佳方法，但在生产方式的评价中须作为一个参考指标。

（六）脚垫和跗关节损伤

对于肉鸡来说，脚垫损伤（Footpad dermatitis）是一类脚底出现的皮肤炎症，轻者只是皮肤颜色发生改变，出现病灶黑点，严重的会在脚底出现黑色的肿块，甚至是溃疡，而且溃疡面上有分泌物，并被垫料和鸡粪所覆盖。

跗关节损伤（hock bums）指的是家禽跗关节发生皮炎与骨骼变形，严重时会出现跗关节肿胀和皮肤溃烂结痂。

引起肉鸡脚垫损伤和跗关节病变的原因：一是肉鸡的排泄物可使垫料中的水分、氨含量增加，造成对脚部皮肤的"氨灼伤"；二是肉鸡进食量大，生长迅速，庞大的体重对腿脚的压力，加之集约化养殖肉鸡的运动减少，鸡大部分时间处于静卧状态，与垫料接触时间延长，脚垫和跗关节损伤在高体重选育品系和高密度饲养环境下尤其严重。脚垫和跗关节损伤引起肉鸡脚部和腿部不适，大多数肉鸡行走伴有疼痛感，严重影响了肉鸡的福利。

近些年来，许多国家将脚垫和跗关节损伤作为肉鸡福利的一个评价标准，自 1994 年以来在瑞典以及 2002 年以来在丹麦评估肉鸡的脚垫已经成为强制性的，且越来越多的国家正在考虑该系统。

（七）疾病

疾病会导致鸡的福利降低，有些疾病甚至引起鸡的死亡，所以评价鸡疾病的方法对鸡福利研究特别重要。疾病的重要性不但取决于疾病的发生率或死亡率，还取决于疾病的持续时间和患病鸡体验的疼痛或不适宜的程度。当评价饲养阶段鸡的福利时，传染病的发病率和死亡率是重要的评价指标。

在考虑舍饲环境与鸡福利的关系时，与生产相关的疾病对鸡福利的影响较大，主要的疾病有腿病、关节病、肾病、生殖系统疾病、心血管系统疾病、呼吸系统疾病、消化系统疾病等。在每种病例中，对疾病的严重性进行临床观察和分析，再结合该病发生的频率和严重程度对鸡的福利进行评价。

二、鸡福利的评价方法

科学评估鸡的福利还没有一种完美的方法，需要考虑多种因素，采用不同

方法综合评价。下面简要介绍以鸡、生产和消费者为基础的福利评价方法。

（一）以鸡为基础的评价方法

现代畜牧兽医科学提供了许多与鸡福利水平相关的重要指标及其参数。由于影响鸡福利状态的因素很多，因此准确评估鸡的福利水平，需要确定影响鸡福利的众多指标及其参数，根据这些参数进行定性或定量评价。

目前，产蛋率下降、免疫机能下降、皮质酮和催乳素的变化被认为是反映鸡低福利水平的指标，这些指标的测定虽然简单，但它们之间并无协同性变化，其相对重要性也难以确定，因此很难得出准确的结论。同时，伤害性刺激的类型、时间和持续期以及鸡的品种、性别和生理状态都可能会影响鸡对该刺激的反应，在不同时间点测量以及品种和个体之间存在着差异，所以这些因素使评价鸡的福利变得十分困难。

行为参数可以用来评价鸡的福利水平，如刻板行为的发生。这些行为大多可通过监控摄像头进行远距离观察，记录各种行为的发生频率。以鸡为基础的评价方法也会受到诸多限制，需要评价者仔细的设计试验才能得到鸡在各种生产条件下福利状态的有效结果，对所有结果进一步分析后，方能增强该研究的价值。

（二）以生产者为基础的评价方法

饲养环境和管理措施对鸡的福利、生产和健康有重要影响，以生产者为基础的评价方法是测量鸡福利水平最实用的方法，但由于其中包含了较多的主观因素，这一评价方法还需要与相关生理测定数据、家禽健康与疾病发病率结合起来考虑。

（三）以消费者为基础的评价方法

鸡福利问题不仅是畜牧兽医科学领域的问题，还受到消费者的影响。在消费者看来，鸡福利意味着自由放养的鸡蛋或有机鸡肉，还包括一些隐含的信息，如生态环境保护、家禽业可持续发展和食品安全等。

以消费者为基础的评价方法采用调查问卷的方式，询问消费者对于贴有动物福利标签的鸡蛋和鸡肉是否认同，即可得出评价结果，同时，将数据反馈给生产者，从而实施改善鸡福利的措施，扩大经济利益。但这种方法存在一些问题，消费者对鸡福利的了解有限，可能与实际的生产实践脱钩，造成结果的差异。理论上，可以通过向消费者提供关于各种生产系统中的鸡福利问题的精准的科学信息，但并不是所有消费者都能够理解，从而做出正确的评价选择。总之，此类方法多见于测量人类对某一事物的看法，因此，以此用来测量鸡福利水平是会受到限制的。

第二节 蛋鸡福利养殖评价技术

蛋鸡福利的评价可采取直接观测法，如采食量、日增重、皮肤损伤、跛行等，这种评价方法较为客观，但有时还需要主观的评价，如痛苦需要借助适宜的量化模型进行适当的推测。由于蛋鸡福利缺乏统一的定义，且涉及多个学科，各学科的评价角度不同，福利指标的确定缺乏统一标准，加上制定机构间缺乏有效的沟通，从而导致形成的部分标准的一致性差。

中国农业科学院家禽研究所与山东农业大学的研究人员通过对国外家禽福利评价体系及其影响要素的分析，在资料调研、专家咨询和归纳总结已有研究成果的基础上，利用层次分析法（Analytic hierarch process，AHP）建立评价指标体系，采用德尔菲法（Delphi method，Delphi 法）对标准层和指标层评分，建立比较判断矩阵，通过 MATLAB（Matrix Laboratory）软件运算矩阵，计算出各层指标与标准层相对优劣的排序权值，最后，根据总体排序权值，逐级汇总计算原则得分，划分福利等级，以下对此作简要介绍。

蛋鸡养殖过程的福利评价体系主要包括饲喂条件、养殖设施、健康状态、行为模式四个方面，由原则层、标准层和指标层 3 个层级构成，其中原则层有 4 项，标准层有 12 项，指标层有 34 项（表 5 - 4）。

表 5 - 4 蛋鸡福利养殖评价体系

福利原则（权重）	福利标准（权重）	福利指标
良好的饲喂条件（0.2）	1 无饲料缺乏（0.4）	料位
	2 无饮水缺乏（0.6）	饮水面积
良好的养殖设施（0.3）	3 栖息舒适（0.3）	栖架类型与有效长度、红螨感染率、防尘单测试
	4 温度舒适（0.2）	热喘息频率、冷颤频率
	5 活动舒适（0.5）	饲养密度、漏缝地面
良好的健康状态（0.3）	6 体表无损伤（0.3）	胸骨畸形、皮肤损伤、脚垫皮炎、脚趾损伤
	7 无疾病（0.5）	养鸡场死亡率、淘汰率、嗉囊肿大、眼病、呼吸道感染、肠炎、寄生虫、鸡冠异常
	8 无人为伤害（0.2）	断喙

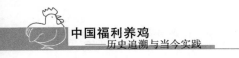
（续）

福利原则（权重）	福利标准（权重）	福利指标
恰当的行为模式（0.2）	9 社会行为的表达（0.15）	打斗行为、羽毛损伤、冠部啄伤
	10 其他行为的表达（0.3）	产蛋箱的使用、垫料的使用、环境丰富度、放养自由度、室外掩蔽物
	11 良好的人鸡关系（0.25）	回避距离测试（ADT）
	12 良好的精神状态（0.30）	新物体认知测试（NOT）、定性行为评估（QBA）

一、饲喂条件

蛋鸡饲喂设施的福利评价包括饲料和饮水的供应是否充分和及时这两个方面。饲料和饮水质量应符合无公害标准（NY5027）的要求，在养鸡场内，可通过每只鸡占有的料槽（或料桶）面积和水线长度（或饮水器数量）进行估测。

（一）饲料供应状态

1. 福利标准　饲料供应充足，无饲料缺乏现象。

2. 评价方法　以采食面积（或料位）作为评价指标。

（1）指标性质：基于设施。

（2）指标测定：根据饲喂器类型，计算现有饲喂器的数量和长度。记录饲喂器类型（圆形或线形），以计算每只蛋鸡的饲喂空间。

盘式饲喂器：计算每个料盘的周长（cm），乘以料盘的数量，再除以存栏鸡数，得到每只鸡的采食长度。

链条式喂料器：测量每一条料线的长度，扣除鸡只无法利用的区域（如拐角处等），计算总长度，然后用总长度除以测定时的存栏鸡数，得到每只鸡的采食长度。

料槽：计算每一个料槽的长度，乘以料槽数量，然后除以存栏鸡数，得到每只鸡占有的采食长度。

（3）指标评分：首先，根据每种类型的饲喂器长度和蛋鸡在不同饲养阶段所应占有的饲喂器长度或数量，计算出所推荐饲养的鸡数（Ns）；然后，计算鸡舍实际饲养数量（Na）与鸡群推荐饲养数量的比值：$P = Na/Ns \times 100$，P

代表鸡舍实际饲养数量与鸡群推荐饲养数量的相符度。该指标满分为100，鸡舍实际饲养数量与鸡群推荐饲养数量相比每超1%，得分减1，直至为零（表5-5，表5-6）。

表5-5 蛋鸡采食面积与饮水面积评估

品种	采食面积		饮水面积	
	生长期	产蛋期	生长期	产蛋期
海兰褐[1]	5cm/只或50只/料盘	10cm/只或7.6cm/只	笼养：2.5cm 或 1个/8只平养：水槽2cm/只或乳头饮水器15只鸡1个或钟形饮水器150只鸡1个	乳头饮水器：2个/笼水槽：2.5cm/只
白壳蛋系[2]	100只3个		水槽1.9cm/只乳头饮水器：10只鸡1个	
褐壳蛋系[2]	100只4个		水槽1.9cm/只乳头饮水器：10只鸡1个	
欧盟		10cm/只		

注：[1]引自海兰褐蛋鸡饲养手册；[2]引自杨宁主编，家禽生产学（第二版），中国农业出版社，2010.

表5-6 蛋鸡福利饲喂设施评分表

P 值	≤100	120	140	160	180	≥200
评分	100	80	60	40	20	0

3. 饲料供应状态评分 本标准只有采食面积（料位）1个评价指标，其得分即为本标准得分。

4. 福利改善方案 该项指标福利评分如果低于95分，应考虑采取以下技术措施进行改进：

（1）提供充足的饲喂设备，如链式饲喂器、圆形料桶或盘式喂料器等，供料系统经常检查、维护、规范操作。

（2）适当降低饲养密度，达到品种的相关要求。

（3）根据鸡群的生长发育阶段、生产水平、生理状况、环境因素等，调整日粮配方，达到营养的供需平衡。

（4）同时考虑日粮的体积与采食量及饲料的形状（粉料、颗粒料等）确定适宜的饲喂时间、次数等。

此外，在提供充足饲喂设施的同时，应注意饲料的营养平衡和卫生，无霉

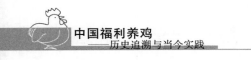
菌毒素、沙门氏菌和重金属污染等。

（二）饮水状态

1. 福利标准 饮水供应充足，无饮水缺乏现象。

2. 评价方法 以饮水面积作为评价指标。

（1）指标测定：根据饮水器类型，计算舍内饮水器的总数或总水线长度。

乳头饮水器：计算每米内的乳头饮水器数量，乘以水线总长（m），再用总鸡数除以乳头饮水器总数（只/乳头饮水器）。

钟式饮水器：计算每个钟式饮水器的周长，乘以钟式饮水器总数，再除以测定时的总鸡数（cm/只）。

（2）指标评分：根据每种类型的饮水器数量和每种饮水器所推荐饲养的鸡数或每只鸡应占有的饮水设施数量（表5-5），计算实际拥有的全部饮水器所推荐饲养的鸡数（Ns）；然后计算鸡舍实际饲养数量（Na）与鸡群推荐饲养数量的比值：P＝Na/Ns×100，P代表鸡舍实际饲养数量与鸡群推荐饲养数量的相符度。该指标满分为100，鸡舍实际饲养数量与鸡群推荐饲养数量相比每超1%，得分减1，直至为零（表5-6）。

3. 饮水状态评分 本标准只有饮水面积1个评价指标，其得分即为本标准得分。

4. 福利改善方案 该项标准得分低于95分，应考虑进行以下技术改进：一是提供充足的饮水设备，如水槽、乳头饮水器和钟形饮水器等。二是在夏季，为保证充足的饮水供应，可考虑适当增加每只鸡所占有的饮水设施数量或降低饲养密度。三是经常检查乳头是否阻塞、水量是否充足，定期清理供水系统，核查电力供应，防止鸡场因意外事故而断水。四是水线应每日进行冲洗、消毒，防止污染。此外，应控制水质（矿物质含量与微生物污染），饮水应符合饮用水的卫生标准，水质良好。

（三）饲喂条件总体评分

根据饲料供应状态和饮水供应状态两个标准得分，乘以相应权重，计算本原则得分。本项原则的得分应尽量接近满分，如果福利评价得分低于95分，分别按照前述措施进行技术整改。

二、养殖设施

蛋鸡养殖设施的福利评估，包括栖息状态、冷热状态和运动状态三个方面。蛋鸡舍内环境应符合NY/T 388—1999的相关要求。

（一）栖息状态评价

1. 福利标准　栖息舒适。

2. 评价方法　包括栖架类型和有效长度、红螨感染率、空气灰尘含量三个评价指标。

（1）蛋鸡栖架类型和有效长度。

指标性质：基于设施。

指标测定：在散养模式中，应尽量考虑蛋鸡的生物学习性，提供栖架等饲养设施。如果没有栖架饲养设施，则该项不进行评价，该项指标得分为零。

首先，检查栖架形状，记录上面是否有锋利的棱角（如木制长方形栖架的锐型边缘，圆形木质栖架则较为理想）。然后，检查栖架的利用率。最后计算栖架的有效长度：A 型栖木构架，需要计算每个 A 型支架上的栖木数量，乘以栖木长度，记录 A 型支架的数量，计算舍内栖木总长；多层栖架系统，记录每一层的栖木长度和栖木数量，计算栖木总长度。

每只鸡所占有的栖木长度。用每一个鸡笼或全栋鸡舍内栖木总长度除以鸡笼或鸡舍内的鸡数，得到单位鸡只的栖木长度（cm/只）。

指标评分：本指标评价包含栖木类型、休息区栖木使用率、单位鸡只的栖息面积三个方面，其权重分别为 0.2、0.4 和 0.4。首先，按照表 5-7 中三个方面进行评分，然后乘以相应权重，计算本指标得分：

表 5-7　栖架设施福利评分表

栖木类型	评分	栖木使用率（%）	评分	栖木长度（cm/只）	评分
边缘锐度大	≤60	100	100	≥15	80
边缘锐度适中	60～80	75	80	10～15	60～80
边缘网滑	>80	50	60	5～10	40～60
		25	40	<5	<40
		0	<20		

栖架类型与有效长度得分＝栖木类型×0.2＋休息区栖木使用率×0.4＋单位鸡只的栖息面积×0.4

（2）红螨感染率。检查舍内设备和鸡群身上是否有红螨（鸡皮刺螨），红螨常在栖架下面或某些缝隙里出没。具体方法是利用刀片等刮栖木中的裂纹或裂缝，检查是否存在红螨（或将一张白纸放在栖架下面，然后敲打栖架，观测是否有红螨落在纸上）。情况严重者可以清楚地看到成团、成堆的红螨，而且可以在鸡蛋壳表面观测到血斑。其次，彻底检查蛋鸡全身，尤其是鸡冠以及腿部和胸部皮肤，以确认是否有红螨存在（如有可能也可检测鸡舍内存在的死鸡）。

鸡群与鸡舍红螨感染程度划分：0：鸡身上和鸡舍内均未发现红螨；1：鸡身上或鸡舍内发现红螨，但数目不大，直观上并不明显（例如，鸡身上没有或含有少量的红螨，鸡舍内发现红螨，但仅在缝隙里，感染的地方不多，数量也不大）；2：鸡身上和/或鸡舍内发现大量红螨，红螨数量大，清晰可见。

指标评分：根据鸡群和鸡舍检查结果，评定蛋鸡福利得分，0~2级别分别为100、50和0分。

（3）舍内空气灰尘含量。指标测定：使用一张 A4 大小的黑色纸进行鸡舍内灰尘数量的测试。具体方法是进入鸡舍后，将纸张放在一个平板上，置于鸡舍两端及中间部位的鸡笼上面（平养鸡群，则置于鸡群的活动区域内，并离喂料斗、料槽或其他产尘设备较远的地方，并注意不要让鸡只碰到）。放置30min 后，观测纸张上的灰尘数量。

指标评分：对纸张上的灰尘数量按0~4级进行评定，0：无；1：很少；2：略有覆盖；3：很多；4：完全看不出纸张的黑色。其对应的福利分值（所测定位点的结果求平均值后）分别为100、75、50、25 和 0分。

3. 栖息状态评分　本标准包括栖架类型和有效长度、红螨感染率、空气灰尘含量三个评价指标，其权重分别为 0.4、0.3 和 0.3。根据各指标得分，乘以相应权重，计算本标准评分。

栖息状态福利得分＝栖架状态得分×0.4＋红螨感染率得分×0.3＋空气灰尘含量得分× 0.3

4. 福利改善方案　鸡舍内的灰尘含量应控制在 4mg/kg 以内，符合（NY，T 5043—2001）的要求。该标准得分低于 80 分时，需要采取以下技术措施：

（1）散养模式中，应考虑蛋鸡的生物学习性，提供栖架等饲养设施。

（2）在采用栖架饲养模式时，必须注意栖架的材质和结构，保证较好的卫生状况，鸡舍定期进行消毒。

（3）鸡舍空置时间应满足防疫的要求，通过空舍、消毒等措施切断红螨重复感染的途径。

（4）发生红螨感染时应及时对鸡舍的死角、设备、墙体缝隙喷洒杀虫剂，彻底灭虫。

（5）在使用粉料饲喂时，注意在饲料中适当添加油脂（1%~2%），减少饲料粉尘。

（6）注意检查调整喂料行车的工作状态，避免粉尘污染。

（7）合理组织鸡舍内的通风换气，并考虑安置喷雾除尘装置，定时除尘。

（8）采用地面平养或垫料饲养时，注意调整鸡舍内的湿度（50%～60%）和地面及垫料的湿度，防止产生灰土。

（9）安装喷雾除尘等设施，每日定时除尘。

（二）冷热状态评价

1. 福利标准　温度舒适，无热喘和冷颤现象。

2. 评价方法　包括热喘息率和冷颤率两个评价指标。

（1）热喘息率。指标测定：热喘息的定义为呼吸短促、加快。高温可导致蛋鸡热喘息，持续出现热喘息表明鸡舍的温度偏高。观测方法是观察整个鸡群（包括鸡舍两端和中部），估测热喘息蛋鸡的百分率。

指标评分：对所有位置所观察到的热喘息率求平均值，然后根据热喘息蛋鸡所占的百分率对温度的舒适程度进行评分。

没有蛋鸡热喘为 100 分；少数蛋鸡热喘为 80 分；接近一半的蛋鸡热喘为 60 分；超过一半的蛋鸡热喘为 40 分；75% 以上的蛋鸡热喘为 20 分；所有蛋鸡都热喘为 0 分。

（2）冷颤率。指标测定：当蛋鸡感到寒冷时常聚集成堆，沿墙脚、笼边紧密相靠，呈蜷缩状态，在栏舍、鸡笼中心区域鸡的分布较少。这种"扎堆"现象与鸡在休憩时的正常"分群"不同。鸡群出现长时间地蜷缩则表明鸡舍的温度偏低，这在育雏阶段及冬季发生的可能性较大，在放养、无供暖设施条件下，冬季较为常见。具体估测方法是计算鸡群中因冷而呈"蜷缩"或"扎堆"在一起的蛋鸡数。

指标评分：根据蜷缩蛋鸡所占的百分率对温度的舒适程度进行评分。

没有蛋鸡蜷缩为 100 分；少数蛋鸡蜷缩为 80；接近一半的蛋鸡蜷缩为 60；超过一半的蛋鸡蜷缩为 40；75% 以上的蛋鸡蜷缩为 20；所有蛋鸡都蜷缩为 0 分。

3. 热状态评分　本标准包括热喘息率和冷颤率两个评价指标，其权重分别为 0.5 和 0.5。根据各指标得分，乘以相应权重，计算本标准得分：

冷热状态福利得分＝热喘息状态福利得分×0.5＋寒冷状态福利得分×0.5

4. 福利改善方案　该标准得分如低于 90 分，表明如果鸡群经常出现热喘息或扎堆现象，提示鸡舍温度控制系统存在问题。需要检查供暖设施或降温设施的工作状态和温度分布是否均匀，可通过提高供暖或降温设施的功率以及通过适当增加或减少饲养密度的方法作为补充措施。

(三) 运动状态评价

1. 福利标准 活动舒适。

2. 评价方法 包括饲养密度和漏缝地面（或垫网）2 个评价指标。

（1）饲养密度。指标测定：测定鸡舍内鸡群能够使用的净面积。该数据可实际测量或采用养鸡场提供的数据。

平养鸡舍：测定垫料区面积和漏缝地面面积（长×宽，m^2）。通常，固定设施（饲喂器、饮水器和栖架）的面积包含在总面积里面，无需刨除，但是需要扣除产蛋箱所占面积（不包括室外放养场地面积）。该面积包括了鸡群能够利用的鸡舍阳台等设施。

笼养鸡舍：测量一个鸡笼的笼底面积，然后乘以鸡笼总数。用鸡笼总有效笼底面积除以总鸡数，得到饲养密度（cm^2/只）。

指标评分：将实测饲养密度（Da）与品种所要求的饲养密度相比较，计算蛋鸡的活动舒适度评分。

首先，计算出鸡舍内的蛋鸡实际饲养密度（Da），然后根据蛋鸡品种和采用的饲养标准（表 5-8）确定每只鸡应有的饲养密度（Ds），计算鸡舍实际饲养密度（Da）与鸡群推荐饲养密度（Ds）的比值：$P=Da/Ds×100\%$，P 代表鸡舍实际饲养密度与鸡群推荐饲养密度的相符度。该指标满分为 100，鸡舍实际饲养数量与鸡群推荐饲养数量相比每超 1%，得分减 1，直至为零。

表 5-8　蛋鸡饲养密度

	笼底面积（cm^2/只）	地面（或垫网）面积（cm^2/只）
海兰褐蛋鸡	生长期：310 产蛋期：450～550（欧盟标准） 或 432～555（美国标准）	生长期：835
商品蛋鸡	育雏期：167～250 育成期：625～667 产蛋期：轻型蛋鸡 380 中型蛋鸡 480	育雏期：333～400　育成期：833～1 000 产蛋期：地面平养时，轻型蛋鸡 1 587，中型蛋鸡 1 852；网上饲养时，轻型蛋鸡 909，中型蛋鸡 1 176
欧盟	富集笼养模式：600	散养模式：250

[1] 引自海兰褐蛋鸡饲养手册；
[2] 根据杨宁主编，家禽生产学（第二版）换算，中国农业出版社．

（2）漏缝（网状）地面。指标测定：漏缝地面（或网状地面）便于粪便的清理和保证鸡体的清洁，但是影响蛋鸡的行走，因此，漏缝地面所占饲养面积的比例影响到蛋鸡的运动状态。测量与鸡群可利用面积有关的所有漏缝地面

（木制或塑料条缝地板以及垫网区）。用漏缝地面总面积除以鸡群可以利用地面的总面积，计算漏缝地面所占的百分比。

指标评分：本指标满分为100，漏缝地面占鸡群可利用面积的百分比或垫网型漏缝地面所占的百分率（P）每升高1%，得分降低1，直至为20分。同时考虑漏缝地面或网状地面的孔径和材质，漏缝（网状）地面应坚实、孔径适中，不宜过大。如果材料存在地面支持不坚实、网孔大，鸡只行走时存在颤动、漏陷等现象时需对P值进行修正（修正系数为：网面坚实、空间适中，系数为1；网面支撑松软、网孔大，存在行走颤动现象，系数为1.5）。

3. 运动状态评分　本标准包括饲养密度和漏缝地面2个评价指标，其权重分别为0.6和0.4。根据各指标得分，乘以相应权重，计算本标准得分。

运动状态福利得分＝饲养密度福利得分×0.6＋漏缝地面福利得分×0.4

4. 福利改善方案　在笼养模式中，该标准的得分不应低于60分，在散养模式中，该标准不应低于80分。低于上述得分则需考虑以下技术措施：一是降低饲养密度，保证鸡只有充足的休息和活动空间。笼养模式下需要减少每个笼内的鸡只数或每栋鸡舍内的鸡只数。二是在地面饲养模式中，可考虑适当增加垫料区域的面积。三是采用坚实的垫网材料，降低颤动的程度，并减小漏缝地面的缝隙、孔径、间隙等。

（四）养殖设施总体评价

根据栖息状态、冷热状态和运动状态3项标准得分，乘以相应权重，计算本原则得分。

养殖设施福利得分＝栖息状态福利得分×0.3＋冷热状态福利得分×0.2＋
运动状态福利得分×0.5

笼养模式下该原则的得分低于60分，散养模式下该原则得分低于80分时，应考虑对鸡舍饲养设施进行整改。设施改造包括饲养密度、供暖与降温设施、栖架设置和材质、漏缝地面或网状地面的材质及支撑设施等。

三、健康状态

健康状态是蛋鸡饲养成败的关键，也是蛋鸡福利水平重要体现。主要从以下三个方面评价。

（一）体表状态

1. 福利标准　要求体表无损伤。

2. 评价方法　包括龙骨畸形、皮肤损伤、脚垫皮炎和脚趾损伤4个指标。

（1）龙骨畸形：正常情况下，蛋鸡龙骨平直，不倾斜，无球形隆起、弯曲及其他异常。龙骨异常通常是由形状不规则的栖架、骨骼断裂后愈合或龙骨脱钙引起的。任何形态上的异常变化都可视为龙骨畸形。检查蛋鸡胸部时，既可在无毛区用肉眼进行观察，也可用手指沿龙骨边缘触摸。

在对鸡群进行评定时，可将鸡群圈到一块，也可在舍内不同位置随机抓100只蛋鸡，抽样点的数量取决于鸡群的饲养方式和分栏（笼）数，笼养蛋鸡要从鸡舍的不同区域以及不同笼层挑选鸡只，观察其龙骨并进行触摸，对其进行评定：0：龙骨笔直，无倾斜、弯曲和增厚等异常；2：龙骨扭曲、变形（包括增厚）。

该指标评分可根据龙骨轻度畸形（A，评分为 0.5～1）和重度畸形（B，评分为 2）的蛋鸡百分比，计算鸡群的龙骨健康指数：

$$I= [1- (A×0.5+B×1)] ×100\%$$

其中，龙骨轻度畸形和重度畸形的两类蛋鸡的权重分别为 0.5 和 1。

该指标满分为 100，I 值每降 1%，得分减 1，直至为 0（表 5-9）。

表 5-9　龙骨异常状态评分表

I 值	100%	80%	60%	40%	20%	0%
评分	100	80	60	40	20	0

（2）皮肤损伤：皮肤损伤是指那些尚未愈合的创伤。当点状的啄痕或划痕等有 3 处甚至更多类似的伤痕时，予以计入皮肤损伤评分范围。

检测方法：随机抓取 100 只蛋鸡［抽样点的数量取决于鸡群的饲养方式和分栏（笼）数。对于笼养蛋鸡需要从鸡舍不同区域以及不同笼层挑取鸡只］，目视鸡冠、后躯以及腿部，按以下要求对蛋鸡进行评定：

A：无损伤，仅有少量（不足 3 处）点状啄痕（伤痕直径＜0.5cm）或划痕；B：至少有一处损伤直径＜2cm 或有超过 3 处啄痕、划痕；C：至少有一处损伤直径≥2cm。

指标评分：根据皮肤轻度损伤（B）和重度损伤（C）的蛋鸡百分比，计算鸡群的皮肤健康指数：

$$I= [1- (B×0.5+C ×1)] ×100\%$$

其中，皮肤轻度损伤和重度损伤的权重分别为 0.5 和 1。

该指标满分为 100，I 值每降 1%，得分减 1，直至为 0。

（3）脚垫皮炎：正常蛋鸡鸡爪应具有光滑的皮肤，无创伤或异常。垫网地面可导致足底形成硬块或上皮细胞增生（增厚）。炎症或皮肤损伤可引起足部肿胀，称为趾瘤病。病鸡得病初期足部轻微肿大，后期严重肿胀，成球形。目前，趾瘤病的病因尚不明了，栖架设计、卫生学和遗传因素可能都有影响。

检测方法：随机抓取 100 只蛋鸡，观察双足，按以下标准进行评分：

A：足部完好，没有或仅有轻微的上皮增生；B：上皮坏死或增生，患慢性趾瘤病（没有或中度肿胀）；C：肿胀（从背面清晰可见）。

指标评分：根据脚垫轻度损伤（B）和重度损伤（C）的蛋鸡百分比，计算鸡群的脚垫健康指数：

$$I = [1-(B \times 0.5 + C \times 1)] \times 100\%$$

其中，脚垫轻度损伤和重度损伤的两类蛋鸡的权重分别为 0.5 和 1。该指标满分为 100，I 值每降 1%，得分减 1，直至为 0。

（4）脚趾损伤：饲养过程中蛋鸡脚趾可被笼底或网状地面等卡住、夹伤，甚至折断。随机检查 100 只蛋鸡的脚趾状态，进行福利得分评定。评定标准为：A：没有脚趾损伤为 100 分；B：患脚趾损伤的鸡不足 3 只为 50 分；C：患脚趾损伤的鸡等于或大于 3 只为 0 分。

3. 体表状态评分　本标准包括龙骨畸形、皮肤损伤、脚垫皮炎和脚趾损伤 4 个评价指标，其权重分别为 0.25、0.25、0.25 和 0.25。根据各指标得分，乘以相应权重，计算本标准得分。

体表状态福利得分＝龙骨畸形福利得分×0.25＋皮肤损伤福利得分×0.25＋脚垫皮炎状态福利得分×0.25＋脚趾损伤福利得分×0.25

4. 福利改善方案　本标准得分如低于 70 分，则需分析原因并考虑以下技术与管理措施：一是改善笼具规格、制作材料，减小底板间隙，提高管理水平，并寻求笼养替代方式，如改换自由散养、舍内垫料平养和改良型笼养等。二是对于因鸡群相互攻击造成的体表损伤，则需考虑增加鸡舍或鸡笼内环境的丰富度，或降低饲养密度。

（二）疾病状况

1. 福利标准　没有疾病。

2. 评价方法　包括死亡率、淘汰率、嗉囊肿大、眼病、呼吸道感染、肠炎、寄生虫、鸡冠异常 8 个评价指标。

（1）死亡率：根据养鸡场的工作记录，将入舍鸡只数量记为 A，将一个生产阶段内（或一个生产周期内）死亡的鸡只数量记为 M，则死亡率（%）＝（M/A）×100%。该指标不单独计算得分。

（2）淘汰率：淘汰鸡是指养鸡场的管理人员出于疾病控制的目的或因鸡跛行、体弱和患病而淘汰的鸡只（不包括死亡的鸡）。根据养鸡场的工作记录，将入舍鸡只数量记为A，某一阶段内（或一个饲养周期内）被淘汰的活鸡数量记为C，淘汰率（％）＝（C/A）×100％。该指标不单独计算得分。

（3）嗉囊肿大：嗉囊肿大是指嗉囊因充满液体和食物而膨胀的现象。检测方法为，随机检查100只蛋鸡，依据嗉囊肿大的蛋鸡数量，对蛋鸡进行等级评定：0：没有嗉囊肿大；1：嗉囊肿大的鸡不足3只；2：嗉囊肿大的鸡等于或大于3只。该指标不单独计算得分。

（4）眼病：这项指标是从眼病角度评估鸡群，眼睛病变包括眼睑和眼睛周围皮肤肿胀、眼皮粘连、有分泌物流出等。评分方法是随机抽检100只蛋鸡，依据患眼病的蛋鸡数量，对蛋鸡进行等级评定：0：没有眼病；1：患眼病的鸡不足3只；2：患眼病的鸡等于或大于3只。该指标不单独计算得分。

（5）呼吸道感染：呼吸道感染导致鸡只呼吸困难，有明显呼吸音。评分方法是随机抽检100只蛋鸡，依据患呼吸道感染的蛋鸡数量，对蛋鸡进行等级评定：0：没有呼吸道感染；1：患呼吸道感染的鸡不足3只；2：患呼吸道感染的鸡等于或大于3只。该指标不单独计算得分。

（6）肠炎：肠炎包括肠道感染和消化代谢异常，通常导致粪便性状改变，如粪便变色、液体含量增多、腹泻等。最终评分既基于对100只蛋鸡的检查，也基于评估者在鸡舍内做其他测量工作时的肉眼观察。

依据患肠炎的蛋鸡数量，对蛋鸡进行等级评定：0：没有肠炎；1：患肠炎的鸡不足3只；2：患肠炎的鸡等于或大于3只。该指标不单独计算得分。

（7）寄生虫感染：禽类易感染多种寄生虫，包括虱子、螨类、蜱虫、跳蚤和肠道球虫等。寄生虫一方面可以寄生在鸡的体表（螨类和虱子），也可以寄生在体内（肠道蠕虫）。检查鸡舍门窗上是否能看到跳蚤（它们经常在那里排泄粪便）；随机检查100只蛋鸡的体表，查看是否存在虱子和螨虫等外寄生虫感染；通过检查粪便，看是否存在球虫感染。

群体水平上评定：0：门窗上没有跳蚤粪便；2：门窗上有跳蚤粪便。个体水平上评定：0：没有寄生虫；2：有寄生虫。该指标不单独计算得分。

（8）鸡冠异常：正常鸡冠呈均匀的红色，没有创伤或擦伤。随机抽取100只蛋鸡进行检查，除了啄伤（需要单独评估），其他冠部损伤也需要评估。需要注意，在产蛋高峰期，鸡冠可能会略显苍白，但若鸡冠非常苍白的话，可能是贫血征兆。在群体水平上评定：0：鸡冠无异常；1：鸡冠异常的鸡不足3只；2：鸡冠异常的鸡等于或大于3只。该指标不单独计算得分。

3．疾病状况评分　本项目可分为4类，即：嗉囊肿大、呼吸道感染和肠炎；眼病、鸡冠异常；寄生虫；死、淘率。根据上述指标的阈值，确定相关预警值和警戒值。

将每一病症的发生率与其预警值及警戒值进行比较。在每一类病症内，当有一种病症的发生率超过警戒值时，该类疾病的发病情况视为严重等级（A）；当有一个病症的发生率超过预警值但没有超过警戒值时，视为中等等级（B）；除以上两种情况，其余皆为正常。中等等级发病率的福利权重为0.5，严重等级的权重为1。

根据表5-10中4种病症发病情况和死、淘率情况（严重A和中等B的数量），计算鸡群的健康指数（I）：

$$I = [1 - (A \times 1 + B \times 0.5) / 4] \times 100\%$$

该标准满分为100，I值每降1%，得分减1，直至为0（表5-9）。

表5-10 蛋鸡疾病状态阈值

指标	测定值	预警值 T_1	警戒值 T_2
嗉囊肿大	M_0	3	5
眼病	M_1	3	5
呼吸道感染	M_2	3	5
肠炎	M_3	3	5
寄生虫	M_4	门窗上有	门窗和鸡体都有
鸡冠异常	M_5	3	5
合并考虑死淘率（淘汰率和死亡率）			
淘汰鸡占死淘鸡的比重<20%时	M_{6a}	3	6
淘汰鸡占死淘鸡的比重<20%～50%时	M_{6b}	3.5	7
淘汰鸡占死淘鸡的比重>50%时	M_{6c}	4	8

注：T_1、T_2为观察到的每一种病症的鸡只数或死淘率。

4. 福利改善方案

对于死淘率高、发病率高的鸡群，需要采取以下措施：

（1）加强全场的生物安全措施，检查鸡场的卫生防疫设施、隔离设施、人员消毒和车辆消毒设施是否齐全，防疫措施执行是否严格。

（2）检查饲养管理中是否存在漏洞，如饲料污染、鼠害、野生动物进入鸡舍等问题，建立定期消毒和消灭老鼠、蚊蝇等有害动物的制度，及时堵塞漏洞。

（3）核实免疫程序是否妥当，所使用的疫苗来源及免疫时机是否妥当。

（4）检查鸡舍环境控制及管理存在的问题，如舍内有害气体（NH_3）、粉尘和病原微生物浓度。

（5）建立定期抗体监测制度。

（三）人为伤害

1. 福利标准　无人为伤害。

2. 评价方法　以蛋鸡断喙情况作为评价指标。

（1）指标测定：断喙不当会对蛋鸡造成鸡喙异常的永久伤害。随机抽取 100 只鸡，观察鸡喙两侧。按以下方法评分：A：未断喙，喙部无异常；B：轻中度断喙，喙部轻度异常（或未断喙，但喙天生异常）；C：重度断喙，喙明显异常。

（2）指标评分：根据所观察的 100 只鸡的喙部状态轻度异常（B）和重度异常（C）的蛋鸡百分数，计算鸡群的喙部健康指数：

$$I＝[1－（B×0.5＋C×1）]×100\%$$

其中，鸡喙轻度异常和重度异常的两类蛋鸡的权重分别为 0.5 和 1。该指标满分为 100，I 值每降 1%，得分减 1，直至为 0（表 5-9）。

3. 人为伤害评分　本标准只有蛋鸡断喙情况 1 个评价指标，其得分即为本标准得分。

4. 福利改善方案　本标准得分低于 85 分时需要考虑以下技术与管理措施。

（1）尽量采用先进、无痛的断喙机器进行断喙（如红外线断喙技术），提高喙型的适宜度。

（2）调整断喙日龄、时间和操作规程，培训断喙操作技术人员，提高技术熟练度。

（3）对于喙型存在问题的蛋鸡，集中饲养，观测其采食与饮水行为，适当调整水线和料槽高度，并适当降低饲养密度。

（四）健康状态总体评分

根据体表损伤、疾病状况和人为伤害 3 个标准得分，乘以相应权重，计算本原则得分。

健康状态福利得分＝体表损伤福利得分×0.3＋疾病发生情况福利得分×0.5＋人为伤害情况福利得分×0.2

当该福利原则的得分低于 90 分时，需要密切观察鸡群状态，并采取以下管理与技术措施：

1. 核查饲养设施的损坏情况，加强维护。

2. 核查卫生防疫设施与消毒设施的完备情况，检查卫生防疫制度的健全与执行情况，堵塞管理中的漏洞。

3. 核查免疫程序及免疫效果。

4. 考虑更新断喙设施。

5. 检测鸡舍卫生环境状况，核查饲养密度和采光情况，如存在饲养密度大、光照强度大等问题应采取相应措施。

四、行为模式

异常行为的出现意味着饲养过程中存在有限制正常行为表达的因素。蛋鸡行为模式评价包括社会行为表达、其他行为表达、人—鸡关系和精神状态 4 个方面。

（一）社会行为表达

1. 福利标准　能够正常表达社会行为。

2. 评价方法　包括打斗行为、羽毛损伤和冠部啄伤 3 个评价指标。

（1）打斗行为：打斗行为是指鸡只之间相互进行的争斗、打斗及追斗等行为，常常伴随着鸡只尖叫。评价方法是观测鸡群中是否存在打斗行为，0：无打斗行为；1：有较少的打斗行为；2：有较多的打斗行为。

本指标满分为 100，根据打斗行为的发生频率进行评定。按 0～2 级别分别记为 100、50 和 0。

（2）羽毛损伤：正常鸡只的羽毛光滑、整齐。随机选取 100 只鸡进行观测，从 3 个不同的部位进行评定：背部和尾部；泄殖腔周围（包括腹部）；头部和颈部。通常情况下造成这 3 个部位羽毛脱落的原因不同：背部和尾部羽毛损伤提示蛋鸡啄羽，头部和颈部羽毛损伤可由摩擦引起，腹部羽毛损伤常见于高产蛋鸡，有时也可能是啄肛造成的。每一个部位都有一个相应的评分，划为 3 个等级：一等：没有或轻微磨损，羽毛完整或接近完整（只有少量缺失）；二等：中度磨损，即羽毛破损（磨损或变形），一个或多个无羽部位的直径 <5cm；三等：严重破损，至少有一个无羽部位的直径 ≥5cm。

根据上述 3 个部分的羽毛状态评分，得到每只鸡的总体评分：A：所有部位等级都是"1"；B：一个或多个部位等级为"2"，但没有部位等级为"3"；C：一个或多个部位等级是"3"。

指标评分：根据羽毛中度损伤（B）和重度损伤（C）的蛋鸡百分比，计算鸡群的羽毛健康指数：

$$I＝［1－（B×0.5＋C×1）］×100\%$$

其中，羽毛中度损伤（B）和重度损伤（A）的两类蛋鸡的权重分别为

0.5 和 1。该指标满分为 100，I 值每降 1%，得分减 1，直至为 0。

（3）冠部啄伤：在鸡群中随机选取 100 只鸡，观察鸡冠两侧，查看是否有啄伤（已愈合的不计入）。方法是：鸡冠没有啄伤（A）；1：轻中度啄伤（B），鸡冠啄伤少于 3 处；2：重度啄伤（C），鸡冠啄伤 3 处或 3 处以上。

指标评分：根据鸡冠轻中度啄伤（B）和重度啄伤（C）的蛋鸡百分比，计算鸡群的鸡冠健康指数：

$$I = [1 - (B \times 0.5 + C \times 1)] \times 100\%$$

其中，鸡冠轻中度啄伤（B）和中、重度啄伤（C）的两类蛋鸡的权重分别为 0.5 和 1。该指标满分为 100，I 值每降 1%，得分减 1，直至为 0。

3. 社会行为的表达评分　本标准中打斗行为、羽毛损伤和冠部啄伤 3 个评价指标的权重分别为 0.4、0.3 和 0.3。根据各指标得分，乘以相应权重，计算本标准得分：

社会行为状态福利得分=打斗行为福利得分×0.4+羽毛状态福利得分×0.3+冠部啄伤福利得分×0.3

4. 福利改善方案　本标准的福利得分低于 70 分时，需要采取相应的管理与技术措施：一是合理控制鸡舍内的光照强度和饲养密度，增加环境丰富度。例如，给鸡群提供一些玩具如草捆、垫料等，满足其探究行为等。二是有条件的鸡场让鸡群接触室外场地，自由活动。三是评估断喙的效果，挑出好斗的鸡只及喙型尖锐的鸡只，单独饲养。

（二）其他行为的表达

1. 福利标准　其他行为正常表达。

2. 评价方法　包括产蛋箱的使用、垫料的使用、环境丰富度、放养自由度、室外掩蔽物 5 个评价指标。

（1）产蛋箱的使用。该项指标只在设有产蛋箱的鸡舍内进行评定。如果没有产蛋箱，则该项指标的评分为"0"。

首先，检查鸡舍内产蛋箱的数量及其分布是否均匀，观测鸡蛋在产蛋箱内的分布是否均匀（可观察各排产蛋箱相应传送带上的鸡蛋数量是否相同，在传送带前段、中段和后段的分布是否均匀；如果在舍内看不见传送带的运转情况时，可咨询鸡场管理人员或饲养人员）。

然后，估测单位蛋鸡的产蛋箱面积：对于仅供一只鸡产蛋的"单鸡"产蛋箱，清点产蛋箱数量，除以蛋鸡总数。对于可同时容纳多只鸡产蛋的"多鸡"产蛋箱，测定产蛋箱底面积，乘以产蛋箱数量，再除以测定时总鸡数，最终结果表示为 cm²/只。

单位蛋鸡的产蛋箱面积计算：单"鸡"产蛋箱以"只/产蛋箱"计，多"鸡"产蛋箱以 cm²/只。

指标评分：首先，对鸡蛋和产蛋箱的分布、单位蛋鸡的产蛋箱面积分别评分，然后求取平均值（表 5-11）。

表 5-11　产蛋箱评分表

鸡蛋和产蛋箱分布	标准	评分
产蛋箱	有	25
	无	0
产蛋箱分布	均匀	25
	不均匀	0
鸡蛋在每排产蛋箱内分布	均匀	25
	不均匀	0
产蛋箱（单鸡：只/产蛋箱；多鸡：cm²/只）	单鸡：≤2；多鸡：≥200	100
	单鸡：≤4；多鸡：≥180	80
	单鸡：≤6；多鸡：≥140	60
	单鸡：≤8；多鸡：≥120	40
	单鸡：≤10；多鸡：≥120	20
	单鸡：≤12；多鸡：≤100	0

（2）垫料的使用。沙浴和抓挠、刨食是蛋鸡的重要行为。观测方法是在群体水平上观察沙浴行为和刨食行为出现的频率：0：有 2 只或 2 只以上的蛋鸡聚集在一起进行沙浴；1：单只鸡进行沙浴或没有鸡进行沙浴，但是鸡群有抓挠和嬉戏垫料的行为；2：没有垫料或没有沙浴以及抓挠、嬉戏垫料的行为。

指标评分：本指标满分为 100，根据蛋鸡沙浴情况进行评定。按 0~2 级别分别记为 100、50 和 0。

（3）环境丰富度。评估方法是：首先，检查鸡舍内部和外部区域，是否存在用于啄耍的绳子、草捆等或使环境丰富多样的结构设施（室外掩蔽物、沙浴区）；其次，评估查看这些环境富集材料及设施的利用情况，然后，按以下标准进行评分：0：超过 50% 的蛋鸡使用环境富集设施；1：不足 50% 的蛋鸡使用环境富集设施；2：没有环境富集设施或没有蛋鸡使用环境富集设施。

指标评分：本指标满分为 100，根据蛋鸡对环境富集设施的使用情况进行评定。按 0~2 级别分别记为 100、50 和 0。

（4）放养自由度。该项指标仅适用于自由放养或散放饲养模式。如果为笼养模式则不适用该项指标（记为 0 分）。观察鸡场是否存在放养场地以及蛋鸡能否接触到这些场地，查看蛋鸡是否利用这些场地，并估测场地内蛋鸡数量占鸡群数量的比例。测定方法：0：超过 50％的蛋鸡利用散养场地；1：不足50％的蛋鸡利用散养场地；2：没有散养场地或没有蛋鸡利用散养场地。

指标评分：本指标满分为 100，根据蛋鸡对散养场地的使用情况进行评定。按 0～2 级别分别记为 100、50 和 0。

（5）室外掩蔽物。该项指标只适用于自由放养或散放养殖系统，如果没有放养场地，则不适用该项指标（记为 0 分）。

舍外的掩蔽物既可以是植被（如深草丛、树木、作物等），也可以是人工掩体（如帐篷、屋檐、高架的伪装网，但非鸡舍本身）。评估方法是检查放养场地，估测场地树木、丛林或人工掩体的覆盖率（％）。

指标评分：将室外掩蔽物的覆盖率分为 6 个等级，每个等级对应一个得分：100、80、60、40、20 和 0。

（6）阳台（设有掩蔽物）。如果在散放饲养设施中存在有阳台，则需对阳台的使用情况进行评价。观察蛋鸡对阳台区域的利用情况，估算使用阳台的蛋鸡数量。测定参数：0：50％～100％的蛋鸡正在使用阳台；1：不足 50％的蛋鸡正在使用阳台；2：没有阳台或没有蛋鸡使用阳台。

指标评分：本指标满分为 100，根据蛋鸡对阳台的使用情况进行评定。

按 0～2 级别分别记为 100、50 和 0。

3. 其他行为的表达评分　本标准包括产蛋箱的使用、垫料的使用、环境丰富度、放养自由度、室外掩蔽物、阳台 6 个评价指标，其权重分别为 0.2、0.2、0.2、0.2、0.1 和 0.1。根据各指标得分，乘以相应权重，计算本标准得分。

其他行为状态福利得分＝产蛋箱使用状态得分×0.2＋垫料使用状态得分×0.2＋环境丰富度得分×0.2＋放养自由度得分×0.2＋室外遮蔽物得分×0.1＋阳台使用情况得分×0.1

4. 福利改善方案　本标准主要适用于散放饲养模式的评估，福利评价得分低于 70 分时，需要考虑下述技术与管理措施。

（1）如果存在产蛋分布不匀现象，则应考虑产蛋箱数量、高度和分布是否均匀，并加以改进。

（2）垫料方面需要考虑垫料区域的面积是否适当，垫料是否潮湿等，可适当增加垫料区面积、垫料厚度，如果存在潮湿现象，则需进行更换。

（3）舍外运动场应考虑种植花草树木，设置防鸟和野生动物的设施，提供凉棚、栖架、沙浴池等。

（三）人与鸡群关系

1. 福利标准　人与鸡群关系良好。

2. 评价方法　测定蛋鸡对人的回避距离。

（1）指标测定：选择鸡舍内有代表性的 3 个区域进行评估。例如，在笼养蛋鸡舍内，可以选择鸡舍内中间部位、两侧的不同区域。

非笼养系统：观测人员两手交叉放于身前腹部，在鸡栏中间位置沿鸡舍长轴方向缓慢走动，注意观察两侧鸡只，确定观测的鸡只后，转体 90°，面向该鸡只，然后以每秒一步的速度缓慢走向这只鸡，注意观察它的腿部移动。测定当这只鸡走开或后退时距离观测人员的距离。

笼养系统：根据舍内鸡笼布置，选择第二层或三层鸡笼内的鸡进行测试。测定人员把手放在身体前面 15cm 的位置，身体与鸡笼前部保持 60cm 的距离，沿着饲喂通道缓慢前行。前行时选择将头部伸出鸡笼的鸡作为评估对象，选定测试的鸡只后，面向该鸡只，从相距 60cm（从手到笼子前部）的位置走向这只鸡（步速为每秒一步），估测当这只鸡头部退回笼内时手与鸡笼前部之间的距离。如果鸡是由于除了评估者靠近以外的其他原因而后退或离开，则停止测试，再选择其他的鸡进行测试。

方法：在每个观测区域测定 7 只鸡，共计 21 只，求平均值，计算回避距离。

（2）指标评分。本指标满分为 100，根据评估者手与鸡脚之间的平均距离进行评定。将评估者手与鸡脚之间平均距离分为 6 个等级，每个等级对应一个得分：小于等于 10cm、20cm、30cm、40cm、50cm 和大于等于 60cm，分别对应得分为 100、80、60、40、20 和 0 分。

3. 人与鸡群关系评分　本标准只有蛋鸡回避距离 1 个评价指标，其得分即为本标准得分。

4. 福利改善方案　当该标准福利评分低于 70 分时，表明饲养人员在饲养管理过程中存在管理粗放问题，需要严格规范饲养与管理人员的行为，提高其责任感。通过协调人、机械、鸡只和环境的关系，使生产工艺规范化、管理程序化、操作准确化，给鸡群提供一个良好的环境。

（四）精神状态

1. 福利标准　精神状态良好。

2. 评价方法　包括新奇物体认知测试和定性行为评估 2 个评价指标。

（1）新奇物体认知测试。进入鸡舍之后待鸡群安静下来时进行观察，在鸡舍内选择 4 个代表性位置（在非笼养饲养模式，这些位置应选择在垫料区；在笼养模式，选择与观测人员胸部等高的鸡笼），将新奇物体（50cm 长的木棍，上面覆有不同颜色的彩带）放在料槽内或料槽上。在散放饲养方式下，观测人员后退 1.5m，每隔 10s（总共 2min）记录一次距离新奇物体不足一只鸡身体长度（30cm 左右）的鸡数。在笼养鸡舍内，将新奇物体放在鸡能够看到的位置（料槽内或料槽的上侧边缘），记录接近该彩色木棍的鸡数。在每一个观测位置连续观测记录 12 次。

指标评分：首先，根据不同饲养方式，计算距离木棍不足一只鸡体长的理论鸡数 B。对于散养鸡群，B＝鸡群饲养密度（只/cm^2）×（110cm×62.5cm），其中木棍长 50cm，直径 2.5cm，鸡体长 30cm；对于笼养鸡群，B＝鸡群饲养密度（只/cm）×50cm，其中饲养密度以鸡笼饲养鸡数除以鸡笼长度计。然后，计算距离木棍不足一只鸡体长的实际鸡数（A）与理论鸡数的比值：P＝A/B×100%。该指标满分为 100，P 值每降 1%，得分减 1，直至为 0。

（2）定性行为评估。定性行为评估（QBA）是为了考察蛋鸡的行为表达水平，即蛋鸡相互之间以及与环境之间如何通过行为传递信息，也就是蛋鸡的"肢体语言"。

观测方法为：在鸡舍（或饲养区域）内选择 8 个观察点（取决于鸡舍的大小和结构），数量以完全覆盖鸡舍（或饲养区域）为准。首先需要确定这些观察点的观测顺序，按照顺序进行观察。从 1～8 观察点的观察时间分别为 10、10、6.5、5、4、3.5、3 和 2.5min。走入观测点时即刻开始观测，观察半径 2m 内周边鸡只的行为（注意该项观测时间应控制在 20min 内）。

在笼养蛋鸡生产条件下，定性行为的评价可以在鸡舍内选择 8 个观测点，在每个观察点分别观察 5 个蛋鸡笼内蛋鸡的精神状态（正对的鸡笼及左右两侧的各 2 个鸡笼）。

在所有选定的观测点上观察完毕后，使用视觉类比评分法（VAS）为 20 项指标进行评分。具体方法是：每一 VAS 评分的取值范围都介于左侧的"最小值"点和右侧的"最大值"点之间，"最小值"意味着在该行为在所观察的所有蛋鸡中均不存在；"最大值"意味着该行为在所观察的所有蛋鸡中都存在（需要注意的是，可能有不止一项行为获得最大值；例如，蛋鸡可以同时呈现平静、满足两种状态）。

蛋鸡定性行为评估（QBA）包括的行为指标共有 23 项，分为积极行为和消极行为，其中积极行为包括：活泼、平静、友好、放松、满足、积极占位、嬉戏、舒适、好奇、自信、精力充沛；消极行为包括：无助、紧张、害怕、瞌睡、恐惧、迷茫、不安、神经质、沮丧、忧伤、愁闷、无聊。

在为每一项行为评分时，画一条长度为 125mm 的直线，并在合适的位置标明刻度。对于积极行为，每项行为的得分就是从"最小值"开始到相应刻度的毫米数。对于消极行为，按其行为表现进行评分，所对应的刻度值越大，意味着该行为越消极，计算得分时的公式为：得分＝（125－毫米刻度数），该得分与其行为表现为负向关系，即分值越高消极行为越少。

指标评分：对上述定性行为中的 20 项进行评分（0～125 分）后，计算得分。再对所有观测点的得分进行平均，公式如下：

定性行为得分＝［∑（20 项定性行为评分）］/20/（观测点数）。

3. 精神状态评分　本标准包括新物体认知测试和定性行为评估 2 个评价指标，其权重均为 0.5。根据各个指标得分，乘以相应权重，计算本标准得分。

精神状态福利得分＝新奇物体认知得分×0.5＋定性行为福利得分×0.5

4. 福利改善方案　本标准福利评分如果低于 85 分，需要做好以下技术改进措施：

（1）做好饲养管理人员的培训工作，避免粗暴对待鸡只。

（2）检查鸡舍内饲养设施的工作状态，避免异常噪声等的存在。

（3）做好疫病防控工作，保持鸡舍内空气清洁和垫料干燥，保证鸡群健康。

（4）在有条件的鸡场可为蛋鸡提供一些环境富集材料或设施，如提供草捆、栖木、沙浴盆、产蛋箱、垫料、玩具等，以促进蛋鸡行为表达，改善其精神状态。

（5）保持适宜的饲养密度和适宜的群体大小。

（五）行为模式总体评分

根据社会行为的表达、其他行为的表达、人鸡关系和精神状态 4 个标准得分，乘以相应权重，计算本原则得分。

行为模式福利得分＝社会行为状态福利得分×0.15＋其他行为福利得分×0.3＋人鸡关系状态福利得分×0.25＋精神状态福利得分× 0.3

第三节　肉鸡福利养殖评价技术

肉鸡养殖福利评价指标体系以饲养环节为目标，由原则层、标准层和指标层 3 个层级构成。其中，原则层有 4 项，标准层有 10 项，指标层有 17 项（表

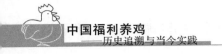

5-12)。

表 5-12　肉鸡养殖福利评价指标体系

福利原则（权重）	福利标准（权重）	福利指标
良好的福利条件（0.2）	1 无饲料缺乏（0.4）	采食面积
	2 无饮水缺乏（0.6）	饮水面积
良好的养殖设施（0.3）	3 栖息舒适（0.3）	羽毛清洁度、垫料质量、防尘单测试
	4 温度舒适（0.2）	热喘息频率、冷颤频率
	5 活动舒适（0.5）	饲养密度
良好的健康状态（0.3）	6 体表无损伤（0.4）	跛行、跗关节损伤、脚垫皮炎
	7 没有疾病（0.6）	养殖场的死亡率、淘汰率
恰当的行为模式（0.2）	8 良好的人鸡关系（0.2）	回避距离测试（ADT）
	9 良好的精神状态（0.4）	定性行为评信（QBA）
	10 其他行为的表达（0.4）	室外掩蔽物、放养自由度

一、饲喂条件

肉鸡饲喂条件的福利评估，包括饲料和饮水的供应是否充分和及时这两个方面，饲料、饮水质量应符合 NY/T5037 和 5027 的相关要求。在养殖场内，可通过每只鸡占有的料槽（或料桶）面积和水线长度（或饮水器数量）进行估测。

（一）饲喂状态

1. 料槽面积（或长度）

（1）福利标准。饲料供应充足，无饲料缺乏现象。

（2）评价方法。以采食面积或料位作为评价指标。计算鸡舍内每条料线的长度与料线数量或料桶数量和料桶的周长，然后根据舍内饲养鸡只数计算每只肉鸡占有的料位长度（cm，只）。

指标评分：根据每种类型的饲喂器数量和每种饲喂器所推荐饲养的鸡数，计算实际拥有的全部饲喂器所推荐饲养的鸡数（NR）。然后计算鸡舍实际饲养数量（N）与鸡群推荐饲养数量的比值：$P＝N/NR×100$，P 代表鸡舍实际饲养数量与鸡群推荐饲养数量的相符度。

该指标满分为 100，鸡舍实际饲养数量与鸡群推荐饲养数量（表 5-13）相比每超 1%，得分减 1，直至为零（表 5-6）。

表 5 - 13　肉鸡料线与水线面积

标准来源	料线长度	水线长度
RSPCA（英国防止虐待动物协会）	单侧料线：24mm 双侧料线．12.5mm 料筒：16mm	塔式饮水器：1/100 只 乳头式饮水器：1/10 只
艾拔益加公司	链式料线：25mm 料筒：45～80 只鸡 1 个 Tuber feeder 直径：70 只鸡 38mm	乳头式饮水器：1/12 只或超过 3kg 体重以上 9～10 只鸡 1 个 塔式饮水器：8 个 1 000 只鸡，直径 40cm
家禽生产学	直径 38cm 料筒 100 只鸡 3 个 或 50mm 料位	塔式饮水器：125 只鸡 1 个

2. 体重　在养殖场内对肉鸡饲喂条件进行评价，检查肉鸡体重是否达到品种要求。

（1）福利标准。肉鸡体重符合品种要求。

（2）评价方法。以瘦弱率作为评价指标。随机抽检 1/100 只肉鸡，称重检查，体重低于标准体重 20％视为体重不合格，计算不合格率（P）。

指标评分：本指标满分为 100，当 P＝0 时，得分为 100；P 值每升高 1，得分降低 1，直至为零（表 5 - 14）。

表 5 - 14　肉鸡体重合格率评分表

P 值	0	20	40	60	80	100
评分	100	80	60	40	20	0

3. 饲喂状态评分　本标准包括采食面积（养殖场内测定）和体重合格率（养殖场或屠宰场内评分）两个评价指标，其权重分别为 0.5 和 0.5。根据各指标得分，乘以相应权重，计算本标准得分。

饲喂状态福利得分＝采食面积得分×0.5＋体重不合格率得分×0.5

4. 福利改善方案　本标准福利得分低于 95 分，需要采取以下管理与技术措施：

（1）提供充足长度或数量的饲喂设备，如链式饲喂器、圆形料桶或盘式喂料器等；或降低饲养密度。

（2）检查颗粒饲料的质量，包括粒度、粉化度和硬度等：0～10 天采用破碎料，11～24 天采用 2～3.5mm 粒度的颗粒饲料，25 天以上采用 3.5mm 的

颗粒料。

（3）必须提供给肉鸡全价饲料和营养，使得所有肉鸡都可以维持好的健康，满足它们的生理需求，避免肉鸡的代谢和营养失调。

（4）饲料中不应该存在不适当的成分，给肉鸡健康造成伤害，包括国家禁止使用的饲料原料、配制饲料及饲料添加剂中不能含有国家法律法规禁止使用的化学品、使用合适的饲料药物添加剂等。

（二）饮水状态

1. 福利标准　饮水供应充足，无饮水缺乏现象。

2. 评价方法　以饮水面积作为评价指标。根据饮水器类型计算舍内饮水器的总数。

乳头饮水器：计算每米内的乳头饮水器数量，然后乘以水线总长。水杯：计算每米内的水杯数量，然后乘以水线总长。钟式饮水器：估测舍内钟式饮水器的数量。

指标评分：根据每种类型的饮水器数量和每种饮水器所推荐饲养的鸡数（NR，表 5-13），计算实际拥有的全部饮水器所推荐饲养的鸡数。

计算鸡舍实际饲养数量（N）与鸡群推荐饲养数量的比值：$P = N/NR \times 100$，P 代表鸡舍实际饲养数量与鸡群推荐饲养数量的相符度。该指标满分为 100，鸡舍实际饲养数量与鸡群推荐饲养数量相比每超 1%，得分减 1，直至为零（表 5-6）。

3. 饮水状态评分　本标准只有饮水面积 1 个评价指标，其得分即为本标准得分。

4. 福利改善方案　本标准评分低于 95 分需要进行改进。具体措施见蛋鸡部分。饮水与肉鸡日龄、采食量、环境温度和湿度、日粮和营养成分、群体健康和生产管理（如接种疫苗）有关，也可能受到饥饿和应激的影响。因此，日常耗水量可以作为潜在问题出现的早期预警参数，水表是一种必要的管理工具。当饮水量发生变化时需要检查鸡群健康状态。

（三）饲喂条件总体评分

根据饲喂状态和饮水状态两个标准得分，乘以相应权重（表 5-13），计算本原则得分。

饲喂条件福利得分＝饲喂状态得分×0.4＋饮水供应状态得分×0.6

二、养殖设施

肉鸡养殖设施的福利评估，包括栖息状态、冷热状态和运动状态 3 个方面。

（一）栖息状态

1. 福利标准　栖息舒适。

2. 评价方法　包括羽毛清洁度、垫料质量和舍内空气灰尘含量 3 个评价指标。

（1）羽毛清洁度。家禽羽毛具有保温和避免皮肤感染等功能，健康的家禽会花较多时间梳理羽毛，羽毛变湿或被垫料、粪便和尘垢弄脏，则丧失其保护功能。因此，尘垢或粪便污染对于家禽福利具有显著影响，评估羽毛的清洁度非常重要。

方法：每群至少评估 100 只肉鸡。在舍内选择 10 个区域，每个区域挑选 10 只肉鸡；其中，2 个区域靠近饮水器，2 个区域靠近饲喂器，3 个区域靠近墙壁，3 个区域远离饮水器和饲喂器（休息区）。检查肉鸡的胸部，并进行评分。如果鸡群的运动性很强（例如，在自由放养系统内），可把鸡群隔成几个小栏，然后再进行评估。利用下面描述的分类等级进行评分。

在鸡群水平上测定：评分为"A"（干净）的鸡所占百分率；评分为"B"（稍脏）的鸡所占百分率；评分为"C"（较脏）的鸡所占百分率；评分为"D"（很脏）的鸡所占百分率。

指标评分：根据稍脏（B）、较脏（C）和很脏（D）的肉鸡百分比，计算鸡群的清洁度指数：

$$I = [1 - (B \times 0.15 + C \times 0.50 + D \times 1)] \times 100\%$$

其中，稍脏、较脏、很脏的三类肉鸡的权重分别为 0.15、0.54 和 1。该指标满分为 100，I 值每降 1%，得分减 1，直至为零（表 5 - 15）。

表 5 - 15　羽毛清洁状态评分

I 值	100%	80%	60%	40%	20%	0
评分	100	80	60	40	20	0

（2）垫料质量。垫料质量状态能够反映垫料的管理是否妥当，垫料状态差会导致鸡群的皮肤和脚部损伤。

方法：在舍内选择 5 个区域进行观测。其中至少应包括以下 4 处不同的地方：饮水器和饲喂器下方、鸡舍边缘、靠近门口的地方等。注意查看鸡舍内的垫料厚度是否存在较大变异。如果厚度变异较大，并且分布不均匀，则需要确保观测的区域涵盖这些区域，以全面反映鸡舍垫料的整体变异性。具体方法是在选择的区域内慢慢行走，感受行走的状态，根据以下状态进行评定：0：完全干燥，脚在上面行走自如；1：干燥，但不易于脚在上面行走；2：脚在上面留印，压缩成球，但球不稳固；3：粘鞋，极易压缩成球；4：结块或结层破裂后粘鞋。

指标评分：首先，根据测定区域的垫料质量等级，计算各个位点的得分；然后，所有位点求平均值。垫料质量等级 4～0 的评分分别为 0、25、50、75 和 100 分。

（3）空气灰尘含量。评定方法见蛋鸡福利评价技术部分。

3. 栖息状态评分　本标准包括羽毛清洁度、垫料质量和舍内空气灰尘含量 3 个评价指标，其权重分别为 0.3、0.4 和 0.3。根据各个指标得分，乘以相应权重，计算本标准得分。

栖息状态福利得分＝羽毛清洁度得分×0.3＋垫料质量得分×0.4＋空气灰尘含量得分×0.3

4. 福利改善方案　保证饲养环境的清洁卫生，完善粪污及排水系统，及时清除生产垃圾及粪水。鸡舍全面清洗和消毒后，铺上 8～10cm 厚的新垫料，并用高效低毒消毒药喷洒，消毒垫料。使垫料保持有 20%～25% 的含水量，当低于 20% 时，垫料中的灰尘就成了严重问题，当高于 25%，垫料就变潮湿并结成块状。对已潮湿和结块的垫料，必须用新垫料全部更换，且铺回到原来的厚度。鸡舍空气中的粉尘有一部分是由通风换气从舍外带入的，有条件的鸡舍可在进风口安装空气过滤系统。

（二）冷热状态

1. 福利标准　温度舒适，肉鸡无热喘和冷颤现象。

2. 评价方法　包括热喘息率和冷颤率 2 个评价指标。

（1）热喘息率。肉鸡由于生长速度快，尤其是在生长后期对高温更为敏感。方法：挑选 5 个具有代表性的区域检查肉鸡的呼吸状态，每个区域目测 100 只鸡中出现热喘息的只数（5 个区域共计 500 只），计算出现热喘息鸡的百分率。

指标评分：根据每一观测区域内出现热喘息肉鸡所占的百分率，计算 5 个区域的观测平均值（评分办法参见蛋鸡部分）。

（2）应激反应冷颤率。肉仔鸡在生长前期对温度需求较高，在秋冬季节或当舍温因高通风量而骤降时，极易受到冷应激。挑选 5 个具有代表性的区域进行检查，如果肉鸡出现蜷缩身体现象，在每个区域内目测出现冷颤及蜷缩现象的鸡在鸡群所占的比例。在使用育雏器或加热器的鸡舍，肉鸡可能会聚集在角落内，此时，还需要估测整个群体中扎堆鸡所占的比例。

指标评分：根据每一个观测区域内出现冷颤及蜷缩现象肉鸡的百分率，计算所有位点的平均值（评分办法参见蛋鸡部分）。

3. 冷热状态评分　本标准包括热喘息率和冷颤率 2 个评价指标，其权重分别为 0.5 和 0.5。根据两个指标得分，乘以相应权重，计算本标准得分。

冷热状态福利得分＝热喘息状态得分×0.5＋冷应激状态得分×0.5

4. 福利改善方案　本标准福利评分低于 90 分，需要对鸡舍的环境控制设施进行检查评估。

（1）核查加热设施，检查加温设施功率及负荷是否能够满足鸡舍的供热需求，检查鸡舍内温度分布是否均匀。

（2）检查鸡舍的通风系统，是否存在有贼风的区域。

（3）检查鸡舍的降温设施，核查鸡舍的通风均匀度。

（4）检查地面的潮湿度和保温情况，在地面平养模式中需要考虑地面的保温性能能否满足保温要求。

（5）检查鸡舍围护结构的保温性能，其热阻值能否满足需要。

（6）要根据鸡的生理阶段提供相应的生活环境条件，适当增加温度和湿度控制设备，提供其生长最适温度和湿度，并保障鸡舍通风。

（7）加强鸡舍内温、湿度的监测。温度测定要求：温度计应离热源 $2.5\sim3m$ 处悬挂，夏季温度计下端离鸡背上方 5cm，冬季温度计下端低于网床 $3\sim5cm$；保证温度计或感温探头不与鸡体直接接触，至少有 10cm 的距离。

（三）运动状态

1. 福利标准　活动舒适。

2. 评价方法　以饲养密度作为评价指标。计算鸡舍可用空间的总面积（m^2）和鸡舍内肉鸡饲养总数。测量鸡舍的面积时需要扣除鸡舍设备（饲喂器、饮水器、舍内的建筑结构等）所占面积。

指标评分：按实测饲养密度与标准饲养密度（表 5－16）相比较，计算肉鸡的活动舒适度评分。计算鸡舍实际饲养数量（N）与鸡群推荐饲养数量（NR）的比值：$P＝N/NR×100$，P 代表鸡舍实际饲养数量与鸡群推荐饲养数量的相符度。该指标满分为 100，鸡舍实际饲养数量与鸡群推荐饲养数量相比每超 1%，得分减 1，直至为零（表 5－6）。

表 5 - 16   肉鸡饲养密度推荐值

标准来源		饲养密度
欧盟 （2007）		33 kg/m² 环境适宜时，可提高到 39 kg/m²
RSPCA	舍饲	30 kg/m² 或 19 只/m²
	散放饲养	27.5 kg/m² 或 13 只/m²
	有机养殖	固定式鸡舍：21 kg/m²，移动式鸡舍：30 kg/m²
美国 （NCC，2005）	轻型肉鸡	32 kg/m²
	大型肉鸡	41.5 kg/m²
美国肉鸡产业行业推荐		夏季：30 kg/m² 冬季：36 kg/m²
国外研究推荐值[1]		34~38 kg/m²
家禽生产学[2]		30 kg/m²，夏季酌情降低
爱拔益加肉鸡公司	出栏体重 1.8kg	地面平养：夏季 10~12 只/m²；其他季节 12~14 只/m² 网上平养：夏季 12~14 只/m²；其他季节 13~16 只/m²
	出栏体重 2.5kg	地面平养：夏季 8~10 只/m²；其他季节 10~12/m² 网上平养：夏季 10~12 只/m²；其他季节 10~13 只/m²

[1]引自 Estevez. I. Poultry Science. 2007，86：1265—1272；[2]杨宁主编. 家禽生产学（第二版），中国农业出版社，2010

3. 运动状态评分　本标准只有饲养密度 1 个评价指标，其得分即为本标准得分。

4. 福利改善方案　本标准福利评分低于 90 分时，需要根据鸡舍内的空气环境质量情况适当调整饲养密度，尤其是夏季或鸡舍空气质量存在一定问题时。

（四）养殖设施总体评分

根据栖息状态、冷热状态和运动状态 3 个标准得分，乘以相应权重（表 5 - 12），计算本原则得分。

养殖设施福利得分＝栖息状态得分×0.3＋冷热状态得分×0.2＋运动状态得分×0.5

三、健康状态

健康状态是关系肉鸡饲养成败的关键，也是肉鸡福利水平的重要体现。对于肉鸡健康状态的评价需要从以下两个方面进行：体表状态和疾病状况。

（一）体表状态

1. 福利标准　体表无损伤。

2. 评价方法　包括步态、跗关节损伤和脚垫损伤3个评价指标。

（1）步态。跛行是指一条腿或两条腿出现残疾，严重程度从负重能力下降或不能承受体重到完全丧失运动能力不等。

方法：选择接近屠宰日龄的肉鸡进行评估。在鸡舍内随机位置捕捉大约150只鸡，圈在一起（散放饲养的鸡群可以适当减少评估数量），将肉鸡逐只放出圈栏，根据它的行走状态给予评分。评分标准如下：0：正常、灵活、敏捷；1：稍有异常，但难以定义；2：清晰可见的异常；3：明显畸形，影响运动能力；4：严重畸形，只能略走数步；5：不能行走。

计算每一等级（0、1、2、3、4、5）的鸡数及其百分率。

指标评分：根据轻度残疾（a，2级）、中等残疾（b，3级）和严重残疾（c，4～5级）的肉鸡百分比，计算鸡群的腿部健康指数：

$$I＝[1－(a×0.1＋b×0.5＋c×1)]×100\%$$

式中，轻度残疾、中度残疾、严重残疾的三类肉鸡的权重分别为0.1、0.5和1。

该指标满分为100，I值每降1%，得分减1，直至为零（表5-9）。

（2）跗关节损伤。跗关节损伤是肉鸡跗关节部位发生皮炎和骨骼变形，严重时出现皮肤溃烂结痂和跗关节肿胀，是由于垫料粪便的灼烧导致的皮肤损伤。

方法：每群至少评估100只肉鸡。在舍内选择10个区域，每个区域挑选10只肉鸡。其中，2个区域靠近饮水器，2个区域靠近饲喂器，3个区域靠近墙壁，3个区域远离饮水器和料槽。

测定标准为：A：0级，跗关节无损伤；B：1～2级，跗关节轻度损伤；C：3～4级，跗关节明显损伤。

指标评分：根据跗关节轻度损伤（B）和重度损伤（C）的肉鸡百分比，计算鸡群的跗关节健康指数：

$$I＝[1－(B×0.5＋C×1)]×100\%$$

式中，跗关节轻度损伤和重度损伤的两类肉鸡的权重分别为0.5和1。

该指标满分为100，I值每降1%，得分减1，直至为零（表5-9）。

（3）脚垫损伤。脚垫皮炎是一种常见于脚部皮肤的接触性皮炎，多数发生于脚垫中心，有时也见于脚趾，是由于粪尿对皮肤的灼烧造成的损伤。

方法：每群至少评估100只肉鸡。在禽舍内选择10个区域，每个区域挑选 10 只肉鸡；其中，2 个区域靠近饮水器，2 个区域靠近饲喂器，3 个区域靠近墙壁，3 个区域远离饮水器和料槽。测定标准为：A：0 级，脚垫无损伤；B：1～2 级，脚垫轻度损伤；C：3～4 级，脚垫明显损伤。

指标评分：根据脚垫轻度损伤（B）和重度损伤（C）的肉鸡百分比，计算鸡群的脚垫健康指数：

$$I=[1-(B×0.5+C×1)]×100\%$$

式中，脚垫轻度损伤和重度损伤的两类肉鸡的权重分别为 0.5 和 1。该指标满分为 100，I 值每降 1%，得分减 1，直至为零（表 5 - 9）。

（4）胸囊肿。胸囊肿源自龙骨皮炎（胸部中心区域），症状表现为皮肤软化，有时褪色或感染变黏，像磨出的水泡。该项指标的评估可以在屠宰场内进行，也可由有经验的技术人员在养殖场内进行评估。测定指标为测定患有胸囊肿的肉鸡百分率。

具体方法是：每群至少评估 100 只肉鸡。在禽舍内选择 10 个区域，每个区域挑选 10 只肉鸡；其中，2 个区域靠近饮水器，2 个区域靠近饲喂器，3 个区域靠近墙壁，3 个区域远离饮水器和食槽。记录具有胸囊肿的肉鸡数量，计算患有胸囊肿的肉鸡百分率。

指标评分：本指标满分为 100，患有胸囊肿的肉鸡百分率每升高 1%，得分减 1（表 5 - 17）。

表 5 - 17　肉鸡胸囊肿评分表

患胸囊肿肉鸡的百分率	0%	20%	40%	60%	80%	100%
评分	100	80	60	40	20	0

3. 体表状态评分　本标准包括步态、跗关节损伤、脚垫损伤（养殖场或屠宰场内测定）和胸囊肿 4 个评价指标，其权重分别为 0.4、0.2、0.2 和 0.2。

体表状态得分＝步态得分×0.4＋跗关节损伤得分×0.2＋脚垫损伤得分×0.2＋胸囊肿得分×0.2

4. 福利改善方案　肉鸡趴卧时间占主要比重，其体表的健康状态与垫料类型和质量密切相关。本标准的福利评分低于 85 分时，需要考虑采取以下技术措施：

（1）选择适宜的垫网类型，垫网的材料应具有一定的宽度和弹性，防止勒伤及造成血液循环不畅，降低腿、脚及胸部的疾患发病率及发病程度。

（2）注意监视垫料的湿度，及时更换和添加新垫料，保证垫料干燥、

清洁。

（3）光照影响肉鸡活动，进而影响肉鸡腿部健康。在24h内至少应当提供6h的连续黑暗环境，使肉鸡有适当的休息时间。

（二）疾病状况

1. 福利标准　没有疾病。

2. 评价方法　包括死亡率和淘汰率2个评价指标。

（1）养殖场死亡率。计算一个生产周期内的肉鸡死亡率（可根据养殖场的工作记录计算）。该指标不单独计算得分。

（2）养殖场淘汰率。计算一个生产周期内的肉鸡淘汰率（可根据养殖场的工作记录进行，或使用鸡的入舍数量减去鸡死亡数量与出栏数量），注意淘汰率不包括那些死亡的鸡只。该指标不单独计算得分。

3. 疾病状况评分　本标准包括在养殖场内测定的死亡率和淘汰率各指标，腹水症、脱水症、肝炎、心包炎、败血症、脓肿6个评价指标在屠宰场测定。

4. 福利改善方案　对于存在死淘率高、鸡群发病率高的肉鸡群，需要采取以下措施：

（1）加强全场的生物安全措施，检查鸡场的卫生防疫设施、隔离设施、人员消毒和车辆消毒设施是否齐全，防疫措施执行是否严格。

（2）检查饲养管理中是否存在漏洞，如饲料污染、鼠害、野生动物进入鸡舍等，建立定期消毒和消灭老鼠、蚊蝇等有害动物的制度，及时堵塞漏洞。

（3）核实免疫程序是否妥当，所使用的疫苗来源及免疫时机是否妥当。

（4）检查鸡舍环境控制及管理存在的问题，如舍内有害气体（NH_3）、粉尘和病原微生物浓度。

（5）建立定期抗体监测制度。

（三）健康状况总体评分

根据体表状态和疾病状况2个标准得分，乘以相应权重，计算本原则得分：

健康状态得分＝体表状态得分×0.4＋疾病发生情况得分×0.6

四、行为模式

恰当的行为模式是肉鸡福利状态评价的重要内容之一，异常行为的出现意

味着饲养过程中存在着限制正常行为表达的因素。肉鸡行为模式评价包括人与鸡群关系、精神状态和其他行为的表达3个方面。

（一）人与鸡群关系

1. 福利标准　人与鸡群关系良好。

2. 评价方法　测定肉鸡对人的回避距离。评估人员在舍内选择20个不同的位置进行观测，观测方式是评估者接近肉鸡群（至少3只在臂长范围内的肉鸡数量，即距离观察者1m范围的半圆内的鸡只数）。

指标评分：如果肉鸡在舍内分布均匀，则本项指标的标准值（B）为：该鸡舍饲养密度×（π/2）（观察者正面为半径1m的半圆），计算I值：I＝（A/B）×100％。该指标满分为100，I值每降1％，得分减1，直至为零。先计算各个位点或各次测定的得分，然后求平均值（表5-9）。

3. 人与鸡群关系评分　本标准只有回避距离1个评价指标，其得分即为本标准得分。

4. 福利改善方案　本标准得分低于85分，表明人鸡关系存在问题，需要在管理上进行改进，包括：

（1）严格规范饲养与管理人员的行为，提高其责任感，在日常饲养管理中禁止粗暴对待鸡只等不当行为。

（2）在日常管理中，经常巡视和观察鸡群，减少鸡群对工作人员的陌生感和恐惧感。

（3）通过协调人、机械、鸡只和环境的关系，使生产工艺规范化、管理程序化、操作准确化，给鸡群提供一个适应良好的环境。

（二）精神状态

1. 福利标准　鸡群精神状态良好。

2. 评价方法　对肉鸡精神状态进行定性评估。通过定性行为评估（GBA）考察肉鸡的行为表达水平。具体方法是：在鸡舍内选择8个具有代表性的观察点（具体数量根据鸡舍的大小和结构确定，能够覆盖鸡舍的不同区域为宜），确定观察点的观测顺序。走到选定的观测点后，即刻开始观测，观察半径2m内的鸡只的行为。8个观测点的观测时间分配依次为10、10、6.5、5、4、3.5、3和2.5min，注意该项观测时间应控制在20min内。

在所有选定的观测点上观察完毕后，使用视觉类比评分法（VAS）为20项指标进行评分。具体方法是：每一VAS评分的取值范围都介于左侧的"最小值"点和右侧的"最大值"点之间，"最小值"意味着该行为在所观察的所有肉鸡中均不存在；"最大值"意味着该行为在所观察的所有肉鸡中都存在（需要注意的是：可能有不止一项行为获得最大值；例如，肉鸡可以同时呈现平静、满足两种状态）。

在为每一项行为评分时，画一条长度为 125mm 的直线，并在合适的位置标明刻度。对于积极行为，每项行为的得分就是从"最小值"开始到相应刻度的毫米数。对于消极行为，按其行为表现进行评分，所对应的刻度值越大，意味着该行为越消极，计算得分时的公式为：得分＝（125－毫米刻度数），该得分与其行为表现为负向关系，即分值越高，消极行为越少。

肉鸡定性行为评估（QBA）需要从以下 23 项精神状态指标中选择 20 项进行评定，相关行为表现分为积极行为和消极行为，其中积极行为包括：活泼、平静、友好、放松、满足、积极占位、嬉戏、舒适、好奇、自信、精力充沛；消极行为包括：无助、紧张、害怕、瞌睡、恐惧、迷茫、不安、神经质、沮丧、忧伤、愁闷、无聊。

指标评分：对上述定性行为中的 20 项进行评分（0～125 分）后，计算得分。然后对所有观测点的得分进行平均，公式如下：

$$定性行为得分＝\left[\sum（20\,项定性行为评分）\right]/20/观测点数$$

3. 精神状态得分　本标准只有定性行为评估 1 个评价指标，其得分即为本标准得分。

4. 福利改善方案　本标准福利评分如果低于 85 分，需要做好以下技术改进措施：

（1）做好饲养管理人员的培训工作，避免粗暴对待鸡只。

（2）检查鸡舍内饲养设施的工作状态，避免异常噪声等的存在。

（3）做好疫病防控工作，保持鸡舍内空气清洁和垫料干燥，保证鸡群健康。

（4）在有条件的鸡场可为肉鸡提供一些环境富集材料或设施，如提供草捆、栖木、沙浴盆、垫料、玩具等，以促进肉鸡积极行为的表达，改善其精神状态。

（5）保持适宜的饲养密度和适宜的群体大小。

（6）做好疫病防控工作，保证鸡群健康。

（三）其他行为表达

1. 福利标准　具有适宜的户外场地使用率。

2. 评价方法　包括室外掩蔽物和自由放养度两个评价指标。

（1）室外掩蔽物。本项指标只适用于自由放养或散放养殖系统。如果无放

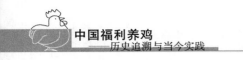

养场地，则本项指标无需评估（记为 0）。

室外的掩蔽物的指标评分见蛋鸡福利评价部分。

（2）自由放养度。本项指标只适用于自由放养或散放养殖系统。如果没有放养场地，则本项指标不适用（将被记为 0）。方法是估算舍外场地的肉鸡数量，用下面公式计算整个鸡群对于放养场地的使用率。

肉鸡对于放养场地的使用率（％）＝（场地内肉鸡数量/存栏鸡数）×100

指标评分：根据户外场地的使用比例划分为 6 个等级，每个等级对应一个得分：100％、80％、60％、40％、20％和 0 分别对应的得分为 100、80、60、40、20 和 0 分。

3. 其他行为表达的评分　本标准包括自由放养度和室外掩蔽物两个评价指标，其权重分别为 0.6 和 0.4。根据标准得分，乘以相应权重，计算本标准得分。

其他行为得分＝自由放养度得分×0.6＋室外遮蔽物状态得分×0.4

4. 福利改善方案　在散放饲养模式中，如果本标准得分低于 70 分，则表明室外放养场地存在问题，需要进行改进，具体技术与管理措施包括使肉鸡进入户外自由放养，在室外场地上种植植物，设置掩体，为肉鸡提供"庇护"场所，尽量避免使用太过空旷的场地。

（四）行为模式总体评分

根据人鸡关系、精神状态和其他行为的表达 3 个标准得分，乘以相应权重，计算本原则得分。

行为模式状态得分＝人鸡关系得分×0.2＋精神状态得分×0.4
＋其他行为表达得分×0.4

第四节　鸡在运输与屠宰中的福利评价技术

动物福利要求善待活着的动物，减少死亡的痛苦。因此，运输过程和宰杀工艺的福利水平对保证鸡肉品质、满足消费者需要并提高产品认知度具有重要作用。

运输与屠宰福利评价指标体系以运输和屠宰环节为目标，由原则层、标准层和指标层 3 个层级构成。其中，原则层有 4 项，标准层有 8 项，指标层有 10 项（表 5-18）。

表 5－18　肉鸡运输与屠宰福利评价指标体系

福利原则（权重）	福利标准（权重）	福利指标
良好的饲喂条件（0.2）	1 无饲料缺芝（0.3）	禁食时间
	2 无饮水缺乏（0.7）	禁水时间
良好的运输设施（0.3）	3 温度舒适（0.4）	运输箱或待宰栏内的喘息率
	4 活动舒适（0.6）	运输密度
良好的健康状态（0.3）	5 体表无损伤（0.2）	鸡翅损伤、擦伤
	6 没有疾病（0.5）	运输死亡率
	7 没有人为伤害（0.3）	宰前击晕惊吓、宰前击晕效果
恰当的行为模式（0.2）	8 良好的精神状态（1）	鸡翅柏动频率

一、饲喂条件

在运输和屠宰过程中，肉鸡饲喂条件评价涉及饲喂和饮水两个方面。《中华人民共和国畜牧法》第 53 条规定："运输畜禽，必须符合法律、行政法规和国务院畜牧兽医行政主管部门规定的动物防疫条件，采取措施保护畜禽安全，并为运输的畜禽提供必要的空间和饲喂饮水条件"，因此，应重视鸡的运输管理，尽可能为鸡提供适宜的运输环境。

（一）饲喂状态

1. 福利标准　禁食时间短，饥饿程度低。

2. 评价方法以禁食时间作为评价指标　这项指标的测定基于养殖场和运输记录（记录从肉鸡装车、运输直至到达屠宰场的时间），肉鸡的禁食时间由 3 部分组成：在养殖场内未捕捉装车之前的禁食时间 T（f）；在运输过程中的禁食时间 T（t）；在屠宰场待宰栏内的禁食时间 T（l）：

$$总禁食时间＝T（f）＋T（t）＋T（l）$$

指标评分：本指标满分为 100，鸡在装运前一般需要提前禁食 6～8h（NY/T 5038—2001），运输时间一般不宜超过 8h，到屠宰场时的总禁食时间以不超过 16h 为宜（我国《家禽屠宰质量管理规范》N Y/T 1340—2007 规定家禽宰杀前应空腹 12h 以上）。在此基础上，总禁食时间每增加 1h，得分减10，超过 24h 为零分，即：总禁食时间（h）为 12～16、18、20、22＞24，对应的得分分别为 100、80、60、40、0 分。

3. 饲喂状态评分 本标准只介禁食时间 1 个评价指标，其得分即为本标准得分。

4. 福利改善方案 运输时间一般不宜超过 8h，如果运输时间超过 8h，应安排中途饲喂和供应饮水。肉鸡运输到达屠宰场后应当尽快屠宰，缩短待宰时间。

（二）饮水状态

1. 福利标准 饮水供应充足，无饮水缺乏现象。

2. 评价方法 以禁水时间作为评价指标。这项指标的测定基于养殖场和运输记录（记录从肉鸡装车、运输直至到达屠宰场的时间），肉鸡的禁水时间由 3 部分组成：在养殖场内未捕捉装车之前的禁水时间 Tw（f）；在运输过程中的禁水时间 Tw（t）；在屠宰场待宰间内的禁水时间 Tw（l）：

$$总禁水时间＝Tw（f）＋Tw（t）＋Tw（l）$$

指标评分：鸡在装运前不需要进行禁水。在短于 8h 的运输中，无需提供饮水；但是对于超过 8h 的运输需要制定运输计划，运输车辆应安装饮水设施。本指标满分为 100，总禁水时间超过 8h，每增加 1h，得分减 10；超过 12h，则得分为 0 分，即：总禁水时间（h）为＜8、10、10～12＞12h，其对应的得分为 100、80、60 和 0 分。

3. 饮水状态评分 本标准只有禁水时间 1 个评价指标，其得分即为本标准得分。

4. 福利改善方案 尽量缩短运输时间和待宰时间，长途运输（8h 以上）途中必须补充饮水；运输时气温不宜超过 25℃；适当降低运输密度。

（三）饲喂条件总体评分

根据饲喂状态和饮水状态两个标准得分，乘以相应权重，计算本原则得分：

$$健康状态得分＝禁食状态得分×0.3＋禁水状态得分×0.7$$

二、运输设施

运输和待宰过程中，运输设施和待宰间内的冷热环境、空间环境对鸡运输过程中的健康与福利水平有较大影响。

（一）冷热状态

1. 福利标准 温度舒适，无热喘现象。

2. 评价方法 以热喘息率作为评价指标。从运输车的前、中、后 3 个部位分别观察 20 个运输笼（或在屠宰场内卸车区观测），记录每个笼内鸡只数量，乘以观察笼数。对运输笼内正在喘息的鸡只进行计数：

热喘息鸡群的百分率（％）＝(喘息鸡群数量)/(每笼鸡数×观察笼数)×100

指标评分：根据热喘息百分率对温度的舒适程度进行评分，满分为 100（评分方法参见蛋鸡部分）。

3. 冷热状态评分 本标准只有热喘息率 1 个评价指标，其得分即为本标准得分。

4. 福利改善方案 当本标准评分低于 80 分时表明在运输和待宰过程中存在一定的热应激现象，可考虑采取以下措施：

（1）适当通风，保持车厢内及待宰间内鸡只舒适。

（2）当外界气温较高时应避免长途运输，或选择一天内气温凉爽的时段运输。

（3）适当降低装载运输密度。

（4）运输时间超过 8h，需要提前制定运输计划，确定中间休息地点，休息时提供清洁饮水。

（5）鸡进入屠宰场后，要有专门的防暑降温或保暖防寒设施。如夏季应保持通风系统良好；冬季应有供暖设施等，给待宰肉鸡提供一个良好的休息环境。

（6）鸡只装卸时，避免激烈的抓捕，加重冷热应激的影响程度。

对于运输过程中可能出现的低温，也需要加以考虑，当气温低于 5 ℃时，需要注意保温，防止鸡只出现冷应激。

（二）运动状态

1. 福利标准 活动舒适。

2. 评价方法 以运输密度作为评价指标（表 5－19）。

表 5－19 我国良好农业规范（GAP）对家禽装载密度的要求

类别	装载密度
雏鸡	21～25cm²/只
体重低于 1.6 kg	180～200 cm²/kg
体重在 1.6～3 kg	160 cm²/kg
体重在 3～5 kg	115 cm²/kg
体重＞5 kg	105 cm²/kg

测量运输笼的尺寸大小，计算其平面面积（m²），然后对 10 个运输笼内的鸡群进行计数，计算每笼装载的肉鸡数量（n）和鸡平均体重（kg），计算运输密度。

肉鸡运输密度＝［每笼鸡数（n）×平均鸡重（kg）］/运输笼平面面积（m²）

指标评分：将实测运输密度与表 5 - 19 比较，计算肉鸡的活动舒适度评分。鸡只运输密度（TA）与推荐运输密度（TR）的比值：$P = TA/TR×100\%$。

P 代表鸡只实际运输密度与推荐运输密度的相符度。该指标满分为 100，相符度每超过 1％，得分减 1，直至为零。

3. 运动状态评分 本标准只有运输密度 1 个评价指标，其得分即为本标准得分。

4. 福利改善方案 本标准所规定的适宜装载密度可以根据具体的气候条件、运输距离和时间以及鸡只的健康状态进行适当的调整。例如，当气候恶劣、运输距离长、鸡只健康程度差时需要适当降低运输密度。

（三）运输设施总体评分

根据冷热状态和运动状态两个标准得分，乘以相应权重，计算本原则得分：

运输设施得分＝冷热状态得分×0.4＋运动状态得分×0.6

三、健康状态

运输和屠宰极易造成鸡只骨折、皮肤损伤和死亡，这在增加鸡只的痛苦、降低福利水平的同时影响经济效益和胴体品质。对该过程中的健康状态评估包括体表损伤、疾病和人为伤害 3 个方面。

（一）体表状态

1. 福利标准 体表无损伤。

2. 评价方法 包括鸡翅损伤和皮肤擦伤 2 个评价指标。

（1）鸡翅损伤。本项指标用于评定鸡只因捕捉、运输和从运输笼内转移而造成的损伤。在屠宰运输线上，鸡翅损伤可通过观察鸡翅有无垂落现象进行鉴别（如果有损伤，鸡翅就会因骨折或关节错位而明显下垂）。

测定指标为鸡翅损伤肉鸡所占百分率。具体方法是：在屠宰流水线初始位点进行观察（鸡只在此位点挂上流水线），记录每分钟通过观测点鸡只数量（只/min），观测鸡翅垂落的鸡只数量（Z），计算鸡翅损伤百分率。

鸡翅损伤百分率＝［（鸡翅垂落鸡只数，Z）/（流水线移动速度×观测分

钟数）〕×100

指标评分。本指标满分为100，鸡翅损伤百分率每升高1%，得分降低1，直至为零。即：鸡翅损伤肉鸡的百分率为0%、20%、40%、60%和80%时，其对应的得分为100、80、60、40和0分。

（2）皮肤损伤。本项指标用于评定胴体挫伤，反映的是运输过程中的损伤（与宰后胴体的损伤不同，后者不会引起组织出血）。具体方法是：在屠宰流水线上选择胴体尚未分割时的位点（以可清晰观察肉鸡大腿、小腿和背部等部位为宜），记录每分钟通过观测点的肉鸡数量（只/h），观测存在胴体淤伤的肉鸡数量（R）。

淤伤鸡只的百分率＝〔（淤伤鸡只数，R）／（流水线移动速度×观测分钟数）〕×100%

指标评分：本指标满分为100，淤伤鸡只的百分率每升高1%，得分降低1，直至为零（与鸡翅损伤百分率评分方法同）。

3. 体表状态得分　本标准包括鸡翅损伤和皮肤淤伤两个评价指标，其权重分别为0.5和0.5。根据各指标得分1乘以相应权重，计算本标准得分。

体表状态得分＝鸡翅损伤得分×0.5＋皮肤淤伤得分×0.5

4. 福利改善方案　抓鸡时要降低鸡舍内的照明亮度，在弱光下抓鸡，会减少鸡只恐惧和挣扎反应。抓鸡要轻拿轻放，以防腿、胸及翅的淤血、骨折。运输途中尽量减少停车，如果必须停车，应减速后再停车，切忌急刹车，以免因相互撞击而造成外伤。在肉鸡挂上传送链条电麻以前，要符合以下福利标准：折翅率≤1%，大腿淤伤率≤1%，琵琶腿淤伤率≤1%，断腿率＝0。

（二）疾病状况

1. 福利标准　没有疾病。

2. 评价方法　以运输死亡率为评价指标。统计在卸载时被发现死于运输笼内的鸡只。

运输死亡率（%）＝肉鸡运输后死亡总数/肉鸡运输前总量×100

指标评分：按照我国良好农业规范（GAP）要求，运输死亡率应控制在0.1%以内。低于该标准规定为100分，运输死亡率每升高0.1%，得分减少5分，即：运输死亡率<0.1%、0.5%、1.0%和>2%的得分分别为100、80、60、0分。

3. 疾病状况评分　本标准只有运输死亡率1个评价指标，其得分即为本标准得分。

4. 福利改善方案　如果存在运输死亡率过高，应考虑以下问题。

（1）检查运输车辆的状态，核实运输密度、运输时的天气情况和运输距离。

（2）调查养殖场的鸡群发病情况与健康状态。

（3）考虑在运输前为鸡只提供能够预防应激的饮水（含有维生素、电解质和葡萄糖等营养抗应激物质），降低运输死亡率。

（4）运输过程，应做到环境清洁、安静，鸡只舒适、充分休息。

（5）鸡只运到屠宰加工厂后，车辆停放在待宰间内，要鸡只适当休息，使其恢复平静，缓解应激。

（6）装卸过程中，搬运运输笼时轻拿轻放，降低噪音；禁止粗暴野蛮装卸。

（三）人为伤害

1. 福利标准　没有人为伤害。

2. 评价方法　包括宰前击晕惊吓和击晕效果 2 个评价指标。

（1）宰前击晕惊吓。在水浴式电击致昏时，如果在即将进入击昏器前受到不充分电击，则鸡只就会受到"击昏前惊吓"。出现这种情况的原因是鸡只在进入击晕器时，如果鸡的头部或翅膀接触到飞溅的水滴或潮湿的机器表面（带电），鸡只会做出逃避动作，如拍翅、惊叫等，不仅降低电击效率，也会导致惊群反应。

具体观测方法为：记录每分钟通过观测点的鸡只数量（输送速率 Ls，只/min），记录肉鸡进入电晕器时，逃避、拍翅和惊叫的鸡只数量（Ns）。

击昏前惊吓的鸡只百分率（％）＝〔（击昏惊吓数量，Ns）/（流水线移动速率 Ls ×观察分钟数 t）〕×100

指标评分：指标满分为 100，受到击昏惊吓的鸡只百分率每升高 1％，得分降低 1，直至为零，即：击昏前惊吓的鸡只百分率为 0、20％、40％、60％和 80％时，其对应的得分为 100、80、60、40 和 0 分。

（2）击晕效果。致昏有两种方式，一种是电击，鸡只遭受电击后而丧失意识，在击昏器的出口，呈现以下行为表现：颈部拱曲，头部下垂；睁眼；翅膀紧贴身体；小腿绷紧，身体不断快速抽动；呼吸无节奏，腹部肌肉无呼吸运动。另一种是气体致昏。对于经气体致昏的肉鸡，如果致昏充分，鸡体就会完全放松，闭眼，身体无抽搐。

本项指标是评估未有效致昏的鸡只百分率。具体方法为：在水浴式电击致昏器的出口以及在鸡颈被自动或手工切除后，观察在流水线上未有效击昏的鸡只。记录每分钟通过观测点的肉鸡数（传输速度，Ls，只/min），计算未有效致昏的肉鸡数目（Nis）。

未有效致昏的鸡只百分率（%）＝［（未有效致昏的鸡只数目，Nis）/（流水线传输速度 Ls×观察时间 t）］×100

指标评分：本指标满分为 100，未有效致昏的鸡只百分率每升高 1%，得分降低 1，直至为零，即：未有效致昏的鸡只百分率为 0、20%、40%、60% 和 80% 时，其对应的得分为 100、80、60、40 和 0。

3. 人为伤害评分　本标准包括宰前击昏惊吓和击昏效果 2 个评价指标，其权重分别为 0.2 和 0.8。根据各指标得分，乘以相应权重，计算本标准得分。

人为伤害状态得分＝击昏前惊吓状态得分×0.2＋击昏效果得分×0.8

4. 福利改善方案　击晕采用 40V、400Hz 的交流电，电麻击晕率应＞99%。在进行宰杀后，应设有专人对宰杀的效果进行检查，不允许有未被宰杀或没将其杀死的鸡只进入浸烫槽。

（四）健康状态总体评分

根据体表损伤、疾病状况和人为伤害 3 个标准得分，乘以相应权重，计算本原则得分。

健康状态得分＝体表损伤得分×0.2＋疾病状态得分×0.5＋人为伤害得分×0.3

四、行为模式

在屠宰过程中，鸡只行为模式评价主要是从精神状态角度观察鸡群在屠宰线上的挣扎情况。

（一）精神状态

1. 福利标准　精神状态良好。

2. 评价方法　以屠宰线上鸡翅拍动频率作为评价指标。当流水线的传输方向改变时，会影响到鸡只的平静状态。

通过本指标对以反映出传送链的运行状态。观测指标为在流水线上拍打翅膀的鸡只百分率。具体方法是当鸡只挂上流水线传送链后即刻开始观察，记录鸡翅扇动的鸡只数量（Nf）和每分钟通过观测点的肉鸡数目（传输速度，Ls，只/min）。

鸡翅拍动的鸡只百分率（%）＝［（拍翅行为激烈的鸡只数量 Nf）/（流水线传输速度 Ls×观察时间 t］×100

指标评分：本指标满分为 100，在流水线上拍打翅膀的鸡只百分率每升高

1%，得分降低1，直至为零（评分方法）。

3. 精神状态评分　本标准只有拍翅率1个评价指标，其得分即为本标准得分。

4. 福利改善方案　车间内应尽量保持安静。卸下鸡筐和将鸡只挂上传送链时，对鸡只要轻拿轻放，避免造成应激；注意不应出现有伸腿吊挂的鸡只。传送链条运转平稳，无急停、急转和突然加速现象。

（二）行为模式总体评分

本原则只有精神状态1个评价标准，其得分即为本原则得分。

中国的鸡福利养殖技术

第一节 蛋鸡福利养殖技术

自 20 世纪 50 年代以来，蛋鸡笼养被广泛推行，成为蛋鸡生产的主要饲养模式。笼养方式虽然有益于生产，有提高效率、降低饲养成本的优点，尤其在收蛋、粪便处理、减少饲料浪费、维持适宜的环境温度、检查每只鸡的状况等方面有着散养鸡无可比拟的优势。但随着社会的发展和人们对生态、动物保护意识的提高，尤其是 2012 年 1 月 1 日，欧洲蛋鸡福利法案的正式实施，蛋鸡笼养所带来的福利问题再度社会的广泛关注，主要集中在蛋鸡笼养方式本身、笼养条件如笼养密度、笼养环境、管理等几个方面。如产蛋母鸡活动受到严重限制，在笼内不能正常地伸展或拍打翅膀，不能转身，不能啄理自己的羽毛。它们站卧于倾斜的铁丝网板上，始终处于无奈的状态之中，更不能正常地自由表达天性，容易产生一些恶习如啄羽、啄趾和啄肛等。

因此，蛋鸡的福利养殖是与传统笼养相对的，相比之下，它的进步主要是提供了更大的运动空间，以及产蛋箱、栖架、沙浴槽等福利设施。近年来，世界各国开展了许多蛋鸡福利化养殖系统的研究，以保障蛋鸡福利，并取得了很多方面的改进。我国也开始了鸡福利养殖技术方面的研究与实践，尤其是中国标准化协会 2017 年 7 月发布了我国《农场动物福利要求·蛋鸡》标准（T/CAS 269—2017），更推进了我国鸡福利养殖的快速进步。

蛋鸡福利养殖的目的在于为蛋鸡提供舒适的环境、完善的营养、科学的管理和严格的防疫，使其产蛋多、饲料转化率高、死淘率低，可以获得更好的经济效益。因此，生产上除选择优良的鸡种外，还必须实施科学的符合福利养殖要求的日常管理工作。

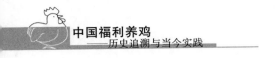

一、鸡福利养殖的设施环境要求

（一）设施设备

鸡场建设的规划设计应满足国家相关法律法规和标准的要求。鸡场的建设应符合生物安全要求，鸡场员工生活区、饲养区、运动场等分界明显，应设置围栏或隔网。鸡场外围应设置防疫隔离区，并有专门的净道和污道与外界相通，净道和污道不应交叉。场区内应设置病死鸡剖检室、废弃物无害化处理设施。鸡舍及舍内设施、设备应使用无毒无害的材料，舍内的电器设备、电线、电缆应符合相关规范，且有防护措施防止鸡只接近和啮齿类动物的啃咬。鸡舍应能满足温度要求，且保温隔热，地面和墙壁应易于清扫、消毒。鸡舍内外设备噪音应严格控制，舍内设备运行时总噪音不应超过 70dB。鸡场安装的围栏、隔网、食槽、饮水器等所有与鸡群接触的饲养设施不应对鸡群造成伤害。应设置防止鼠、猫、犬等其他动物闯入的措施，避免鸡群恐慌或受伤等突发事件发生。

（二）舍外场地

散养应设置足够空间的舍外场地，舍外面积不宜少于 2 m^2/只。舍外场地应安全卫生，保持干燥，并有良好的排水措施。在鸡舍周围 20m 范围内，应为鸡只提供 1 000 只鸡不少于 8 m^2 的遮阴篷或人工庇护区域，且应布局合理。每 600 只的鸡群，应至少设置 2 个出入口，出入口高度不应小于 45cm、宽度不应小于 50cm。出入口基部有台阶时，应设坡道，便于鸡只轻松出入。夜间应关闭出入口，以防兽害的侵袭。

（三）地面和底网

鸡舍地面应平整、干燥，方便有效清洁和消毒。网上平养宜使用木制、竹制或塑料制品的底网，底网网眼直径或间距以 1.5～1.8cm 为宜。网面应分隔为若干个小区，每个小区的鸡只数量以 300 只左右为宜。大笼饲养应满足鸡只的活动需求，每个笼底面积不少于 3.6 m^2，笼前部高度不低于 56 cm，笼后部高度不低于 46 cm。每只鸡所占面积不少于 660 cm^2。

（四）照明

鸡舍应引入自然光照，并配备足够的照明设施，应确保光线均匀。舍内饲养，每天应为产蛋鸡提供至少 8h 光照，累计光照时间不少于 16h。除产蛋区和栖息区外，人工补充光照强度应在 10～15 lx。人工光源的打开和关闭应以渐进方式进行，保证鸡群适应时间不应少于 15min。

（五）温度、湿度与通风

应根据鸡只的不同生长阶段，控制和调整温度。产蛋鸡舍的夏季温度不宜超过 30℃，冬季温度不宜低于 13℃，应避免温度的骤变。鸡舍应有效通风，舍内相对湿度宜在 50%～70%。应保持舍内空气质量良好，有害成分符合 NY/T388 规定。

（六）产蛋箱

每 4～6 只鸡应配备一个产蛋位，或每 120 只鸡应配备至少 1 m² 的产蛋空间。产蛋箱入口和箱底应配备合适的挡帘和巢垫，巢垫应柔软、舒适、卫生，易于清洁消毒。滚蛋式产蛋箱底网坡度应控制在 9°～11°。多层产蛋箱应在入口前设置跳跃架，且上下层跳跃架应平行错位设置。

（七）饲养密度

应为蛋鸡提供足够的空间，鸡舍内区域应能保证鸡群同时起卧，并有必要的活动空间。蛋鸡产蛋期舍内最大饲养密度为：散养≤6 只/m²（≥1 500cm²/只）；网上平养≤9 只/m²（≥1 100 cm²/只）；大笼饲养≤15 只/m²（≥660 cm²/只）。

（八）环境富集

应提供环境富集物，如栖木（栖架）、沙浴池、啄食物（木块、悬挂并打结的粗吊绳）、玩具、芸薹类蔬菜或无毒植物。沙浴池数量应达到每 500 只鸡至少提供 1 个。栖木应保证鸡只能正常站立，栖木总长度至少应保证 20% 的鸡群自由栖息，且每只鸡应至少有 15cm 的栖息空间，多排栖木之间相隔距离应至少为 30cm，与墙壁平行的栖木应距离墙壁至少 20cm，栖架垂直高度应为 30～40cm。栖木不应置于水槽、食槽上方。

二、雏鸡的福利养殖技术

（一）育雏期的培育目标

现代蛋鸡的育雏期是指出壳后到 8 周龄，这一阶段的主要技术目标是确保雏鸡饲料摄入量正常，健康状况良好，尽早达到生长发育及体重标准，并认真

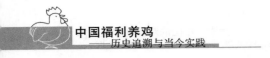

执行免疫计划，做好环境卫生和防疫工作。

（二）初生雏的选择与运输

1. 雏鸡的选择　雏鸡应来源于具有种畜禽生产经营许可证的蛋鸡孵化场，其种鸡是经过疾病净化的健康鸡群。

优良的初生雏外观应活泼好动，绒毛光亮、整齐，大小一致；初生重符合其品种要求；眼亮有神，反应敏感，两腿粗壮，腿脚结实，站立稳健，腹部平坦、柔软，卵黄吸收良好，羽毛覆盖整个腹部，肚脐干燥、愈合良好；肛门附近干净，没有白色粪便桔着；叫声清脆响亮，捏在手中感到饱满有劲，挣扎有力。如脐部有出血痕迹或发红呈黑色、棕色或为疗脐者，腿和喙、眼有残疾的，均应淘汰；种雏还应具备以下 4 个条件：①血缘清楚，符合本品种的配套组合要求；②无垂直传染病和烈性传染病；③母原抗体水平高且整齐；④外貌特征符合本品种标准。

2. 雏鸡的运输　雏鸡出壳后，宜存放在室温 22～26℃，湿度在 60%～70% 的环境中，存放时间不宜超过 4 小时。待绒毛干燥，经挑选、雌雄鉴别、注射马立克氏疫苗等处理后就可以接运了。

（1）运雏人员　必须具备一定的专业知识和运雏经验，有较强的责任心。

（2）运维工具　运雏用的工具包括交通工具、装雏箱及防雨保温用品等。交通工具（车、船、飞机等）视路途远近、天气情况和雏鸡数量灵活选择。雏鸡应采用标准雏鸡箱存放、转运，每 100 只雏鸡所占面积不应少于 0.25m²。现多采用的是箱长 50～60cm，宽 40～50cm，高 18cm，箱子四周有直径 2cm 左右的通气孔若干，箱内分 4 个小格，每个小格放 25 只雏鸡。雏鸡箱须错开摆放。箱周围要留有通风空隙，每摞箱子不要超过 5 个。运雏车厢温度控制在 22～26℃，且通风良好。否则，冬季和早春运雏要带棉被、毛毯用品，夏季要带遮阳、防雨用品，所有运雏用具和物品要经过严格消毒之后方可使用。

（3）运雏时间　应根据季节和天气确定启运时间，夏季宜在日出前或傍晚凉快时、冬天和早春则宜在中午前后气温相对较高的时间启运。装车后要立即启运，运输过程中要求做到稳而快，应尽量避免长时间停车。途中通常每隔 1～2h 观察一次，以防意外。

（三）雏鸡的饲养管理

1. 环境要求　育雏的环境条件控制不当将造成雏鸡生长减缓、饲料转化率降低、抗病力下降，从而导致疾病，使淘汰和死亡率增加。

（1）适宜的温度　研究表明，低温会削弱雏鸡免疫系统和消化系统的能力。尤其是育雏的前 2 周，由于雏鸡自我调节体温的能力很差，主要通过环境温度维持最佳体温。因此，适宜的温度是保证雏鸡成活的首要条件，必须认真做好。

供温的原则是：育雏初期要高，后期要低；小群要高，大群要低；弱雏要高，强雏要低；夜间要高，白天要低，以上高低温差为 2℃ 左右，同时雏鸡舍的温度比育雏器内的温度低 5～8℃，这样有利于雏鸡选择适宜的地方，也有利于空气的流动。具体控制可参照表 6-1。

表 6-1　育雏期适宜的温度及高低极限值（℃）

周龄	0	1	2	3	4	5	6
适宜温度	35～33	33～30	30～29	28～27	26～24	23～21	20～18
极限高温	38.5	37	34.5	33	31	30	29.5
低温	27.5	21	17	14.5	12	10	8.5

育雏温度是否适宜，除参照上述供温标准外，实际生产中应做到"看鸡施温"，即根据雏鸡的表现，正确地调整育雏的温度。温度较高，雏鸡远离热源，张口喘气，呼吸频率加快，两翅张开下垂，频频喝水，吃料减少；温度过低，雏鸡集中在热源附近，扎堆，活动少，毛竖起，夜间睡眠不稳，常发出唧唧的叫声；温度适宜，雏鸡在育雏室内均匀分布，活泼好动，食欲良好，饮水适度，羽毛光滑整齐。

（2）合适的湿度　一般育雏舍适宜的相对湿度是 1～10 日龄为 60%～70%，10 日龄以后为 50%～60%。湿度过大，雏鸡羽毛易脏乱，食欲不佳，同时为病原微生物及球虫的滋生创造了条件；湿度过低，环境相对干燥，易造成雏鸡脱水，生长不良，亦会因舍内尘土飞扬，刺激呼吸道黏膜，诱发呼吸道病。

（3）新鲜的空气　育雏期间通风的目的主要是供氧、排污、排湿、调节舍内温度，并为饲养人员提供舒适的工作环境。空气质量和鸡体健康密切相关，在通风较差的情况下，鸡体心肺功能降低，生长发育不良，容易发生眼疾和呼吸道疾病，并可能诱发大肠杆菌病。一般以人进入鸡舍不感闷气，不刺激眼、鼻为宜。2 周龄内以保温为主、通风为辅；2 周龄之后逐渐增加通风量。通风前可先升高舍内温度 1～2℃，然后再排风。必须注意新鲜空气应匀速进入鸡舍，与舍内空气混合均匀，在整个鸡舍内正确流通，防止冷风侵袭及温度波动过大。

（4）正确的光照　科学的实行光照，能促进雏鸡的骨骼发育，适时达到性成熟。在密闭式育雏舍，雏鸡 0～3 天每昼夜使用 23h 光照，因为刚孵出的雏鸡视力弱，这样做有助于幼雏的采食和饮水，光照强度以稍大为好，一般以 10.76 lx 为宜，即 0.37m² 地面有光源 1W。雏鸡可以从第 4 天起到 20 周龄每昼夜光照 8 小时，照度为 10 lx。

在开放式鸡舍有两种光照方法：①渐减法：查出该批母鸡到达 20 周龄时当地的白昼长度，然后加 5h 作为出壳 3 天后应采用的光照时间，随后每周减少光照 15min。到达 21 周龄以后，再执行产蛋鸡的光照制度。②恒定法：查出该批母鸡到达 20 周龄时的白昼长度，从出壳第 3 天起就保持这样的光照长度。21 周龄以后，再按产蛋鸡的光照制度管理。

（5）合理的密度　合理的饲养密度既能满足鸡群的福利需求，又可以使饲养设备和鸡舍有效空间得到充分利用。一般讲，冬季育雏时可比夏季增加 10% 的饲养密度，通风换气好的鸡舍可适当增加饲养密度。但不论多大面积的育雏舍，在育雏初期都要划分成小区，每小区养一群雏鸡。一般以 500 只为宜，最多不超过 800 只。雏鸡不同饲养方式的饲养密度见表 6 - 2。

表 6 - 2　雏鸡不同饲养方式的饲养密度

垫料平养		网上平养		立体笼养	
周龄	只/m²	周龄	只/m²	周龄	只/m²
0～6	20	0～6	24	1～2	60
7～12	10	7～18	14	3～4	40
13～20	8～9			5～7	34
				8～11	24
				12～20	14

2. 雏鸡的饲养

（1）优质的饲料　雏鸡消化能力差，生长发育快，对饲料品质要求高。雏鸡料必须营养全面、易消化，适口性好，颗粒大小适中。据报道，雏鸡开食料和 1 周龄的雏鸡料，对雏鸡的消化器官功能和早期体质具有重要影响，建议在开食料和 1 周龄雏鸡料中添加 1% 的植物油，油脂的润滑作用能减轻饲料对雏鸡的消化道黏膜的刺激，有利于消化器官在消化吸收过程中功能逐渐健全；同时，植物油中含有丰富的维生素 E，可以避免和减少雏鸡脑软化症、白肌病、硬嗦子病，并能抑制大肠杆菌病；同时植物油中少量的单宁，可间接提高直肠水分回收率，减少腹泻发生。

（2）饮水与开食　雏鸡入舍后要先饮水后开食。出壳后的幼雏腹部卵黄囊内的营养物质需要 3～5 天才能基本上吸收完，尽早利用卵黄囊的营养物质，对幼雏生长发育有明显的效果，雏鸡饮水能加速其中营养物质的吸收利用。因此，应提供充足、清洁、新鲜的饮用水，水质应符合 GB 5749 的要求。

在雏鸡初次饮水中添加 5％葡萄糖或蔗糖和电解多维，有助于快速补充雏鸡出壳后体内所耗去的水分，可减少早期育雏的死亡率。但糖水不宜在高温下长时间饮用，容易酸败，必须少加勤添。1～2 周龄内的雏鸡要禁止饮用凉水，水温应与室温相近，以免水温低对雏鸡胃肠产生应激。另外要遵循"不限量、不间断"的原则，做到随时自由饮用。

雏鸡首次吃料叫开食。雏鸡进入育雏室饮水以后就可开食喂料。从出壳到毛干、饮水、开食，这个过程越早越好。开食用小米或小粒玉米面，经 70℃开水浸泡 2h 后作开食料，质地柔软，雏鸡稚嫩的胃肠初次接触，应激小，易消化，对促进和提高雏鸡的胃肠功能有一定的积极意义。之后采用颗粒破碎料，由于营养全面，容易消化吸收，可使鸡群个体生长同步，利于保证鸡群的均匀度。

（3）饲喂　开食时，把料撒在经过消毒的开食盘上，每次采食结束，应立即收起开食盘，以免鸡粪落入饲料中，饲喂 3～4 天后可改用料槽。前期每次喂食不宜过饱，应做到"少添、勤喂、八成饱"，否则容易采食过量，造成消化不良。第 1 周每天喂料 6～8 次，喂料量以 10min 吃完为准，2 周内每天喂 5 次，之后随着日龄的增加，喂料的次数逐渐减少，料槽和水槽应随雏鸡日龄的增长逐渐升高。

3. 雏鸡的管理　雏鸡的管理是一项细致而艰巨的工作，需要有责任心，认真负责，严格执行规程，做到科学管理，给雏鸡创造最佳的环境条件，才能获得优异的成绩。

（1）观察鸡群　雏鸡正常情况下，活动、饮食、睡眠、叫声、粪便的形状和颜色等都有一定的规律和特点。在雏鸡受到环境条件的应激影响、疾病的威胁时，就会出现异常的现象。饲养人员只要注意细心观察，就能识别。

生产中一般借助喂料的机会，查看雏鸡对给料的反应，如采食速度、争抢程度、采食量是否正常；每天查看粪便的颜色和形状，以判断饲料的质量和鸡群的健康情况；观察雏鸡的羽毛状况、眼神和对声音的反应，有无打堆、呆立现象；夜晚注意听鸡的呼吸声有无异常，检查有无病鸡、弱鸡、死鸡、瘫鸡；经常检查料桶或槽是否有料，饮水器是否断水或漏水，灯泡是否损坏或积灰太多，鸡群中是否有啄癖发生等。通过观察发现问题，及时查明原因，并采取有效的措施。

（2）合理分群　由于每批鸡在饲养过程中会出现一些体质较弱、个体大小有差异者。因此，要及时根据大小、强弱分群，并不断剔除病、弱、残、次的鸡。饲养到中后期，应对整个鸡群大、中、小的个体分层饲养，对中、小的个体可调整到温度稍高的中上层饲养，同时，增加饲料量和采食时间，使整个群体发育均匀。

（3）垫料管理　雏鸡要求环境干燥卫生，地面育雏时需要铺设垫料以利保温。垫料选用切短的麦秸、稻草或刨花、锯末等，要求清洁卫生、柔软干燥、吸湿性强、不发霉、不结块，秸秆类要铡成 5cm 左右长度。为了使雏鸡有良好的生活环境，必须保持垫料干燥。如果采用厚垫料育雏，应根据垫料的干燥与卫生状况，及时添加干燥的新垫料。如用秸秆作垫料，要特别注意防止曲霉菌的危害，禁用发霉的秸秆。

（4）审慎断喙　啄斗是鸡的一种生物学特性，虽然断喙可以减少啄肛、啄羽、啄趾等恶癖的发生，但科学上已证实，鸡的喙极其敏感，断喙能引起极大的疼痛和终生的行为损失，喙的残根康复后形成肿块，影响正常的采食、饮水和梳羽，因此要有选择地加以应用。提倡在出雏的当天采用红外线断喙技术实施，经过红外照射的部分会在 2～3 周后脱落，可有效抑制断喙后喙部的再生，处理后不会产生开放性伤口，没有产生神经瘤和细菌感染的风险。若要采用断喙器断喙，宜在 6～9 日龄内进行，有关操作人员须经过专门的培训，掌握有关动物福利知识，以保证鸡受到的损害最小。

断喙时断去上喙二分之一、下喙的三分之一。断喙前后 1～2 天，每千克饲料中可添加 2～4 mg 维生素 K_3，有利于凝血；断喙后料槽内应多添饲料，以免雏鸡啄食到槽底创口疼痛。

（5）保持环境安静　雏鸡胆小怯弱，外界的任何干扰都会使雏鸡惊群，致使雏鸡互相挤压而引起死亡。因此，育雏室要保持环境安静，防止猫狗等进入惊扰；谢绝外来人员参观。

（6）搞好卫生防疫　要制定防疫卫生制度并严格执行。尽量减少与外界的联系，避免非育雏人员进入育雏区（室）。育雏用具要保持清洁，饲槽、水槽要定期洗刷、消毒。雏鸡饲料要卫生，不要放置过久。坚持经常性的带鸡消毒和育雏室周围环境消毒，以防疾病传播。

（7）逐步脱温　雏鸡脱温时间可根据天气情况而定。雏鸡脱温有个适应过程，开始白天可适当减少供热系统的数量，以保证适当的室温，晚上可适当增加，以后逐步白天不加温，晚上加温。经 5～7 天鸡群适应自然气温后就可不再加温，切不可突然脱温或温差下降过大，否则雏鸡怕冷相互挤压在一起而压死或发生呼吸道疾病。

（8）做好各项记录　每天按时记录当天的存栏、死亡、淘汰、鸡群情况、用料量、免疫用药日期、温湿度变化和称体重等日常管理情况，以便在生产中积累资料、查找原因，不断总结提高。

三、育成鸡的福利养殖技术

育雏完成后到开产前（9～20周龄）为育成阶段。这一阶段是骨骼、肌肉、内脏及各系统生长发育最旺盛的时期，也是决定其性成熟的早晚及将来产蛋率高低的关键环节。因此，育成期的饲养管理目标就是让鸡的器官系统得到充分锻炼，在提高育成率和合格率的前提下力争鸡群整齐度好，并为进入产蛋期进行营养积累，为开产做好生理上的准备。管理关键是从营养供应和光照管理上采取有效措施，促进体成熟的进程，让鸡长好骨架，控制性成熟的速度，防止鸡早产，保证产蛋期理想的产蛋性能。

（一）育成鸡的饲养

1. 营养特点

（1）日粮蛋白质水平不宜过高：据研究，10～12周龄是鸡性腺发育阶段，喂蛋白质水平过高的饲料会加快鸡的性腺发育，使鸡早熟，从而使鸡的骨骼不能充分发育，致使鸡的骨骼细、体型较小，开产时间虽有所提前，但蛋重偏小，产蛋持续性差，总产蛋量也少。喂蛋白质水平较低的饲料，可抑制性腺发育，并保证骨骼充分发育。因此，育成期饲粮的蛋白质水平应逐渐降低，由育雏期的18%逐渐减到14%、15%。

（2）日粮含钙不宜过多：育成期就喂高钙饲料会降低母鸡体内保留钙的能力，到产蛋时就不能较好地利用钙质，影响产蛋性能。因此，应适当降低钙、磷的含量，钙由原来的0.9%～1.0%降到0.6%～0.8%，有效磷由0.4%～0.45%降到0.3%～0.35%，锻炼机体保存钙、磷的能力。粗纤维含量增加，麸皮、糠类、草粉等占的比重加大，以促进其消化器官的发育。

2. 饲喂要求
育成鸡的饲喂要求应以控制体重和胫长发育为重心。若体重和胫长发育低于标准则继续饲喂雏鸡料，提高营养水平，加大饲喂量，促使其达到或接近标准。更换饲料要逐渐进行，如用2/3的雏鸡料混合1/3的育成料喂2天，再各混合1/2喂2天，然后用1/3育雏料混合2/3育成料喂2～3天，以后就全喂育成料。为锻炼育成鸡的消化功能，提高饲料消化率，要经常喂沙砾，可拌入料中，也可单独撒于饲槽内，每千只一次饲喂9～11 kg，沙砾直径通过3mm筛孔。

（二）育成鸡的管理

1. 饲养方式 育成鸡的饲养管理方式分为舍饲、半舍饲和放牧饲养。

（1）舍饲 鸡群全程舍内饲养。根据地面结构不同分为厚垫料饲养、栅（或网）状饲养、混合地面饲养、立体笼养等多种形式。

（2）半舍饲 半舍饲是鸡舍加运动场饲养育成鸡的一种方法。舍内有沙子或其他垫料，并有栖架，舍外为运动场，其面积为鸡舍面积的2倍，鸡舍为鸡群夜间栖息或阴雨天活动的场所；运动场是白天活动、采食、饮水的空间。这种饲养方式空气较好，投资小，鸡可直接接触阳光，并可从地面获取一些微量元素，鸡群较健壮。但饲养密度小，占地面积大，劳动生产率低。适用于饲养土种鸡。

（3）放牧饲养 放牧饲养一般将鸡散放于地域较宽阔而不适于耕种的场地，如荒地、山坡或半山坡、果园等，并配备可活动的鸡舍以备夜间和阴雨天栖息。这种方式投资少，成本低，鸡可获得一些野生植物、昆虫及收获农作物撒落的种子，并因活动量较大及阳光充足，鸡只非常健壮，是适合于山区、半山区及果园养鸡的一种方法。目前多数地方品种采取这种方式。但应注意防止兽害，且放牧前要训练调教好。

2. 控制体重与均匀度 育成鸡体重与产蛋期体重、蛋重呈正相关，也影响着开产日龄与产蛋率。良好的体重不仅会适时开产，而且产蛋率也高。否则即使提前开产也会有不良的后果，如脱肛、子宫炎等问题。一般来说，由于饲养管理上的差异，可使遗传性能相同的鸡群产蛋数相差多达75枚左右，而其中有35～40枚的差异是由于鸡群的平均体重不同所致（表6-3）。

表6-3 海兰灰蛋鸡不同育成体重对生产性能的影响

体重	1 197±9.3	1 249±9.1	1 297±8.8	1 351±8.8	1 390±7.9	1 449±7.3
开产日龄（天）	167	157	152	150	150	153
90%产蛋率持续期（周）	2	7	11	14	15	12
只产蛋数（枚）	243.2[a]	256.8[a]	263.5[ab]	274.7[bc]	288.3[c]	277.4[bc]
只总产蛋量（kg）	14.3[a]	15.1[a]	15.6[ab]	16.4[bc]	17.3[c]	16.7[bc]
只日产蛋量（g）	40.86	43.14	44.57	46.86	49.43	47.71
平均蛋重（g/枚）	58.8[a]	58.8[a]	59.2[b]	59.7[b]	60.0[c]	60.4[c]

表中同行数字右上角注完全相同者差异不显著（P＞0.05）；完全不同者差异极显著（P＜0.01）；有相同字母但不完全相同者差异显著（P＜0.05）。

引自张永英、王保安. 海兰灰育成蛋鸡不同体重对生产性能的影响［J］. 兽药与饲料添加剂，2001，（4）：14

（1）体重的测定：根据不同的品种，一般从 6～8 周龄开始，每隔 1～2 周龄称重一次。称测体重的数量一般占鸡群的 2％～5％，每次不少于 50 只。称重时要求逐只称重登记，最后进行统计。根据称重的结果，对超重的进行限饲，对于低体重的要加强饲喂。

（2）体重均匀度的评定：均匀度是指鸡群内达到标准体重±10％范围内的鸡数占总鸡数的百分比。一般来说均匀度在 70％～80％为合格，80％以上为优良，若能达到 90％以上为最理想。当测得鸡群的均匀度低于 70％时，就要从疾病、喂料的均匀性、饲养密度、管理等方面及时地分析原因并采取相应的措施。

3. 控制体型　体型是指骨骼系统的发育。骨骼宽大，意味着母鸡中后期产蛋的潜力大。在育雏、育成前期小母鸡体型发育与骨骼发育是一致的，胫长的增长与全身骨骼发育基本同步。

控制后备母鸡的体型在经济上是有利的，因为体型大小对蛋的大小有着极大的影响。为此，这一阶段以测量胫长为主，结合称体重，可以准确地判断鸡群的生长发育情况。若饲养管理不好，胫短而体重大者，表示鸡肥胖，胫长而体重相对小者，表现鸡过瘦。防止在标准体重内养小个子的胖鸡和大个子的瘦鸡，这两种鸡对产蛋表现都不理想。过肥的鸡死亡率较高，而体架过大且体重较轻的鸡易脱肛，大多数育成鸡的骨骼系统基本上在 13 或 14 周龄发育基本结束，重要的是育成期 12 周龄内胫骨的生长是否与体重增长同步。如果到 12 周龄胫长与体重是同步的，说明此阶段鸡群培育工作相当成功，预示着此鸡群其后的产蛋潜力是高的。

4. 控制光照　在整个育成期尤其是 12 周龄之后不宜增加光照时间和光照强度。过长的光照会使生殖器官过早地发育，导致性成熟过早。由于身体未发育成熟，特别是骨骼和肌肉系统未得到充分的发育就过早开始产蛋，体内积累的无机盐和蛋白质不充分，饲料中的钙磷和蛋白质水平又跟不上产蛋的需要，于是母鸡出现早产早衰，甚至有部分母鸡在产蛋期间就出现过早停产换羽的现象。因此，必须严格执行光照方案，并通过限制饲养以控制育成鸡的发育，从而延迟鸡的开产日龄。

5. 日常管理

（1）饮水：保证清洁充足，定期洗刷消毒水槽和饮水器。

（2）喂料：均匀，日喂 3 次，每天要净槽。

（3）环境控制：①温度。育成鸡的最佳生长温度是 21℃左右，一般控制在 15～25℃。夏天要注意防暑降温，冬天注意保温。②通风。育成鸡采食逐渐增加，呼吸和排粪也相应增多，生长和发育逐步加快，鸡舍内空气很容易浑浊，因此必须做好通风换气工作，育成前期可通过打开窗户进行，育成后期则必须借助风扇来完成。

（4）卫生防疫：严格执行综合防疫措施，防止疫病的发生和传播，按照制定的免疫程序做好免疫工作。

（5）分群饲养：育成鸡在生长过程中会出现大小强弱不匀的现象，要及时根据鸡的大小、强弱、公母分群饲养，使之发育均匀。在分群时，要特意将那些弱鸡进行分栏饲养，加强管理，精心饲喂。

（6）观察鸡群：及早发现问题，并采取有效的措施加以解决，从而保证鸡群的正常发育。

6. 补充钙质　小母鸡在开产前 10 天开始在髓质骨中沉积钙质，蛋壳形成时约有 25％的钙来自髓质骨，其他 75％来自日粮。如钙不足时母鸡将利用髓质骨中的钙，造成腿部瘫痪，所以应将育成鸡料的含钙量由 1％提高到 2～2.5％，其中至少应有 1/2 的钙以颗粒状石灰石或贝壳粉供给。

7. 转群　育成鸡应在 17～18 周龄转入蛋鸡舍，使母鸡对新环境有个适应过程。转群作为饲养管理过程中的重要一环，处理不当会产生较大的应激。因此，转群时应力争做到：

（1）认真组织：转群可分成抓鸡组、运鸡组、装鸡组进行，组织好人力、物力，避免人员交叉感染。

（2）减少应激：一是转群最好在傍晚或早晨暗光下进行；二是尽量减少育雏舍和育成舍间的温差；三是转群时不要同时进行其它免疫措施；四是抓鸡时要握住鸡只的双翅或双脚，不应抓提鸡只的头部，轻抓轻放，动作温和，以减少鸡只的惊吓和损伤；五是转群前 6 小时应停料，转群前后 3 天，饲料中要加倍量添加维生素或饮电解质水。

（3）加强管理：转群时对鸡进行清点和选择，淘汰病弱鸡；转群后第一天应 24 小时光照，以便鸡有足够的采食和饮水时间；注意观察鸡的动态，刚转群时鸡容易出现拉白色稀粪的情况，以后逐步正常，要勤观察鸡群的采食和饮水等行为。

四、产蛋鸡的福利养殖技术

产蛋鸡富于神经质，对于环境变化非常敏感，产蛋期间若饲料突然变化、饲喂设备改换、环境温度、光照、饲养密度的改变，饲养人员和日常管理程序等的变换以及其他应激因素都对蛋鸡产生不良影响。因此，产蛋鸡饲养管理的中心任务就是按照鸡福利养殖的环境条件要求，尽可能消除与减少各种应激，降低鸡群的死淘率和蛋的破损率，充分发挥其遗传潜力，达到高产稳产的目的。

（一）产蛋鸡的生产特点

随着母鸡的性成熟，现代蛋鸡通常在 18 周龄左右开始产蛋。鸡群产蛋有一定的规律性，反映在整个产蛋期内其产蛋的变化有一定的模式。现代蛋鸡的正常产蛋变化均有以下特点：一是开产后产蛋量迅速增加，产蛋曲线高峰过程陡然上升。产蛋率在 10％～80％，每天产蛋率增加 2％～3％；产蛋率在 80％～90％，每天产蛋率增加 1％～1.5％；产蛋率在 90％～97％，每天产蛋率增加 0.3％～0.5％。一般开产后 6 周左右达到产蛋高峰，且可维持 90％以上的产蛋率 18 周左右；二是产蛋高峰过后，产蛋曲线下降十分平稳，呈一条直线状。正常的产蛋曲线每周下降的幅度是相等的。一般 0.5％～1％，直到 72 周产蛋率仍维持在 65％～70％。于是在整个产蛋过程中，如饲养管理不当或鸡群遭到疾病、惊吓等应激时，将使产蛋率受到严重影响，尤其是产蛋前期。

（二）产蛋鸡的饲养管理

1. 产蛋鸡的饲料与饲喂

（1）饲料要求：鸡场使用的饲料和饲料原料应符合国家相关法律法规和标准的要求。应根据蛋鸡品种特性和生理阶段的营养需求供给，饲料提供的营养素应能满足蛋鸡维持良好的身体状况及正常的产蛋要求。

鸡场购入的配合饲料，应有供方饲料原料组成及营养成分含量的文档记录；自行配料时，应保留饲料配方及配料单，饲料原料来源应可追溯。不应使用哺乳动物或禽鸟动物蛋白质源的饲料（不包括乳制品）。在产蛋期除治疗目的外，不应在饲料中使用抗生素或类似含抗生素的原料。饲料应安全、卫生地运输、贮存和输送，防止虫害、潮湿、变质及污染。

（2）饲喂要求：根据不同的生产系统和鸡只的个体大小及数量，应提供足够的饲喂空间，满足鸡只的采食需要。线性料槽成年鸡 5cm/只（单面）或 2.5cm/只（双面）采食空间；料盘或料桶的采食空间（以料盘或料桶的外圆周长计），不应少于 1.8cm/只。

喂料器应均匀分布在鸡舍，鸡只到达喂料器的距离不应超过 4 m。应根据鸡只的日龄和大小设置喂料器的最佳高度（最佳高度以不超过鸡只的背部高度为宜）。饲料线和饮水线应设有防栖线或套有滚动条。防栖线不应带电或连接任何电源。应保持饲喂设备的清洁，及时清理剩余饲料，防止残余饲料的腐败变质。每周应至少提供一次适量沙砾给产蛋鸡以助消化，产蛋期沙砾的直径宜

6～8mm，每只鸡每周用量约为 7g。砂砾可掺入饲料中或采用独立砂槽。鸡只预防、治疗用药及淘汰上市前的休药期应严格执行国家有关部门的相关规定。

（3）饮水要求：饮水器应均匀地分布，鸡只到达饮水器的最大距离应为 4 m。应确保每只鸡有足够的饮水空间，饮水器最低设置数量应达到：钟式饮水器 50 只/个～60 只/个，乳头饮水器 10 只/个。饮水器高度应根据不同的生产系统和鸡只日龄及大小设置，乳头式饮水器以鸡只的眼线等高为宜，钟式饮水器以高于鸡只背部 2～3cm 为宜。供水系统应定期检测、清洗、消毒和维护，并有完善的卫生管理措施。饮水系统中使用的蓄水设施应封闭，并定期清洗消毒。散养系统应确保供水设施或水源地能够提供充足、干净、新鲜的饮用水。若使用天然水源，应对潜在疾病风险进行评估。根据兽医医嘱，需在饮水中添加药物或抗应激剂时，应使用专用设备，并做好添加记录。

2. 开产前后的饲养管理

开产前后数周（一般为 18～24 周龄）是母鸡从生长期转入产蛋期的过渡阶段。此阶段母鸡的生理变化剧烈，适应性和抗病力都较差，加上转群、免疫接种、饲料更换和增加光照等一系列工作，给鸡造成极大应激，如果饲养管理不当，极易影响鸡的产蛋。

（1）饲养要求

适时更换饲料：开产前 2 周骨骼中钙的沉积能力最强，为使母鸡高产，降低蛋的破损率，减少产蛋鸡疲劳症的发生，应从 18 周龄改换为预产期饲料，把日粮中钙的含量由 1％提高到 2％；产蛋率达 20％～30％时再更换成含钙量为 3.5％的产蛋鸡日粮。

保证采食量：研究表明，产蛋早期（开产后前 2～3 个月）适当增加能量和蛋白质摄入量，对产蛋高峰的尽快到来非常重要。所以开产前应恢复自由采食，让鸡吃饱，保证营养均衡，促进产蛋率上升。

保证饮水：开产时，鸡体代谢旺盛，需水量大，要保证充足饮水。饮水不足，会影响产蛋率上升，并会出现较多的脱肛。

（2）管理要求

抽测鸡群体重：18 周龄时要称鸡的体重，并与本品种标准体重比较。此时轻型鸡种的体重应在 1 100 克以上，中型鸡种在 1 350 克以上。若达不到标准体重，应提高日粮蛋白质和能量水平，使其尽快达到标准体重。育成后期鸡群均匀度在 95％以上，开产后能很快达到高峰，产蛋上升期很短，全期的产蛋量也较高。

延长光照：18 周龄抽检体重达标者，应在 18 周龄或 20 周龄开始补充光照。如果在 20 周龄体重还不达标，可将补充光照时间推迟一周。补光的幅度一般为每周增加 0.5h，直至增加到 16h。充分利用自然光，在日照不够时可补充人工光照。

调整鸡群：鸡群开产前应及时把弱鸡、病鸡只从鸡群中挑出，单独饲养，淘汰个别无饲养价值的鸡，以保证鸡群的均匀、整齐。

驱虫防疫：在开产之前须经过 1～2 次药物净化，使开产鸡群健康无病。110 日龄前后要进行一次彻底的驱虫工作。对寄生于体表的虱、螨类寄生虫，采取喷洒药液的方法进行治疗；对寄生于肠道内的寄生虫，采取饲料拌药喂服。若出现新城疫抗体效价不高或不均匀现象时，应立即注射一次新城疫油乳剂灭活疫苗或饮一次弱毒疫苗，也可肌注新城疫—减蛋综合征—肾型传支三联灭活疫苗，防止鸡群开产后暴发疫病。

3. 产蛋高峰期的饲养管理

（1）满足产蛋的营养需要：产蛋高峰期的母鸡对营养要求较高，每天摄入的营养除用于产蛋外，还用于鸡体重的继续增长、基础代谢和繁殖活动，要求供给营养全面、质量高、适口性好的配合饲料，并采取自由采食，保证鸡的采食量能够满足产蛋需要。

一般认为，能量摄入量主要影响鸡的产蛋率，而蛋白质摄入量影响鸡的蛋重，其中含硫氨基酸最为重要，然后是其他必需氨基酸和矿物质元素。要发挥蛋鸡的产蛋潜力，每天每只鸡的代谢能应摄入 1.24～1.42MJ，粗蛋白质摄入 18～20g。饲料中还应适当提高矿物质、维生素的含量，特别要注意颗粒状钙的添加，按钙用量前低后高、磷用量前高后低的原则，使产蛋鸡饲料中钙的含量达到 3.2%～3.5%，有效磷 0.41%～0.35%。

（2）创造适于高产的饲养环境：鸡舍内的适宜环境对于保证鸡群生产力的正常发挥至关重要，每一种不适的饲养环境，诸如高温、寒冷、潮湿、噪声、空气污浊等，对产蛋鸡都是很大的应激因素，从而影响其生产性能的发挥。为此，生产中应做到：

保证舍内安静：鸡舍内和鸡舍外周围要避免噪音的产生，饲养人员与工作服颜色尽可能稳定不变。杜绝老鼠、猫、狗等小动物和野鸟进入鸡舍。

稳定光照时间：对于开放式鸡舍，光照时间应尽量接近最长的自然光照时间，不足部分用人工光照补充，灯光设计要求是：灯距小，灯泡小，瓦数小，光线均匀，照度足够。笼养鸡要注意将灯泡设置在两列笼中间上方，以便灯光射至料槽、水槽。人工补光最好用定时器控制光照时间，光照强度用调压变压器，并经常擦拭灯泡，保证其亮度。

气候条件适宜：温度、湿度、通风按照福利养殖要求调控，并保持相对的稳定。

减少应激发生：饲养管理程序要规范，饲喂要定时，饮水充足，不可随意更改作业程序，如喂料、捡蛋、清粪等工作混乱，均可使产蛋量降低。另外，异常的声响、陌生人、鼠鸟的突然出现及饲料、疾病、天气的突然变化等都可使鸡群产生严重应激反应而导致产蛋下降。

（3）搞好卫生防疫：产蛋高峰期是母鸡新陈代谢最旺盛、物质转化最快的时期，也是抵抗力相对较弱、精神亢奋、对疾病的易感性增加的时期。因此要特别注意环境和饲料卫生。要经常洗刷饲槽、水槽或水箱，定期清除鸡粪，充分利用喂食、捡蛋、人工授精、清粪、夜间等时间观察鸡群动态，加强日常卫生防疫工作，减少呼吸道病的诱发因子，做好预防投药，一般产蛋高峰时每月一次预防投药，每周有一次抗体检测，根据抗体值做好补免。

4. 产蛋后期的饲养管理　当鸡群产蛋率降至80%以下时，就应转入产蛋后期的饲养管理。

（1）调整日粮营养：随着产蛋率的降低，日粮中的能量和粗蛋白质水平也应相应下降，其中饲料能量控制在1.1MJ/kg，粗蛋白质由产蛋高峰的17%逐渐降至15.5%，并保持不变，直到鸡群被淘汰时为止。同时，在能量一定的情况下，日粮中的粗蛋白质水平应随季节的变化进行调整，冬季由于鸡群采食量的增加应适当降低，而夏季由于采食量的减少应适当提高。由于此时鸡对钙的吸收利用能力降低，为了有效地改善蛋壳品质，还应在日粮中添加贝壳粉、石灰石粉等含钙饲料，于每天的12：00～18：00单独饲喂，使日粮中的钙含量达到3.5%～4.0%，并注意维生素D_3、维生素C、磷、锰、镁等营养物质的供给。此外，胆碱有助于血液中脂肪的运转，日粮中添加0.10%～0.15%，可有效地预防产蛋鸡肥胖和发生脂肪肝。

（2）延长光照时间：鸡舍内的光照强度以1.7～3.5W/m²为宜，光照时间每天为16h（淘汰前4周逐渐增加到17h），严禁降低光照强度、缩短光照时间和随意更改开关灯时间。

（3）及时淘汰停产鸡　及时淘汰可以节省饲料，降低成本和提高笼位利用率。

（三）产蛋鸡的日常管理

鸡群的日常管理应采用温和方式，所有活动应缓慢、谨慎，以减轻鸡群的恐惧、损伤及不必要的惊吓。

1. 人员管理　鸡场管理人员应接受过动物福利相关培训，掌握动物健康和福利方面的知识。饲养人员经过培训和指导，须具备辨识潜在福利问题的能力，对于一般疾病症状，能够找到原因并正确应对。

2. 日常检查 日常检查的目的在于掌握鸡群的健康与食欲等状况，挑出病死鸡，检查饲养管理条件是否符合要求。

（1）挑出病鸡：每天均应注意观察鸡群，发现健康不佳、食欲差，行动缓慢或受伤等福利问题，应及时挑出并进行隔离观察治疗；如发现大群突然死鸡且数量多，必须立即剖检，分析原因，以便及时发现鸡群是否有疫病流行。每日早晨观察粪便，对白痢、伤寒等传染病要及时发现；每天夜间闭灯后，静听鸡群有无呼吸症状，如干、湿啰音、咳嗽、喷嚏、甩鼻，若有必须马上挑出，隔离治疗，以防传播蔓延。

（2）观察鸡蛋的质量：如蛋壳、蛋白、蛋黄浓度、蛋黄颜色，血斑，肉斑蛋，沙皮蛋、畸形蛋，尤其是蛋大、破蛋率高等应及时分析原因，并采取相应措施。

（3）了解鸡的饮食情况：每天应统计鸡群的耗料量和饮水量，发现异常应及时找出原因，加以解决。

（4）每天对鸡舍内外查看一次，看是否有老鼠和其他动物出入的痕迹，发现鼠洞及时用水泥堵住。

（5）检查笼门和鸡笼底网，发现破损处及时修理，对逃出笼外的鸡应及时归笼。

（6）应随时清除鸡舍及周围环境中可能被鸡群误食的铁丝、塑料布、电线等杂物。

（7）每天应对舍内设备如水线、料线、温控装置、通风设备、清粪系统等进行检查，发现故障，立即排除。

3. 投料与匀料 每日根据产蛋性能和季节等因素，先计算好喂料量。分一次或 2 次投喂；每天在投料间隙至少应有二次匀料，以刺激鸡的食欲。

4. 捡蛋 每日捡蛋时间固定，散养和网上平养，每天捡蛋次数不宜少于 3 次，捡蛋过程中不应惊扰正在产蛋的鸡只。捡蛋时要轻拿轻放，尽量减少破损，破蛋率不得超过 3％。好蛋、破蛋分开，鸡蛋收集后立即用福尔马林熏蒸消毒，消毒后送蛋库保存。

5. 做好记载 每天应记录并保存日常管理的内容。如光照时间的变更、测鸡体重、接种疫苗、投药情况、鸡群健康状况等，都应详细填写，交接班时，除交代鸡群状态、设备损坏、病鸡治疗作其主要办的事项外，交班人员还应该把当日岗位责任制的落实情况，饲养操作规程的执行情况等在值班记录上签名，以示负责。

（四）制订健康计划

蛋鸡场应制定符合法律法规及相关标准要求的兽医健康和福利计划，内容应至少包括：

　　——生物安全措施；

　　——疫病防控措施；

　　——药物使用及残留控制措施；

　　——病死鸡及废弃物的无害化处理措施；

　　——其他涉及动物福利与健康的措施等。

鸡场应定期对健康计划的实施情况进行检查，并适时对计划进行更新或修订。

（五）制定蛋鸡淘汰计划

做好淘汰鸡管理是提高蛋鸡养殖效益的关键手段之一，及时淘汰不理想鸡既节省饲料、人工、场地，又使鸡群整齐一致，减少鸡群疾病的风险，提高养鸡效益。

现代商品蛋鸡场，一般是母鸡产蛋 12～14 个月后即全部淘汰。蛋鸡淘汰时的捕捉应在暗光或蓝光下进行，采取适当的隔挡，防止鸡群拥挤或踩踏。对于多层大笼饲养的鸡群，抓鸡时应防止鸡群从高空坠落。靠近鸡群时，应尽量降低噪音、灰尘和混乱，避免鸡群紧张和恐惧。捕捉可采用单手法（抓握双脚）和双手法（抱胸扣翅）。不应抓提鸡只的头部，操作时应轻柔小心，避免鸡只大小腿及鸡翅充血、出血或骨折。

蛋鸡淘汰时的运输方应满足国家相关法律法规和标准的要求，并应制定运输应急预案措施。捕捉、装卸和运输人员（司机和押运人员）应经必要的指导和培训，了解兽医和动物福利基本知识，能够胜任所承担工作。

运输车辆、运输笼及所有与鸡群接触的表面，装载坡台和护栏等，不应存在锋利边缘或突起物，使用前后应彻底清洗消毒，鸡笼清洗时鸡笼内不应有活鸡。应采用标准运输笼，笼高不低于 28cm。装载密度（按笼底面积计算），每只鸡不应少于 400cm^2。应避免在极端天气运输鸡只，如遇有恶劣天气应配有防护措施（挡风板、帆布）。气温高于 25℃（湿度大于 75％）或低于 5℃时，应采取适当措施，减少因温度过高或过低引起鸡群的应激反应。司机应做到平稳驾驶，减少运输过程中的噪音，运输时间应控制在 2 小时以内。押运人员在运输过程中应注意观察鸡只状况，避免死亡。

第二节　肉鸡福利养殖技术

动物福利已成为当今世界许多国家实施并逐渐成为畜禽养殖领域通过改善

饲养环境、降低饲养密度、限制传统笼养、体现动物天性、提高福利水平、保证产品安全、进而提高人类福利的发展趋势。实施肉鸡福利养殖有助于鸡群生产力的提高。在不良环境下饲养，鸡必然产生应激反应，导致生长缓慢，生活力下降甚至死亡。为其提供舒适的生长环境，合理的饲养密度，自由的活动空间，完善的饲料营养，清洁充足的饮水，良好的空气质量，安全有效的疾病防控措施，不仅可以提高鸡的生产性能和饲料利用率，还能提高鸡群抵抗疾病的能力，降低疫病感染风险，同时亦可减少鸡群的异常行为的发生，减少死亡率，提高鸡群的生产性能。

不仅如此，实施动物福利还有利于鸡产品质量的提高。给予肉鸡充分的福利待遇是保证和提高畜产品质量的前提条件。在肉鸡的饲养、管理、运输和屠宰等环节不按动物福利规则办事，将使动物产生不愉快、恐惧和痛苦，刺激肾上腺素大量分泌，使肌肉极度紧张，产生一系列异常的化学反应，形成劣质肉。所以说实施肉鸡福利养殖可保证动物产品质量，进而最终也就保障了人的福利。

同时，实施动物福利可以突破国际贸易壁垒，提高禽产品的国际竞争能力。我国是一个家禽生产大国，肉鸡年养殖量近 90 亿只，产品出口会越来越多。但由于中国没有动物福利立法，一些国家对中国的禽产品进行封杀，从而导致出口企业利益受损。如果肉鸡在饲养、运输、屠宰过程中不按肉鸡福利的标准执行，检验指标就会出现问题，影响出口。可见，实施肉鸡福利有利于解决国际贸易中的贸易和技术壁垒问题。

令人欣慰的是，我国近几年在这一方面迈出了一个又一个可喜的步伐，其中 2017 年 7 月 14 日，作为《农场动物福利要求·蛋鸡》标准（T/CAS 269—2017）的姊妹篇，由中国标准化协会发布的《农场动物福利要求·肉鸡》标准（中国标准化协会标准 T/CAS 267—2017）正式问世，这是我国第一部有关肉鸡的福利养殖的基本要求和遵循标准，这无疑给我国的肉鸡行业带来了福音，无疑会进一步推动中国的福利养鸡事业在更加健康而可持续发展的道路上阔步前进。

现在我们结合刚出台的我国肉鸡福利标准，从以下六个方面来阐述我国肉鸡福利养殖的技术要求。

一、肉鸡福利养殖的环境要求

基本原则是为肉鸡创造一个舒适而自由自在的生存环境，使其能健康愉悦地生长发育。

（一）场地要求

1. 鸡场规划与环境　鸡场的环境应符合 GB/T 18407.3 和 GB 3095 的要求，鸡舍内外环境卫生应符合 NY/T 388 的要求，鸡场废弃物的排放应符合 GB 18596 和 GB 14554 的要求。在满足相关法规和标准的基础上，鸡场建设的规划设计应考虑总面积及其鸡群数量、日龄、体重、防潮、通风、采食空间、饮水空间、垫料面积等与动物福利相关的要求。

2. 场内要求　肉鸡养殖场的建设，应符合国家相关法律法规和相关标准，符合生物安全要求，鸡场外围设防疫隔离区，如饲养区、运动场及办公生活区分界明显，有专门的净道和污道。场区内建有废弃物无害化处理设施、兽医室，并保证其正常运转。

3. 舍外场地—运动场　散养系统需设置足够空间的舍外场地即运动场，最小舍外饲养面积应≥4m²/只；舍外场地应注重安全卫生，保持干燥，并有良好的排水措施，防止雨季水淹。应为鸡群设置遮阴棚、沙浴池以及相应的植被，以保证鸡群的安全和生理需求。

4. 遮阴区　在鸡舍周围 20m 范围内，若 1 000 只鸡应提供不少于 8m² 的遮阴棚或人工庇护区域，且应布局合理。

（二）鸡舍要求

1. 鸡舍保温隔热，地面和墙壁应平整、干燥，方便有效清洁和消毒；鸡舍内外设备噪音应严格控制，舍内设备运行时总噪音不应超过 70dB。

2. 鸡舍和仓库须有防鼠、防虫和防鸟设施，保证鸡群不会受到外来动物的伤害，以及疾病传播。

3. 鸡舍设计要确保鸡舍通风要求，维持良好的空气和垫料质量。因此，对于若养 1 000 只鸡以下的较小鸡舍，天花板高度最低为 2.5m，较大的鸡舍天花板最低高度应不低于 3m。

4. 鸡舍内总数≤700 只的鸡群，应至少设置 2 个出入口，出入口规格为高≥45cm、宽≥50cm，每 100m² 鸡舍空间应设置总长不小于 4m 的出入口。

5. 出入口基部有台阶时，要设置成坡道，便于鸡只轻松出入；出入口安装有能关闭的装置，白天开启，夜间应关闭出入口，以防兽害的侵袭。

（三）设施设备

1. 基本要求　舍内的电器设备、电线、电缆有防护措施，防止鸡只接近和啮齿类动物的啃咬；设置防止鼠、猫、犬等其他动物闯入的设施，避免鸡群恐慌或受伤等突发事件发生；安装的围栏、隔网、食槽、饮水器等所有与鸡群接触的饲养设施不应对鸡群造成伤害；场区内设置废弃物无害化处理设施和病死鸡剖检室。

2. 地面 鸡舍地面平整、干燥，方便有效清洁和消毒，防止寄生虫及其他病原体大量滋生繁殖。条件许可的，可进行固化。舍内不能潮湿，可在混凝土下铺设防潮薄膜。

3. 垫料 垫料平养需覆盖垫料，以利鸡只寻觅、探究、刨食等活动。垫料平均厚度，夏季 2～5cm，冬季为 5～10cm。应及时补充新鲜垫料，并保持垫面干燥。垫料应卫生、干燥、易碎、松散，无板结。若用厚垫料（厚度 15～20cm）饲养时，宜采用发酵床饲养方式。

4. 网上单层平养的底网 网上单层平养时所需要底网，使用木制、竹制或塑料制品的底网，网面需分隔为若干个小区，每个小区面积不小于 4m²。离地饲养的鸡群，不能同其排泄污物接触，并易于对污物清理。为了保证鸡饲养环境的舒适度，底网间隔或网眼直径：雏鸡以 1.5～1.8cm 为宜，育成育肥期网眼应大于 2cm×2cm。

5. 立体网上平养设施 立体网上平养，一般不超过 4 层，网眼直径以 1.5～1.8cm，层间距不宜小于 75cm，防止造成层与层之间的相互污染，同层网上并进行有效的隔离，每个小区面积不小于 4m²，每个隔离小区存栏鸡数不超过 80 只。

6. 照明设施 鸡舍宜引入自然光照，并配备足够的照明设施，确保光线充足、均匀。光照强度育雏期 20～30lx（勒克斯），生长期 10～20lx。人工光源的打开和关闭应以渐进方式进行，保证鸡群适应时间不应小于 15min。若采用自然光照，需安装百叶窗，这样更有利于光照效果的发挥，夏天可避免强光直射，冬天可保温防寒。

7. 环境富集设施

（1）配置环境富集物，如栖木（栖架，快大白羽肉鸡可不考虑）、沙浴池、啄食物（木块、悬挂并打结的粗吊绳）、草包、玩具等。重复使用的富集物应彻底清洁消毒。

（2）白羽肉鸡因体重结构而无法上去栖架，可提供高度较低且保证鸡能正常站立的栖息结构，如高度较低的木箱、桌子或草包等，栖息台的总长度应至少保证 20%的鸡群自由栖息。

（3）慢速型黄羽肉鸡需配置栖架，选择边角光滑、表面粗糙、直径 4～6cm 的圆形木质材料或金属材料；每只鸡至少有 15cm 的栖息空间，总长度至少应保证 20%的鸡群自由栖息，多排栖木之间相隔至少 30cm，与墙壁平行的

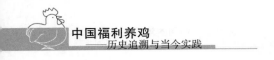

栖木距离墙壁至少 20cm，栖架垂直空间为 30～40cm。栖木不应置于水槽、食槽和垫料上方。

（4）沙浴池，按每 500 只鸡至少提供 1 个，其规格为长 140～200cm，宽 80～120cm，高 20～25cm，内放黄沙。

（四）肉鸡的饲料和饮水

1. 饲料的基本要求　饲料和饲料原料的使用符合国家相关法律法规和标准的要求，如《饲料和饲料添加剂管理条例》（2011 年 10 月 26 日国务院第 177 次常务会议修订通过）；饲料供给符合肉鸡品种特性和生理阶段的营养需求，满足肉鸡维持良好的身体状况以及正常生长发育的要求；鸡场购入的配合饲料，有供方饲料原料组成及营养成分含量的文档记录；自行配料时，保留饲料配方及配料单，饲料原料来源应可追溯；不使用动物蛋白质源饲料（不包括乳制品）；不在饲料中使用抗生素或类似含抗生素的原料；确保饲料安全卫生，在运输、贮存过程中，防止虫害、受潮、变质及污染；不得基于治疗和预防（球虫）之外的原因使用抗生素，不得在饲料中使用抗生素药渣或类似含抗生素的原料；肉鸡上市前应严格执行休药期的相关规定。

2. 饮水的基本要求　提供充足、清洁、新鲜的饮用水，水质应符合 GB 5749 的要求；供水系统应定期检测、清洗、消毒和维护，并有完善的卫生管理措施。饮水系统中使用的蓄水设施应封闭，并定期清洗消毒，若采用散养，应确保供水设施或水源地能够提供充足、干净、新鲜的饮用水，确保所有鸡只随时可喝到足量的饮用水；若使用天然水源，应对潜在疾病风险进行评估；根据兽医医嘱，需在饮水中添加药物或抗应激剂时，应使用专用设备，并做好添加记录。

二、雏鸡

（一）雏鸡的来源

雏鸡应来源于具有种畜禽生产经营许可证的种鸡场，其种鸡是经白痢病和白血病净化的鸡群。

（二）育雏前的准备

雏鸡入舍之前，育雏舍要彻底清洗消毒，雏鸡必须得到谨慎处理和安置在舒适的育雏环境中，育雏器的位置，以确保预防火灾和排放一氧化碳等有害气体，育雏器及其周围空间的设计，要使雏鸡能自由靠近或远离育雏器。

最初几天辅助照明必须挂在育雏器里面，以吸引雏鸡到热源和供料饮水处。使用金属材质食槽时，要加强安全检查，避免食槽、料线过热而伤害雏鸡。雏鸡入舍的第一周应配备平底开食盘，每只雏鸡平均至少有 $20cm^2$ 的开食料盘位置。食槽和饮水器必须保持清洁。

在整个育雏期，必须密切监测育雏温度，并随着日龄增长进行相应的调整，使雏鸡免受冷、热应激。

（三）雏鸡的处置

1. 雌雄鉴别　出雏当天即 1 日龄，宜对生长期较长的黄羽肉鸡雏进行雌雄鉴别，鉴别方法以伴性遗传鉴别法为宜。若采用翻肛鉴别法，鉴别员应做好消毒卫生工作。

2. 接种　1 日龄实施相关疫苗的免疫接种。

3. 断喙　饲养期短的白羽肉鸡不断喙，饲养期较长的黄羽肉鸡宜在 1 日龄实施断喙，采用先进、无痛的红外线断喙技术。断喙操作人员应经过专门的培训，掌握有关动物福利知识。

4. 密度　采用标准雏鸡箱存放、转运雏鸡，密度适宜，每 100 只雏鸡所占面积不少于 $0.25m^2$。

5. 温度　存放雏鸡的室温在 $22\sim26℃$，湿度在 $60\%\sim70\%$，储存时间不宜超过 4 小时。雏鸡转运宜采用专用运输车辆，车厢温度控制在 $22\sim26℃$，配置有良好的通风系统。

（四）雏鸡的转群

凡需从一个养殖周期鸡舍移动到另一个周期的雏鸡，应按以下要求实施：鸡群只能移动一次；改变饲料逐渐进行，历时至少 3 天；鸡群转运密度按通常的标准至少减少 30%，饲养的场地按照"全进全出"制度管理。

三、肉鸡的饲养管理

（一）人员的要求

1. 管理人员　鸡场管理人员须接受过动物福利相关培训，掌握动物健康和福利方面的知识，熟悉管理的具体内容并能准确理解、熟练运用到其所承担的职能领域的实际工作当中。

管理者和饲养员具有一颗爱心和高度的责任感至关重要。必须训练充

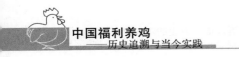

分，技艺娴熟，能够胜任鸡的养殖和福利管理工作。对于饲养设施或生产系统以及其所照管的每一只鸡，他们必须掌握细腻的操作技巧和良好的专业技能。

2. 饲养人员　饲养人员能够胜任所负责的鸡栏舍内现有或新添设备的基本操作、日常维护、故障识别和必要的故障处理能力。经过培训和指导，具备承担动物福利相关责任的能力，包括知晓一般疾病症状及其适当处置方法；了解肉鸡的环境要求，包括饮水和营养需求；能够区分鸡的正常、异常和恐惧行为；知道应激概念和健康福利判断指标，能够尽早发现福利问题、找到原因并立即正确处置。

饲养人员须熟悉其工作中动物福利问题高发环节的处置，如淘汰鸡只时应尽可能避免其受伤或痛苦。清楚垫料管理不良可导致肉鸡肘关节灼伤、足垫炎或胸部囊肿等福利问题，知晓垫料影响因素及其正确处置。

（二）饲喂和饮水

1. 饲喂

（1）提供充足的采食空间，线性食槽 5cm/只（单侧）或 2.5cm/只（双侧），圆形食槽（按其周长计）不应少于 1.8cm/只。

（2）喂料器均匀地分布在鸡舍，鸡只到达最近喂料器的距离不应超过 4m，应根据鸡只的日龄和大小设置喂料器的最佳高度，以鸡只的背部高度等高为宜。

（3）应保持饲喂设备清洁，及时清理剩余饲料，防止饲料的浪费和腐败变质。

（4）按照肉鸡的品种不同或生长需要，按时提供适量砂砾以助消化，砂砾规格与用量如表 6-4 所示。同时给肉鸡提供必不可少的沙浴池供鸡沙浴。

（5）鸡只预防、治疗用药及上市前的休药期，应严格执行国家有关部门的相关规定。

表 6-4　砂砾规格及每周用量

日龄	沙砾规格	每周用量	使用方法
育雏期（8～21 日龄）	1～2mm	1g/只	掺入饲料
生长期（22～42 日龄）	3～5mm	2g/只	掺入饲料
育肥期（42 日龄以上）	5～6mm	4～5g/只	掺入饲料或独立沙槽

2. 饮水

（1）确保每只鸡有足够的饮水空间，饮水器设置的最低数量：真空饮水器或钟式饮水器每 50 只鸡 1 个；每个乳头饮水器不超过 10 只，每 5～6 只鸡一个更好。

（2）不可使用杯形饮水器。饮水器必须是：节水设计；鸡群能自由饮用；均匀地分布在鸡舍；根据鸡的大小和日龄调整饮水器的最佳高度，乳头式饮水器以鸡只的眼线等高为宜，钟式饮水器与鸡只背部等高为宜或者以高于鸡只背部 2～3cm 亦可。

（3）供水系统应定期检测、清洗、消毒和维护，并有完善的卫生管理措施。饮用水中不得出现粪便、饲料及其他污染物。饮水系统中使用的储水箱必须封闭，并定期清洗消毒。

（4）在鸡舍的任何地方，鸡离饮水的距离不能超过出 2m。每栋鸡舍都应有饮水量监控设施，以监测舍内鸡群的饮水量。

（5）饮水器下面不得有电线，以防带电，也不得连接任何电源。供水水线不应设置在料槽正上方，并应覆盖塑料饮水管，以防鸡只栖息其上。

（6）散养系统若使用天然水源，应设置防护措施预防鸡只溺水，避免鸡只饮用粪水或受污染水，并应对潜在疾病风险进行评估和预防，若无天然水源应设置饮水设施，确保供水设施或水源地能够提供充足、清洁、新鲜的饮用水。

（7）饮水中需添加药物或抗应激剂时，应使用专用设备，并做好添加记录，记录及兽医处方应保留至少 3 年。

（三）光照

1. 自然光照　自然光照鸡舍是理想的福利，例如，鸡群生活在不同区域内的房舍，每天自然光可以提供一系列变化的光照水平，这是人工光照所不及。有报道称，有自然光照射的鸡群比不暴露在自然光的行为要更活跃。

2. 窗户的安装　自然采光时，应有足够规格和数量的采光窗，采光窗总面积与舍内地面面积比不少于 3.0%，采光窗应安装卷帘或百叶窗等装置，以防强阳光直射并可控制舍外光线的射入量；采光窗至少能满足 90% 光照，所需的采光窗面积必须不小于 $0.56m^2$（如 $0.75m \times 0.75m$ 或 $1.0m \times 0.56m$）；窗户要开关合适，保证舍内气流适宜，防止出现穿堂风、贼风。

3. 使用透明玻璃　让鸡群看到外部的建筑物是，透明玻璃窗户可以最小的滤波和失真提供良好的光分布，并且不随时间而变色。所以建议使用双层钢化玻璃窗。

4. 光照充足　鸡舍的任何部位须有至少 20lx（勒克斯）的光照强度，必须采取措施使光照在鸡的眼睛水平线。在每天 24h 期间，鸡必须提供有：最少 8h 的连续光照时间，最短 8h 和最长 12h 的连续黑暗中。

5. 光照周期　白羽肉鸡可采用连续光照制度或间歇光照制度，连续光照时间至少 8h，黑暗时间不应小于 2h，即光照：黑暗之比为 23：1～22：2，或者生长期连续光照时间≥8h，连续黑暗时间≥6h。黄羽肉鸡可采用自然光照或间歇光照制度，即光照：黑暗之比为 8：4，或 12：12。

6. 模仿黎明和黄昏的自然明暗光照　肉鸡应享受黎明和黄昏时段的自然光照环境，这可以通过自然或人工的方法来实现。有利于促进并刺激禽类最后一餐，可以提高饲料转化效率。建议改变照度约 15～30min，使其更接近自然光照时的天色逐渐变黑的天然状态，使鸡有足够的时间来准备黑暗的时期。

（四）空气质量和热环境

1. 通风换气　通风、湿度、粉尘、氨、二氧化碳和氧气浓度是影响空气质量的主要因素。大量的病毒能够攻击肉鸡的呼吸道，造成气管和肺部损伤、细菌入侵，如大肠杆菌，进而造成气囊炎、贫血症甚至死亡。呼吸道病毒能够降低呼吸道吸收空气中氧气进入组织的效率，因氧气供应不足导致腹水。要有效控制这些疾病，通风是至关重要的。

2. 空气质量的测量　必须确保空气中有害物质不能超过人类可以肉眼感受到的舒适度，鸡舍内外空气应满足 NY/T 388 的要求。至少每天一次测量氨气和粉尘水平。使用测试仪或者感官评估时，可参照表 6-5 标准，一进入鸡舍立即测量氨气和粉尘水平。记录两次测量的最高得分，如果得分是 2 或 3，说明氨气和尘埃过量，必须立即采取改进措施。一般以人进入鸡舍不感闷气，不刺激眼、鼻为宜。

表 6-5　鸡舍内空气质量感官评估标准

得分	描述
0	零：没有臭味和尘埃，呼吸容易
1	弱：几乎没有臭味和尘埃，呼吸不费力
2	中：臭味和灰尘明显；出现眼睛流泪或咳嗽
3	强：臭味和尘埃让人不适，刺眼刺鼻，严重咳嗽，打喷嚏

3. 通风系统　自然和人工通风系统的建立，维护和操作必须满足和保持舍内空气质量良好：舍内氨气（NH_3）和二氧化碳（CO_2）浓度在常温 25℃ 条件下，分别不得超过 13.9mg/m³ 和 2.7g/m³；可吸入物（粉尘）每 8 小时平均水平不得超过 10mg/m³；其他有害成分遵循 NY/T388 规定。

4. 温度、湿度的限值　若鸡舍外阴凉处温度超过 30℃ 时，则舍内温度不得超过该舍外温度 3℃，在环境控制鸡舍，通风系统必须能够控制鸡舍内温度变化在 3℃ 以内，通风设备要有警报系统，鸡舍内温度超过预设值 3℃ 时报警系统将警示管理员采取相应的解决措施。舍外零下 10℃ 时，舍内 48h 平均相对湿度不得超过 70%。相对湿度宜控制在 50%～70%，避免高湿、冷凝水、贼风和穿堂风。

5. 超温的后果　鸡舍的建造要保证超温最小化，如水帘降温系统和绝缘顶。鸡的正常体温是 41℃，偏离这个温度会产生福利问题，体温升高 4～5℃ 会造成致命后果。鸡的舒适区温度范围是 8～30℃。

（五）饲养密度

1. 群体大小　基于疾病防控和减少鸡群应激的考虑，平养和半散养鸡群每栋不超过 10 000 只，散养鸡群每栋不超过 5 000 只；为鸡群提供足够的活动空间，鸡舍内区域空间应能保证鸡群同时起卧。

2. 运动场　鸡群从鸡舍进入运动场的概率，鼓励鸡群进入运动场，并充分利用整个运动场，运动场自由活动空间不得低于鸡舍面积的 3 倍。运动场周围必须有栏网以防受其他野生动物的侵扰。

3. 最大密度　每平方米超过 20 只鸡会引起鸡群竞争场地、饲料和饮水。研究表明鸡群密度高于每平方米 19 只时前 7 天的死淘率很高，密度增加时，良好的通风和垫料控制就显得更为重要。对于散养系统的鸡，鸡舍内的鸡数不能超过要求的最大密度，按照散养鸡的最大种群密度是每平方米 22.5kg，如果想要把鸡的体重控制在转群时或上市时的 2.0kg 体重，鸡舍内密度不能超过每平方米 11.25 只。肉鸡饲养期间的密度是每平方米 30kg 时，转群或送往加工厂时的装笼密度一定不能超过每平方米 25kg。

4. 保持良好的饲养记录　确保每栋鸡舍鸡群密度在任何时刻都能够查询。白羽肉鸡和黄羽肉鸡的最大饲养密度见表 6 - 6 和表 6 - 7。

表 6-6　白羽肉鸡最大饲养密度

饲养方式	最大饲养密度（只/m²）	
	0～3 周龄	4～6 周龄
垫料平养	28	13
单层网上平养	30	14
多层立体平养	32	16

表 6-7　黄羽肉鸡最大饲养密度

饲养方式		最大饲养密度（只/m²）				
		0～2 周龄	3～4 周龄	5～7 周龄	8～11 周龄	>11 周龄
散养	快速型	25	15	13	9	—
	中速型		19	15	11	9
	慢速型			19	15	13
垫料平养	快速型	30	19	13	11	11
	中速型		23	17	14	11
	慢速型			21	15	13
网上平养	快速型	42	25	14	12	12
	中速型		34	19	13	12
	慢速型			21	13	12

（六）公鸡的阉割

鉴于中国南方相当普遍的消费者喜欢吃阉鸡的习俗，可考虑对生长期较长的黄羽肉鸡公鸡雏实施特殊的外科手术即阉割，但阉割只能在兽医监督下，由经过培训的熟练人员进行，包括阉割日龄、手术用具等应有具体规定。

（七）公母同群

结合我国国情，每年饲养黄羽肉鸡的规模超过 40 亿只，而黄羽肉鸡属于慢速型，因其生长期较长，性成熟又早，大多要养到 120 日龄甚至 180 日龄左右出栏，进入性成熟的公母鸡都有交配的欲望，在 70 天左右的公鸡就有求偶行为，所以有条件的散养系黄羽肉鸡养殖场，在母鸡群里配备一定的公鸡为宜，这更符合鸡的自然交配的天性和享受异性同群的交配权利，公母比例以

1：30左右为宜。

（八）肉鸡的日常管理

1. 卫生清洁 每日进行鸡舍的卫生清洁工作，包括饮水、喂料设施以及地面等，在操作过程要温和，动作应缓慢、谨慎，减轻鸡群的恐惧、损伤，避免不必要的惊吓。及时清除鸡舍及周围环境中可能被鸡群误食的铁丝、塑料布、电线等杂物。

2. 检查维修 鸡群使用的食槽、饮水装置、栏网、地面等所有与鸡群接触面，应经常检查维修，不能有尖锐凸起，以防鸡群受伤。

3. 降低应激 尽量缩短对鸡群断喙、修喙、刺种、注射、称重、装车运输等过程的时间。

4. 病死鸡处理 每天进行鸡群健康状况检查一次，将病鸡、死鸡取出，病鸡隔离治疗饲养，死鸡进行无害化处理。隔离治疗的鸡只应每天至少进行两次检查。对治疗无效的鸡只，应征求兽医的处理意见，必要时实施人道宰杀和无害化处理。

5. 及时处理不利影响 定期检测和感知鸡舍不利的环境因素，及时了解可能对动物福利造成不利影响的自然灾害、极端天气等各种紧急情况，并制定应对的方案。

6. 记录并保存日常检查的内容。

（九）抓鸡

在饲养管理过程中，难免会遇到转群、免疫、称重等工作，此时的抓鸡，应在低光照或夜间实施，应握住鸡只的双翅或双脚，不应抓提鸡只的头部，轻抓轻放，动作温和，以减少鸡只的惊吓和应激反应。

（十）鸡舍入口应突出显示的信息

饲养的品种；饲养方式；鸡群的总数量；提供给鸡群的总面积；舍内饲养密度；舍外饲养密度；饮水器和料槽总数；鸡舍空气质量参数；光照制度；火灾、水灾、自动设备故障以及当温度变化超出可接受的范围时的应急措施。

四、出栏时的捕捉与运输

（一）出栏时的捕捉

肉鸡养成出栏时的捕捉，应在暗光或蓝光下进行，采取适当的隔当，防止鸡群拥挤或踩踏。悄悄靠近鸡群，尽量降低噪音、灰尘和混乱，避免鸡群紧张和恐惧。对于多层饲养的鸡群，捕捉时要防止鸡群从高空坠落。

捕捉可采用单手法（抓握双脚）和双手法（抱胸扣翅法），不能抓提鸡的头部，操作时应轻柔小心，避免鸡大小腿、鸡翅充血、出血或骨折。

（二）出栏时的运输

肉鸡出栏时运输车辆、运输笼及所有与鸡群接触的表面，不应存在锋利边缘或突起物，使用前后须彻底清洗消毒。

采用肉鸡标准运输笼，笼高要满足鸡正常站立的要求，笼高不低于28cm，装载密度（按笼底面积计算），白羽肉鸡 $\geq 500cm^2/$只，黄羽肉鸡 $\geq 400cm^2/$只。

避免在极端天气运输鸡只，如遇恶劣天气时有防护措施，当气温高于25℃（湿度大于75%）或低于5℃时，应采取适当措施，减少因温度过高或过低引起鸡群的应激反应。

司机应做到平稳驾驶，减少运输过程中的噪音，并尽量减少运输时长。押运人员在运输过程中应注意观察鸡只状况，若死亡率超过0.25%，应分析原因并采取相应措施。

五、健康计划

鸡场必须制定健康计划，与兽医一起制定、实施、自评、更新，目的是减少每个鸡群疾病的风险和确保健康福利的最大化。

1. 自评 每年每个鸡场对健康计划至少进行一次自评。

2. 建立生物安全体系 有效的生物安全体系和措施是阻止鸡场传染病和寄生生物进入和蔓延。疫病媒介可以由鸡、人、设备和交通工具带入，因此，有效的生物安全体系和程序是鸡群健康和福利的基础。生物安全体系，主要包括鸡场的选址和鸡场内的科学布局；卫生消毒和生物安全措施；传染病和疫苗接种方案和防治策略；寄生虫控制计划；药物使用及残留控制措施；鸡的健康状况不佳或者受伤后由管理人员或责任人的扑杀方法；病死鸡及废弃物的无害化处理措施；其他涉及动物福利与健康的措施等。

3. 其他措施

（1）执行鸡场访客记录，访客记录包括姓名、单位、到访日期和时间；近期到访过的其他家禽养殖场等。

（2）防护服和鞋类/鞋套的准备，所有的访客进场必须穿戴，这些用具须在专用的房间进行清洗或一次性使用。

（3）在每一次进入或离开鸡舍时，必须对所有的员工或访客所穿鞋类进行浸泡消毒及双手消毒。

（4）消毒剂的使用必须按照说明书进行，定期更换消毒液，使用国家认可的消毒剂。

（5）进入和离开农场的所有车辆应该对车辆和轮胎进行喷雾消毒。

参 考 文 献

宋伟，罗永明．2004．中国古代动物福利思想刍议［J］．大自然，（4）：29-30．

张立，马克·拜柯夫．2004．动物情感与福利［J］．大自然，（4）：31-32．

李柱．国内外动物福利的发展历史及现状［J］．2012．中国动物保健杂志，14（7）：7-9．

孙江．古人的环境及动物保护意识，西北政法大学，动植物保护，2015．

刘向萍．聚焦家禽福利［J］．2004．中国家禽，26（6）：35-42．

孙忠超．2017．科学认知动物福利［N］．农民日报．

赵芙蓉，陈永辉，祁艳霞．2011．富集型笼具对肉仔鸡行为与福利的影响．中国家禽，33（12）：11-14．

刘记强，康相涛，孙桂荣，等．2009．发展放牧养鸡改善蛋鸡福利［J］．河南畜牧兽医，30（4）：3-5．

S李岩，詹凯，李俊营，刘伟，等．2017．不同配种模式对慢羽系淮南麻黄鸡产蛋性能、蛋品质和福利水平的影响［J］．畜牧与兽医，49（11）：16-19．

李新编辑整理．2009．鸡的福利屠宰工艺［J］．中国家禽，31（12）：29-35．

耿爱莲，李保明，赵芙蓉，等．集约化养殖生产系统下肉种鸡健康与福利状况的调查研究，中国家禽，2009.31（9）：10-15．

苏从成．2013．动物福利与我国养鸡生产［J］．家禽科学，（8）：3-6．

郭小鸿，杨小波．2009．宁都黄鸡山地散养的基本福利要求［J］．江西畜牧兽医杂志，（3）：30．

赵阳，赵亚军，李保明，等．2006．饲养密度和鸡笼局部遮光对肉种鸡产蛋期行为与福利的影响［J］．动物学研究，27（4）：433-440．

王小芬，胡池恩．2005．动物福利与我国养鸡业的应对［J］．畜禽业，（2）：16-17．

朱云芬，译．2010．肉种鸡面临的福利问题．中国家禽，32（4）：40-41．

杨帆．2011．利用无线装置监测鸡的福利［J］．国外畜牧学——猪与禽，31（1）：23-24．

耿爱莲，等．2006．蛋鸡笼养福利问题及蛋鸡养殖模式［J］．农业工程学报，22：121-126．

汪子春．1989．鸡谱校释［M］．农业出版社．

周去非．1999．岭外代答校注［M］．中华书局．

孟祥兵，徐廷生，杜炳旺，滕小华，王高 . 2017. 鸡艺—中国古代养鸡智慧附书法艺术 [M] . 中国农业出版社 .

林海，杨军香 . 2014. 家禽养殖福利评价技术 [M] . 北京：中国农业科学技术出版社 .

贾幼陵 . 2014. 动物福利概论 [M] . 北京：中国农业出版社 .

李蕾 . 2014. 白羽肉鸡福利饲养技术研究 [D] . 泰安：山东农业大学硕士学位论文 .

姜旭明 . 2008. 不同福利条件对肉鸡生产性能和肉质性状的影响 [D] . 武汉：华中农业大学硕士学位论文 .

姜永彬 . 2010. 福利饲养技术对肉仔鸡生产性能和福利状态的影响 [D] . 泰安：山东农业大学硕士学位论文 .

孙永波，王亚，萨仁娜，等 . 2017. 肉鸡福利评价指标研究进展 [J] . 北京：动物营养学报，29（12）：4273 - 4280.

英文版—蛋鸡福利标准（蛋鸡）[M] . 2013. 英国防止虐待动物协会（RSPCA）.

英文版—鸡的福利标准（肉鸡）[M] . 英国防止虐待动物协会（RSPCA）.

杜炳旺，肖肖，等 . 2017.《农场动物福利要求·蛋鸡》[M] . 中国标准化协会 .

杜炳旺，肖肖，等 . 2017.《农场动物福利要求·肉鸡》[M] . 中国标准化协会 .

耿爱莲，王琴，李保明，等 . 2007. 不同笼养条件下蛋鸡健康与福利的比较研究 [M] . 中国农业大学学报 .

余礼根，滕光辉，李保明，等 . 2013. 栖架养殖模式下蛋鸡发声分类识别 [M] . 农业机械学报 .

张涛 . 2011. 山地放养大骨鸡对植被和土壤的影响 [M] . 吉林农业大学 .

左丽娟 . 2009. 不同饲养方式对乌骨鸡生产性能、肉品营养及药物残留的影响研究 [M] . 甘肃农业大学硕士学位论文 .

席磊，王永芬，常杰，等 . 2014. 栖架舍饲散养模式对蛋鸡生产性能、蛋品质及免疫机能的影响 [M] . 中国畜牧兽医 .

曹晏飞，张俊妍，滕光辉，等 . 2014. 笼养和栖架养殖模式下鸡蛋品质比较 [M] . 中国家禽 .

孙忠超 . 2013. 我国农场动物福利评价研究 [M] . 内蒙古农业大学 .

秦鑫，苗志强，张雪，等 . 2018. 饲养方式和饲养密度对肉鸡生产性能、肉品质及应激的影响 [D] . 山西农业大学硕士论文 .

白水丽 . 2009. 饲养密度和环境富集材料对肉鸡福利状况、生产性能及肉品质的影响 [D] . 扬州大学硕士学位论文 .

赵子光 . 2011. 饲养方式对肉鸡福利状况的影响 [D] . 东北农业大学硕士学位论文 .

周文仪 . 2018.2022 年散养鸡蛋独占市场，九成法国人赞成 [N]，法新社 .

滕小华 . 2008. 动物福利科学体系框架的构建 [D] . 东北农业大学 .

滕小华 . 2008. 动物福利科学体系框架的构建 [D] . 中国畜牧兽医学会家畜生态学分会全国代表大会暨学术研讨会 .

David Fraser. 2008. Understanding animal welfare. Acta Veterinaria Scandinavica [J] . 50

(Suppl 1)：S1. doi：10. 1186/1751 - 0147 - 50 - S1 - S1.

Hollands，C. Compassion. 1980. The struggle for animal rights ［J］. Edinburgh：Macdonald Publishers.

Hughes B. D. Behavior as an index of welfare. 1976. In Proceedings 5th European Poultry Conference，Malta，pp. 1005 - 1012.

Wiers，W. J，Kiezenbrink，M&Middelkoop，K，V. 2001. Slow growers more active. World Poultry，（8）：28 - 29.

附 录

附录1 农场动物福利要求·蛋鸡
中国标准化协会标准 T/CAS 269—2017

引言

0.1 总则

为了保障动物源性食品的质量、安全和畜牧养殖业的良性可持续发展，填补我国农场动物——蛋鸡福利标准的空白，特制定本标准。

本标准基于国际先进的农场动物福利理念，结合我国现有的科学技术和社会经济条件，规定了农场动物——蛋鸡健康福利生产要求。

本标准为农场动物福利要求中蛋鸡的养殖、运输、屠宰全过程的要求。

0.2 基本原则

动物福利五项基本原则是农场动物福利系列标准的基础，五项基本原则为：

a）为动物提供保持健康所需要的清洁饮水和饲料，使动物免受饥渴；

b）为动物提供适当的庇护和舒适的栖息场所，使动物免受不适；

c）为动物做好疾病预防，并给患病动物及时诊治，使动物免受疼痛和伤病；

d）保证动物拥有避免心理痛苦的条件和处置方式，使动物免受恐惧和精神痛苦；

e）为动物提供足够的空间、适当的设施和同伴，使动物得以自由表达正常的行为。

1 范围

本标准规定了蛋鸡福利的术语和定义、雏鸡、饲喂和饮水、养殖环境、饲养管理、健康计划、运输、屠宰以及记录与可追溯。

本标准适用于蛋鸡的养殖、运输、屠宰全过程的动物福利管理。

2 规范性引用文件

下列文件对于本文件的应用是必不可少的。凡是注日期的引用文件，仅注

日期的版本适用于本文件。凡是不注日期的引用文件，其最新版本（包括所有的修改单）适用于本文件。

GB 5749 生活饮用水卫生标准

NY/T 388 畜禽场环境质量标准

T/CAS 267—2017 农场动物福利要求 肉鸡

3　术语和定义

下列术语和定义适用于本文件。

3.1　动物福利 animal welfare

为动物提供适当的营养、环境条件，科学地善待动物，正确地处置动物，减少动物的痛苦和应激反应，提高动物的生存质量和健康水平。

3.2　农场动物 farm animal

用于食物（肉、蛋、奶）生产，毛、绒、皮加工或者其他目的，在农场环境或类似环境中培育和饲养的动物。

3.3　农场动物福利 farm animal welfare

农场动物在养殖、运输、屠宰过程中得到良好的照顾，避免遭受不必要的惊吓、疼痛、痛苦、疾病或伤害。

3.4　环境富集 environmental enrichment

农场通过提供自然和人造物体或环境，供动物社交、娱乐、觅寻和探究，以增强动物机体和心理刺激，达到满足动物行为、习性正常表达和心理、机体健康需要的管理方式。

3.5　异常行为 abnormal behavior

当蛋鸡的心理或生理需求未得到满足时，所表现的一类重复且无明显目的、或对自身及同伴造成伤害的行为。

3.6　散养 free-range farming

可自由出入鸡舍，自由活动、自由采食和饮水，并得以庇护的养殖方式。

3.7　网上平养 feeding on the net rack

在鸡舍内人工架设的网架（单层或多层）上饲养的养殖方式。

3.8　大笼饲养 feeding in the large cage

在鸡舍内单层或多层大笼内饲养的养殖方式。

4　雏鸡

4.1　来源

雏鸡应来源于具有种畜禽生产经营许可证的蛋鸡孵化场，其种鸡是经过疾病净化的健康鸡群。

4.2　处置

4.2.1　出雏当天宜对雏鸡实施雌雄鉴别，鉴别方法以伴性遗传鉴别法为宜。若采用翻肛鉴别法，鉴别员应做好消毒卫生工作。

4.2.2　出雏当天应实施相关疫苗的免疫接种。

4.2.3　宜在出雏当天采用红外线断喙技术实施断喙。断喙操作人员应经过专门的培训，掌握有关动物福利知识。

4.2.4　雏鸡应采用标准雏鸡箱存放、转运，每100只雏鸡所占面积不应少于0.25m²。

4.2.5　存放雏鸡的室温在22～26℃，湿度在60%～70%，存放时间不宜超过4h。雏鸡转运宜采用专用运输车辆，车厢温度控制在22～26℃，且通风良好。

5　饲喂和饮水

5.1　饲料

5.1.1　鸡场使用的饲料和饲料原料应符合国家相关法律法规和标准的要求。

5.1.2　鸡场应根据蛋鸡品种特性和生理阶段的营养需求供给饲料，饲料提供的营养素应能满足蛋鸡维持良好的身体状况及正常的产蛋要求。

5.1.3　鸡场购入的配合饲料，应有供方饲料原料组成及营养成分含量的文档记录；自行配料时，应保留饲料配方及配料单，饲料原料来源应可追溯。

5.1.4　不应使用哺乳动物或禽鸟动物蛋白质源的饲料（不包括乳制品）。在产蛋期除治疗目的外，不应在饲料中使用抗生素或类似含抗生素的原料。

5.1.5　饲料应安全、卫生地运输、贮存和输送，防止虫害、潮湿、变质及污染。

5.2　饲喂

5.2.1　根据不同的生产系统和鸡只的个体大小及数量，应提供足够的饲喂空间，满足鸡只的采食需要。线性料槽成年鸡5cm/只（单面）或2.5cm/只（双面）采食空间；料盘或料桶的采食空间（以料盘或料桶的外圆周长计），不应少于1.8cm/只。

5.2.2　喂料器应均匀分布在鸡舍，鸡只到达喂料器的距离不应超过4m。应根据鸡只的日龄和大小设置喂料器的最佳高度（最佳高度以不超过鸡只的背部高度为宜）。

5.2.3　饲料线和饮水线应设有防栖线或套有滚动条。防栖线不应带电或连接任何电源。

5.2.4　应保持饲喂设备的清洁，及时清理剩余饲料，防止残余饲料的腐败变质。

5.2.5　每周应至少提供一次适量砂砾给产蛋鸡以助消化，产蛋期砂砾的直径宜 6～8mm，用量约为 7g/只/周。沙砾可掺入饲料中或采用独立砂槽。

5.2.6　鸡只预防、治疗用药及淘汰上市前的休药期应严格执行国家有关部门的相关规定。

5.3　饮水

5.3.1　应提供充足、清洁、新鲜的饮用水，水质应符合 GB 5749 的要求。

5.3.2　饮水器应均匀地分布，鸡只到达饮水器的最大距离应为 4m。

5.3.3　应确保每只鸡有足够的饮水空间，饮水器最低设置数量应达到：钟式饮水器 50～60 只/个，乳头饮水器 10 只/个。

5.3.4　饮水器高度应根据不同的生产系统和鸡只日龄及大小设置，乳头式饮水器以鸡只的眼线等高为宜，钟式饮水器以高于鸡只背部 2～3cm 为宜。

5.3.5　供水系统应定期检测、清洗、消毒和维护，并有完善的卫生管理措施。饮水系统中使用的蓄水设施应封闭，并定期清洗消毒。

5.3.6　散养系统应确保供水设施或水源地能够提供充足、干净、新鲜的饮用水。若使用天然水源，应对潜在疾病风险进行评估。

5.3.7　根据兽医医嘱，需在饮水中添加药物或抗应激剂时，应使用专用设备，并做好添加记录。

6　养殖环境

6.1　设施设备

6.1.1　鸡场建设的规划设计应满足国家相关法律法规和标准的要求。

6.1.2　鸡场的建设应符合生物安全要求，鸡场员工生活区、饲养区、运动场等分界明显，应设置围栏或隔网。鸡场外围应设置防疫隔离区，并有专门的净道和污道与外界相通，净道和污道不应交叉。

6.1.3　场区内应设置病死鸡剖检室、废弃物无害化处理设施。

6.1.4　鸡舍及舍内设施、设备应使用无毒无害的材料，舍内的电器设备、电线、电缆应符合相关规范，且有防护措施防止鸡只接近和啮齿类动物的啃咬。

6.1.5　鸡舍应能满足温度要求，且保温隔热，地面和墙壁应易于清扫、消毒。

6.1.6　鸡舍内外设备噪音应严格控制，舍内设备运行时总噪音不应超过 70dB。

6.1.7　鸡场安装的围栏、隔网、食槽、饮水器等所有与鸡群接触的饲养设施不应对鸡群造成伤害。

6.1.8 应设置防止鼠、猫、犬等其他动物闯入的措施，避免鸡群恐慌或受伤等突发事件发生。

6.2 地面和底网

6.2.1 鸡舍地面应平整、干燥，方便有效清洁和消毒。

6.2.2 网上平养宜使用木制、竹制或塑料制品的底网，底网网眼直径或间距以 1.5～1.8cm 为宜。网面应分隔为若干个小区，每个小区的鸡只数量以 300 只左右为宜。

6.2.3 大笼饲养应满足鸡只的活动需求，每个笼底面积不少于 $3.6m^2$，笼前部高度不低于 56cm，笼后部高度不低于 46cm。每只鸡所占面积不少于 $660cm^2$。

6.3 照明

6.3.1 鸡舍应引入自然光照，并配备足够的照明设施，应确保光线均匀。

6.3.2 舍内饲养，每天应为产蛋鸡提供至少 8h 光照，累计光照时间不少于 16h。

6.3.3 除产蛋区和栖息区外，人工补充光照强度应在 10～15lx。人工光源的打开和关闭应以渐进方式进行，保证鸡群适应时间不应少于 15min。

6.4 温度、湿度与通风

6.4.1 应根据鸡只的不同生长阶段，控制和调整温度。产蛋鸡舍的夏季温度不宜超过 30℃，冬季温度不宜低于 13℃，应避免温度的骤变。

6.4.2 鸡舍应有效通风，舍内相对湿度宜在 50%～70%。

6.4.3 应保持舍内空气质量良好，有害成分符合 NY/T388 规定。

6.5 产蛋箱

6.5.1 每 4～6 只鸡应配备一个产蛋位，或每 120 只鸡应配备至少 $1m^2$ 的产蛋空间。

6.5.2 产蛋箱入口和箱底应配备合适的挡帘和巢垫，巢垫应柔软、舒适、卫生，易于清洁消毒。

6.5.3 滚蛋式产蛋箱底网坡度应控制在 9°～11°。多层产蛋箱应在入口前设置跳跃架，且上下层跳跃架应平行错位设置。

6.6 饲养密度

6.6.1 应为蛋鸡提供足够的空间，鸡舍内区域应能保证鸡群同时起卧，并有必要的活动空间。

6.6.2 产蛋期最大饲养密度见表1。

表1　蛋鸡产蛋期舍内最大饲养密度

饲养方式	舍内最大饲养密度
散养	≤6 只/m² （≥1 500cm²/只）
网上平养	≤9 只/m² （≥1 100 cm²/只）
大笼饲养	≤15 只/m² （≥660 cm²/只）

6.7　舍外场地

6.7.1　散养应设置足够空间的舍外场地，舍外面积不宜少于 2m²/只。

6.7.2　舍外场地应安全卫生，保持干燥，并有良好的排水措施。

6.7.3　在鸡舍周围 20m 范围内，应为鸡只提供 1 000 只鸡不少于 8m² 的遮荫棚或人工庇护区域，且应布局合理。

6.7.4　每 600 只的鸡群，应至少设置 2 个出入口，出入口高度不应小于 45cm、宽度不应小于 50cm。

6.7.5　出入口基部有台阶时，应设坡道，便于鸡只轻松出入。

6.7.6　夜间应关闭出入口，以防兽害的侵袭。

6.8　环境富集

6.8.1　应提供环境富集物，如栖木（栖架）、沙浴池、啄食物（木块、悬挂并打结的粗吊绳）、玩具以及芸薹类蔬菜或无毒植物。

6.8.2　沙浴池数量应达到每 500 只鸡至少提供 1 个。

6.8.3　栖木应保证鸡只能正常站立，栖木总长度至少应保证 20％的鸡群自由栖息，且每只鸡应至少有 15cm 的栖息空间，多排栖木之间相隔距离应至少为 30cm，与墙壁平行的栖木应距离墙壁至少 20cm，栖架垂直高度应为 30～40cm。栖木不应置于水槽、食槽上方。

7　饲养管理

7.1　人员

鸡场管理人员应接受过动物福利相关培训，掌握动物健康和福利方面的知识。饲养人员经过培训和指导，须具备辨识潜在福利问题的能力，对于一般疾病症状，能够找到原因并正确应对。

7.2　抓鸡

抓鸡应在低光照或夜间实施，握住鸡只的双翅或双脚，不应抓提鸡只的头部，轻抓轻放，动作温和，以减少鸡只的惊吓和应激反应。

7.3　捡蛋

散养和网上平养，每天捡蛋次数不宜少于 3 次，捡蛋过程中不应惊扰正在产蛋的鸡只。

7.4 日常管理

7.4.1 鸡群的日常管理应采用温和方式，所有活动应缓慢、谨慎，以减轻鸡群的恐惧、损伤及不必要的惊吓。

7.4.2 应每天对鸡舍进行卫生清洁，包括饮水、饲喂设施及地面等。

7.4.3 应随时清除鸡舍及周围环境中可能被鸡群误食的铁丝、塑料布、电线等杂物。

7.4.4 应每天对舍内设备如水线、料线、温控装置、通风设备、清粪系统等进行检查，发现故障，立即排除。

7.4.5 应尽量缩短对鸡群实施断喙、修喙、免疫接种、治疗（如注射）、称重、装车运输等过程的时间。

7.4.6 应对每天鸡群进行检查，发现健康不佳或受伤等福利问题，应及时查明原因，采取隔离、淘汰等措施妥当处置。

7.4.7 应记录并保存日常管理的内容。

7.4.8 应预先制定蛋鸡淘汰计划，并有效实施。

8 健康计划

8.1 鸡场应制定符合法律法规及相关标准要求的兽医健康和福利计划，内容应至少包括：

——生物安全措施；

——疫病防控措施；

——药物使用及残留控制措施；

——病死鸡及废弃物的无害化处理措施；

——其他涉及动物福利与健康的措施等。

8.2 鸡场应定期对健康计划的实施情况进行检查，并适时对计划进行更新或修订。

9 运输

9.1 管理

9.1.1 蛋鸡淘汰时的运输方应满足国家相关法律法规和标准的要求，并应制定运输应急预案措施。

9.1.2 捕捉、装卸和运输人员（司机和押运人员）应经必要的指导和培训，了解兽医和动物福利基本知识，能够胜任所承担工作。

9.2 捕捉

9.2.1 蛋鸡淘汰时的捕捉应在暗光或蓝光下进行，采取适当的隔挡，防止鸡群拥挤或踩踏。对于多层大笼饲养的鸡群，抓鸡时应防止鸡群从高空坠落。靠近鸡群时，应尽量降低噪音、灰尘和混乱，避免鸡群紧张和恐惧。

9.2.2 捕捉可采用单手法（抓握双脚）和双手法（抱胸扣翅）。不应抓提鸡只的头部，操作时应轻柔小心，避免鸡只大小腿及鸡翅充血、出血或骨折。

9.3 运输

9.3.1 运输车辆、运输笼及所有与鸡群接触的表面，装载坡台和护栏等，不应存在锋利边缘或突起物，使用前后应彻底清洗消毒，鸡笼清洗时鸡笼内不应有活鸡。

9.3.2 应采用标准运输笼，笼高不低于28cm。装载密度（按笼底面积计算），每只鸡不应少于 $400cm^2$。

9.3.3 应避免在极端天气运输鸡只，如遇有恶劣天气应配有防护措施（挡风板、帆布）。气温高于 25℃（湿度大于 75％）或低于 5℃时，应采取适当措施，减少因温度过高或过低引起鸡群的应激反应。

9.3.4 司机应做到平稳驾驶，减少运输过程中的噪音，运输时间应控制在 2h 以内。押运人员在运输过程中应注意观察鸡只状况，避免死亡。

10 屠宰

按照 T/CAS 267—2017 中第 10 章的要求。

11 记录与可追溯

11.1 除通常的养殖管理记录外，鸡只养殖、运输、屠宰全过程的福利相关内容应予以记录，并可追溯。

11.2 记录可采用电子、纸质或其他可行方式。

11.3 鸡只养殖、运输、屠宰全过程的相关记录应至少保存 3 年。

参考文献

［1］GB 12694 肉类加工厂卫生规范

［2］GB 13078 饲料卫生标准

［3］GB 16548 病害动物和病害动物产品生物安全处理规程

［4］GB 16549 畜禽产地检疫规范

［5］GB 16567 种畜禽调运检疫技术规范

［6］GB 18596 畜禽养殖业污染物排放标准

［7］GB/T 19525.2 畜禽场环境质量评价准则

［8］GB/T 20014.6 良好农业规范 第6部分：畜禽基础控制点与符合性规范

［9］NY/T 1167 畜禽场环境质量及卫生控制规范

［10］RSPCA welfare standards for CHICKENS

［11］BCSPCA Standards for the Raising and Handling of Laying Hens

［12］中华人民共和国动物防疫法

［13］中华人民共和国畜牧法

［14］兽药管理案例

［15］畜禽规模养殖污染防治条例

［16］病死动物无害化处理技术规范，农业部 2013

［17］动物防疫条件审核办法，农业部 2010 年第 7 号

［18］兽用处方药和非处方药管理办法，农业部 2013

［19］农业部公告第 168 号饲料药物添加剂使用规范

本标准起草工作组构成：

起草单位：中国农业国际合作促进会动物福利国际合作委员会

　　　　　英国皇家防止虐待动物协会

　　　　　世界农场动物福利协会

　　　　　广东海洋大学

　　　　　河南科技大学

　　　　　东北农业大学

　　　　　中国动物卫生与流行病学中心

　　　　　中国农业科学院北京畜牧兽医研究所

　　　　　华南农业大学

　　　　　山东农业大学

　　　　　北京华都峪口禽业有限责任公司

　　　　　宁夏晓鸣农牧股份有限公司

　　　　　河南柳江生态牧业股份有限公司

　　　　　北京德清源农业科技股份有限公司

　　　　　北京正大蛋业有限公司

　　　　　江苏立华牧业有限公司

　　　　　通标标准技术服务有限公司

　　　　　山东生态健康产业研究所

　　　　　湛江市晋盛牧业科技有限公司

起草人：杜炳旺、肖肖、王培知、席春玲、顾宪红、王林川、滕小华、徐
廷生、郑麦青、阿永玺、周宝贵、孟祥兵、赵景鹏、王天羿、冯
晓红、张沛、王光琴

Farm animal welfare requirements: Laying hen

STANDARDS OF CHINA ASSOCIATION FOR STANDARDIZATION

T/CAS 269—2017

Introduction

0. 1 General rules

In order to ensure the quality and safety of animal-derived food, healthy and good sustainable development of livestock husbandry industry, and fill the gaps in our farm animal-laying hen welfare standard, specially develop this standard.

Based on the international advanced farm animal welfare concept and by combining with China's existing scientific and technological and socio-economic conditions, this standard specifies the farm animal-laying hen welfare production requirements.

This standard is the requirements of the whole process of farming, transport and slaughter of laying hens in farm animal welfare requirements.

0. 2 Basic principles

Five basic principles of animal welfare are the basis of the farm animal welfare standards.

a) Provide animals with clean drinking water and feed needed for keeping their health so as to protect them from hunger and thirst;

b) Provide adequate shelter and comfortable habitat for animals to protect them from discomfort;

c) Carry out disease prevention for animals and implement timely diagnosis and treatment for sick animals so as to protect them from pain and injury;

d) Ensure that animals have the conditions and disposal modes to avoid psychological pain so that they are protected from fear and mental pain;

e) Provide adequate space, appropriate facilities and companions for ani-

mals so that they can freely express their normal behavior.

1 Scope

This standard specifies the welfare requirements for farming, transportation and slaughter of laying hens.

This standard applies to the animal welfare management of the whole process of farming, transportation and slaughtering of laying hens.

2 Normative reference documents

The following documents are indispensable for the application of this document. For dated references, only the dated version applies to this document. For undated references, the latest edition (including all amendments) applies to this document.

GB 5749 Standards for Drinking Water Quality

NY / T 388 Environmental Quality Standard for the Livestock and Poultry Farm

3 Terminology

The following terms apply to this document.

3. 1 Animal welfare

Provide animals with appropriate nutrition and environmental conditions; scientifically treat animals; properly handle animals; reduce pain and stress reaction of animals and improve their life quality and health level.

3. 2 Farm animals

Animals for the production of food (meat, eggs and milk), processing of hair, fur and skin or other purposes, and those bred and fed in the farm environment or similar environment.

3. 3 Farm animal welfare

Farm animals are well taken care of in the farming, transportation and slaughter to avoid unnecessary scare, pain, suffering, illness or injury.

3. 4 Environment enrichment

Through the providing of natural and man-made objects or environment for social contact, entertainment, seeking and exploration of animals so as to enhance the animal body and psychological stimulation and achieve the management mode of meeting normal expression of animal behavioral habits, psychological and physical health needs.

3. 5　Abnormal behavior

A kind of repeated behavior without obvious purpose or that causing harm to themselves and companions when the psychological or physiological needs of the laying hen are not met.

3. 6　Free-range farming

The farming mode that the laying hens are free to enter and leave the poultry house, free to run, free to eat and drink water and are sheltered.

3. 7　Feeding on the net rack

The farming mode of laying hens bred on the net rack (single layer or multiple layers) that are manually installed in the poultry house.

3. 8　Feeding in the large cage

The farming mode of laying hens bred in a single layer or multi-layer cage in the poultry house.

4　Chicks

4. 1　Source of chicks

Chicks should be from the laying hen hatchery with the breeding livestock and poultry production and operation license; the chicks are the healthy chick flocks after disease purification.

4. 2　Disposal of chicks

4. 2. 1　Male and female identification can be carried out for chicks on the same day; the identification method of sex-linked inheritance identification method is appropriate. If the anal opening identification method is used, identification workers should carry out sanitation and disinfection work.

4. 2. 2　Immunization of the relevant vaccines is implemented on the day of the brooding.

4. 2. 3　If the beaks of chicks need to be trimmed it is appropriate to implement the beak trimming on the day of brooding. The infrared beak trimming technology is appropriate. The beak trimming operators should be trained specially to master relevant animal welfare knowledge.

4. 2. 4　Use standard chick boxes for storage and transport; the occupied area of 100 chicks is not less than 0. 25m².

4. 2. 5　Storage of chicks at room temperature should be 22 ～26 ℃, humidity: 60%～70%; it is not appropriate for the storage time to exceed 4 hours. It is better to transport chicks by special transport vehicles; the compartment tempera-

ture is controlled at 22~26℃ and the ventilation is good.

5 Feeding and drinking water

5. 1 Feed

5. 1. 1　The use of feed and feed raw materials should comply with the requirements of relevant national laws, regulations and standards.

5. 1. 2　The farm should supply feed according to the characteristics of laying hen breeds and their nutritional needs in physiological phase; the nutrients of the feed should meet the requirements for maintaining good physical condition and normal laying eggs of laying hens.

5. 1. 3　The formula feed purchased by the chicken farm should have the document record of raw material composition and nutrient content of the feed of the supplier; when you formulate the feed by yourselves, you should keep the feed formula and ingredient list; the source of feed raw material should be traceable.

5. 1. 4　Do not use the feed of mammal or avian animal protein source (excluding dairy products) . Except for the purpose of treatment, it is not allowed to use antibiotics or raw materials containing similar antibiotics in feed.

5. 1. 5　Feed must be safely and hygienically transported, stored and conveyed to prevent pests, moisture, deterioration and pollution.

5. 2 Feeding

5. 2. 1　According to different production systems and the size and quantity of chickens, provide adequate feeding space to meet the feeding needs of chickens. Linear feed trough provides the feeding space of 5cm (single-side) or 2. 5cm (double-side) for each adult chicken; the feeding space of feed tray or bucket (by outer circumference of the feed tray or the bucket): each chicken has 1. 8cm of feeding space at least.

5. 2. 2　The feeders should be evenly distributed in the poultry house. The distance from the laying hen to the nearest feeder should not exceed 4 m. The optimum height of the feeder should be set according to the days of age and size of the chicken (it is appropriate for the optimum height not to exceed the back height of the chicken) .

5. 2. 3　The feed line and drinking water line should be equipped with habitat prevention line or scroll bars. The habitat prevention line should not be charged or connected to any power supply.

5.2.4　Keep the feeding equipments clean; clean up the residual feed in time to prevent deterioration of residual feed.

5.2.5　Provide a suitable amount of gravel to the laying hens to help digestion at least once a week; the gravel diameter is 6~8mm in laying period; provide 7 grams or so per week for each hen. Gravel can be mixed into the feed or use the separate sand trough.

5.2.6　The drugs for prevention and treatment of laying hens and the withdrawal period before elimination and they come into the market should strictly implement relevant provisions of the relevant state departments.

5.3　Drinking water

5.3.1　Provide adequate, clean and fresh drinking water; the water quality should meet the requirements of GB 5749 standard.

5.3.2　The drinkers should be evenly distributed; the maximum distance from the chicken to the drinker does not exceed 4 m.

5.3.3　It should be ensured that each chicken has enough drinking space; the minimum number of drinkers: a bell-type drinker for 50~60 chickens; a nipple drinker for 10 chickens.

5.3.4　The height of the drinker is set according to different production modes, the days of age and size of chickens; it is appropriate for the height of the nipple drinker to be equal to the sight line of the chicken; it is appropriate for the height of the bell-type drinker to be equal to the back height of the chicken.

5.3.5　The water supply system should be regularly detected, cleaned, disinfected and maintained, and has perfect health management measures. The water storage facilities used in the drinking water system must be closed and regularly cleaned and disinfected.

5.3.6　For the free range farming, it should be ensured that water supply facilities or water sources provide adequate, clean and fresh drinking water. If natural water source is used, the risk of potential disease should be assessed.

5.3.7　According to the advice of the veterinarian, when drugs or anti-stress agents need to be added in the drinking water, special equipments should be used, and adding records should be made.

6 Farming environment

6.1 Facilities

6.1.1 The planning and design of construction of the chicken farm should meet the requirements related to animal welfare.

6.1.2 The construction of the chicken farm should meet the requirements of biosafety; the boundary among the living area of the farm workers, feeding area and the sports ground should be obvious; the fence or separation net should be installed. The quarantine zone should be set outside the chicken farm; there are special clean passage and polluted passage connected to the outside; the clean passage and polluted passage should not cross.

6.1.3 The dead chicken autopsy room and harmless treatment facilities for waste should be set at the farm.

6.1.4 Non-toxic and harmless materials should be used for the poultry house and facilities in it; the electrical equipments, wires and cables in the poultry house should be consistent with relevant specifications, and there are protective measures to prevent chickens from getting close to and being bitten by rodents.

6.1.5 The poultry house should meet the temperature requirements, and has thermal insulation function; the floors and walls should be easy to clean and disinfect.

6.1.6 Noise of equipments inside and outside the poultry house should be strictly controlled; the total noise of the equipments should not exceed 70dB at runtime.

6.1.7 All the feeding facilities contacting with the flocks, such as the fence, separation net, troughs and drinkers at the chicken farm, should not cause injury to the flock.

6.1.8 The facilities preventing rats, cats, dogs and other animals from entering the poultry house should be installed to avoid panic or injury and other emergencies of laying hen flock.

6.2 Floor and bottom net

6.2.1 The floor of the poultry house should be smooth and dry, and is easy to clean and disinfect effectively.

6.2.2 The litter should be hygienic, dry, fragile and loose without hardening.

6. 2. 3　For feeding on the net rack, it is appropriate to use the bottom net of wooden, bamboo or plastic products; it is appropriate for the mesh diameter to be 1. 5～1. 8cm. The net surface should be divided into several small zones; it is appropriate for the number of hens in each small zone to be about 300 or so.

6. 2. 4　Feeding in the large cage; the bottom area of each cage is not less than 3. 6m²; the front height of the cage is not less than 56cm; the rear height of the cage is not less than 46cm. The area of each hen is not less than 660cm².

6. 3　Lighting

6. 3. 1　It is better for the poultry house to introduce the natural light and be equipped with adequate lighting facilities to ensure adequate and uniform light.

6. 3. 2　Feeding in the house, provide lighting time longer than or equal to 8 hours for laying hens every day; the cumulative lighting time is longer than or equal to 16 hours.

6. 3. 3　Except the egg-laying area and habitat area, the artificial supplemented lighting intensity is between 10lx and 15lx. The opening and closing of the artificial light source should be carried out in a gradual manner to ensure that the adaptation time of flocks is longer than or equal to 15 minutes.

6. 4　Temperature, humidity and ventilation

6. 4. 1　The temperature should be controlled and adjusted according to different growth stages of the hens. The temperature for laying hens should not exceed 30 ℃ in summer; the temperature should not be lower than 13 ℃ in winter; sudden change in temperature should be avoided.

6. 4. 2　The poultry house should be effectively ventilated; relative humidity should be controlled between 50% and 70%.

6. 4. 3　Keep the good quality of air in the poultry house; the harmful ingredients comply with regulations in NY / T388.

6. 5　Egg-laying nest box

6. 5. 1　An egg production position should be set for every 4 to 6 hens, or at least 1m² of egg-laying space for every 120 hens.

6. 5. 2　The entrance and bottom of the egg-laying box should be equipped with appropriate curtain and nest pad; the nest pad should be soft, comfortable, hygienic, easy to clean and disinfect.

6.5.3　The slope of the egg rolling type box bottom net should be controlled at 9 ° ～ 11 °. The skipping rack should be set in front of the entrance for the multi-layer egg box; the parallel dislocation setting is implemented for the upper and lower-layer skipping rack.

6.6　Feeding density

6.6.1　Provide sufficient space for laying hens; the area within the house should ensure that the flocks live and sleep at the same time and they have necessary movement space.

6.6.2　The maximum feeding density in the laying period is shown in Table 1.

Table 1　Maximum feeding density of egg laying hens in laying period

Feeding mode	Maximum feeding density in the house
Free-range farming	≤ 6 hens per square meter (≥ 1, 500 square centimeters for each hen)
Feeding on the net rack	≤ 9 hens per square meter (≥ 1, 100 square centimeters for each hen)
Feeding in the large cage	≤ 15 hens per square meter (≥ 660 square centimeters for each hen)

6.7　Yard outside the poultry house

6.7.1　The free-range farming should have the yard with enough space outside the poultry house; its minimum area is bigger than or equal 2 square meters for each chicken.

6.7.2　Attention should be paid to the safety and sanitation of the yard outside the poultry house; keep dry, and good drainage measures should be taken.

6.7.3　Within the range of 20m around the poultry house, the shed or artificial shelter area not less than 8 m² for every 1, 000 chickens should be provided for chickens, and the layout should be reasonable.

6.7.4　For a flock of 600 chickens, at least 2 entrances and exits should be set; the height is bigger than or equal to 45 cm and the width is bigger than or equal to 50 cm.

6.7.5　If there are steps at the base of the entrance and exit, the ramp should be set so that the chickens can get in or out easily.

6.7.6　The entrance and exit should be closed at night to prevent the invasion of animals.

6. 8　Environment enrichment

6. 8. 1　Environmental enriched materials, such as perches (roost), sand bath, pecking food (wooden blocks, suspended and knotted ropes), toys, brassicas-like vegetables or non-toxic plants, should be provided.

6. 8. 2　Provide at least one sand bathing pool for every 500 hens.

6. 8. 3　The perches should ensure that the hens can stand normally; the total length of the perch should ensure at least 20% of the laying hen flock inhabit freely; Each hen has at least 15cm of habitat; the spacing among several rows of perches is at least 30cm; the distance between the perch parallel to the wall and the wall is at least 20cm; the vertical space of the roost is 30cm~40cm. The perches should not be placed above the water trough and feed trough.

7　Feeding management

7. 1　Personnel requirements

The farm management personnel should be trained about animal welfare knowledge and master basic knowledge of animal health and welfare; through training and guidance, the feeders have the ability to identify potential welfare problems; for the general disease symptoms, they can find the cause and respond correctly.

7. 2　Catching chickens

Chickens should be caught in low light or at night; catch the wings or feet of the chicken; do not grasp the head; gently grasp and put down; the action is mild so as to reduce its fear and stress response.

7. 3　Collecting eggs

For free-range feeding and feeding on the net rack, the number of times of collecting eggs should not be less than 3; the hens laying eggs should not be disturbed in collecting of eggs.

7. 4　Daily management

7. 4. 1　Daily management of flocks should adopt the mild manner; and all activities must be slow and careful so as to reduce the fear, damage and unnecessary scare of the flock.

7. 4. 2　Cleaning is carried out every day for the poultry house, including drinking water, feeding facilities and the floors.

7. 4. 3　Remove iron wire, plastic cloth, wire and other debris that may be eaten by the flocks mistakenly in the poultry house and the surrounding en-

vironment at any time.

7. 4. 4　Check the equipments in the poultry house every day, such as waterline, feed line, temperature control device, ventilation equipment, dung cleaning system, etc. If the faults are found, solve the problems immediately.

7. 4. 5　Minimize the implementation time of beak cutting, beak repairing, immunization, treatment (such as injection), weighing, loading and transportation.

7. 4. 6　Check the flocks every day; if the poor health or injury and other welfare problems are found, promptly identify the reasons and take measures of isolation, elimination and others to properly dispose.

7. 4. 7　Record and save the contents of the routine inspection.

7. 4. 8　The elimination plan of laying hens should be developed in advance and implemented effectively.

8　Health plan

8. 1　The chicken farm should develop the veterinary health and welfare plan that complies with the requirements of laws and regulations; the content should include at least:

——Biosecurity measures;

——Disease prevention and control measures;

——Drug use and residue control measures;

——Harmless treatment measures for dead or sick chickens and waste;

——Other measures involving animal welfare and health.

8. 2　The chicken farm should regularly check the implementation of the health plan and update or revise it time.

9　Transport

9. 1　Management

9. 1. 1　The transport party should meet the requirements of relevant national laws, regulations and standards when laying hens are eliminated, and formulate measures for transport contingency plan.

9. 1. 2　The personnel (drivers and escort personnel) catching, handling and transporting laying hens should be guided and trained to understand the basic knowledge of veterinary and animal welfare, and can do the work.

9. 2　Catching

9. 2. 1　Catching of laying hens when they are eliminated should be carried

out in dark or blue light; adopt appropriate barriers to prevent crowding or trampling of the flocks. For multi-layer fed flocks in large cages, prevent flocks from falling from high altitude in catching. Quietly get close to flocks, try to reduce noise, dust and confusion, and avoid tension and fear of flocks.

9.2.2　The capture can adopt single hand method (grasp the feet) and two-hand method (cling to the chest and hold the wings). Do not grasp the head of the chicken; the operation should be gentle and careful to avoid congestion, bleeding or fracture of thighs, shanks and wings of chicken.

9.3　Transport

9.3.1　All surfaces of transport vehicles and cages contacting with flocks should not have sharp edges or protrusions; they must be thoroughly cleaned and disinfected before and after use. When the cages are cleaned, live chickens are not allowed to be in them.

9.3.2　Use the standard transport cage; the cage height should not be less than 28cm. Loading density (calculate according to the cage bottom area): greater than or equal to 400 cm^2 for each hen.

9.3.3　Avoid transport of laying hens in extreme weather; in case of bad weather, there are protective measures (wind board and canvas). When the temperature is higher than 25 ℃ (humidity is greater than 75%) or lower than 5 ℃, appropriate measures should be taken to reduce the stress response of flocks caused by too high or too low temperature.

9.3.4　The drivers should drive smoothly and reduce the noise during transport; and the transport time should be controlled within 2 hours. Escort personnel during transport should pay attention to observe the situation of laying hens to avoid their death.

10　Slaughter

Refer to the slaughter standard of the "Farm Animal Welfare Requirements Broiler".

11　Record and traceability

11.1　Besides the usual farming management records, the welfare-related content of the whole process of farming, transportation and slaughter of hens should be recorded and traceable.

11.2　Records may be electronic, papery or other feasible modes.

11.3　Relevant records of the whole process of farming, transportation

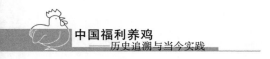
and slaughter of hens should be kept for at least three years.

Bibliography

[1] Animal Epidemic Prevention Law of the People's Republic of China

[2] Animal Husbandry Law of the People's Republic of China

[3] Veterinary Drug Management Cases

[4] Regulation on the Prevention and Control of Pollution from Large-Scale Farming of Livestock and Poultry

[5] Technical specifications of harmless treatment for dead animals, in 2013, Ministry of Agriculture

[6] Measures for the Examination of Animal Epidemic Disease Prevention Conditions, Notice No. 7 in 2010, Ministry of Agriculture

[7] Veterinary Prescription Drug and Non-Prescription Drug Management Practices, in 2013, Ministry of Agriculture

[8] Safe use specification of Feed Drug additives, notice No. 168, Ministry of Agriculture

[9] GB 12694 Code of Hygienic Practice for Meat Processing

[10] GB 13078 Feed Hygiene Standards

[11] GB 16548 Biosafety Specification on Sick Animal and Animal Product Disposal

[12] GB 16549 Code of Quarantine for Livestock and Poultry Origin

[13] GB 16567 Code of Quarantine Technology for the Transport of Breeding Livestock and Poultry

[14] GB 18596 Discharge Standard of Pollutants for Livestock and Poultry Farming

[15] GB/T 19525.2 Criteria for Evaluating the Environmental Quality of the Livestock and Poultry Farm

[16] GB/T 20014.6 Good Agricultural Practice-Part 6: Livestock Base Control Points and Compliance Criteria

[17] NY/T 1167 Environment Quality and Sanitary Control Requirement for the Livestock and Poultry Farms

[18] British RSPCA Welfare Standards for Laying Hens

[19] Chicken Welfare Standards, Issued by the Society for the Prevention of Cruelty to Animals, BC in Canada

[20] On-Site Assessment Guide and Transport Quality Assurance Manual Issued by the Whole Quality Inspection and Certification in the United States

Drafting team of this standard:

Drafting organizations

ICCAW of CAPIAC

Royal Society for the Prevention of Cruelty to Animals (RSPCA)

Compassion in World Farming（CIWF）

Guangdong Ocean University

Henan University of Science & Technology

Northeast Agricultural University

China Animal Health and Epidemiology Center

Institute of Animal Sciences of CAAS

South China Agricultural University

ShanDong Agricultural University

Beijing Huadu Yukou Poultry Co. , Ltd.

Ningxia Xiaoming Agriculture And Animal Husbandry Co. , Ltd.

Henan Liujiang Ecological Husbandry Co. , Ltd.

Beijing DQY Agricultural Technology Co. , Ltd.

Beijing CP Egg Industry Co. , Ltd.

Jiangsu Lihua Animal Husbandry Stock Co. , Ltd.

SGS-CSTC Standards Technical Services Co. , Ltd.

Eco-health Industry Institute in Shandong Province.

Zhanjiang Jjinsheng Husbandry Science and Technology Ltd.

Drafting team

Bingwang Du，Xiao Xiao，Peizhi Wang，Chunling Xi，Xianhong Gu，
Linchuan Wang，Xiaohua Teng，Tingsheng Xu，Maiqing Zheng，Ayongxi，Baogui Zhou，Xiangbing Meng，Jingpeng Zhao，Tianyi Wang，Xiaohong Feng，Pei Zhang.

附录 2　农场动物福利要求·肉鸡
中国标准化协会标准　T/CAS 267—2017

0.1　总则

为了保障动物源性食品的质量、安全和畜牧养殖业的健康良性可持续发展，填补我国农场动物——肉鸡福利标准的空白，特制定本标准。

本标准基于国际先进的农场动物福利理念，结合我国现有的科学技术和社会经济条件，规定了农场动物——肉鸡福利生产要求。

本标准为农场动物福利要求中肉鸡的养殖、运输、屠宰全过程的要求。

0.2　基本原则

动物福利五项基本原则是农场动物福利系列标准的基础，五项基本原则为：

a）为动物提供保持健康所需要的清洁饮水和饲料，使动物免受饥渴；

b）为动物提供适当的庇护和舒适的栖息场所，使动物免受不适；

c）为动物做好疾病预防，并给患病动物及时诊治，使动物免受疼痛和伤病；

d）保证动物拥有避免心理痛苦的条件和处置方式，使动物免受恐惧和精神痛苦；

e）为动物提供足够的空间、适当的设施和同伴，使动物得以自由表达正常的行为。

1　范围

本标准规定了肉鸡福利的术语和定义、雏鸡、饲喂和饮水、养殖环境、饲养管理、健康计划、运输、屠宰以及记录与可追溯。

本标准适用于肉鸡的养殖、运输、屠宰全过程的动物福利管理。

2　规范性引用文件

下列文件对于本文件的应用是必不可少的。凡是注日期的引用文件，仅注日期的版本适用于本文件。凡是不注日期的引用文件，其最新版本（包括所有的修改单）适用于本文件。

GB 5749 生活饮用水卫生标准

NY/T 388 畜禽场环境质量标准

3　术语和定义

下列术语和定义适用于本文件。

3.1　动物福利 animal welfare

为动物提供适当的营养、环境条件，科学地善待动物，正确地处置动物，减少动物的痛苦和应激反应，提高动物的生存质量和健康水平。

3.2　农场动物 farm animal

用于食物（肉、蛋、奶）生产，毛、绒、皮加工或者其他目的，在农场环境或类似环境中培育和饲养的动物。

3.3　农场动物福利 farm animal welfare

农场动物在养殖、运输、屠宰过程中得到良好的照顾，避免遭受不必要的惊吓、疼痛、痛苦、疾病或伤害。

3.4　环境富集 environmental enrichment

农场通过提供自然和人造物体或环境，供动物社交、娱乐、觅寻和探究，以增强动物机体和心理刺激，达到满足动物行为习性正常表达和心理、机体健康需要的管理方式。

3.5　异常行为 abnormal behavior

当肉鸡的心理或生理需求未得到满足时，所表现的一类重复且无明显目的、或对自己及同伴造成伤害的行为。

3.6　白羽肉鸡 white feather meat-type chicken

生长速度快的白色肉鸡，通常指 35～42 日龄屠宰、体重达 1.8kg 以上的肉鸡，也称为快大肉鸡。

3.7　黄羽肉鸡 yellow feather meat-type chicken

羽毛为黄色或有色羽的肉鸡，通常根据生长速度和上市日龄分为快速型（8 周龄～10 周龄）、中速型（10 周龄～13 周龄）和慢速型（13 周龄以上）。

3.8　散养 free-range farming

可自由出入鸡舍，自由活动、自由采食和饮水，并得以庇护的养殖方式。

3.9　垫料平养 feeding on litter floor

在圈舍内地面垫料饲养的养殖方式。

3.10　网上平养 feeding on the net rack

在圈舍内人工架设的网架（单层或多层）上饲养的养殖方式。

3.11　大笼饲养 feeding in the large cage

在圈舍内单层或多层大笼内饲养的养殖方式。

3.12　致晕屠宰 stunning slaughter

通过使用致晕设备使动物在放血前处于完全无知觉状态的屠宰方法。

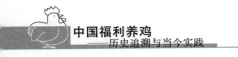

4 雏鸡

4.1 来源

雏鸡应来源于具有种畜禽生产经营许可证的肉鸡孵化场，其种鸡是经过疾病净化的健康鸡群。

4.2 处置

4.2.1 出雏当天宜进行雌雄鉴别，鉴别方法以伴性遗传鉴别法为宜。若采用翻肛鉴别法，鉴别员应做好消毒卫生工作。

4.2.2 出雏当天应实施相关疫苗的免疫接种。

4.2.3 宜在出雏当天采用红外线断喙技术实施断喙。断喙操作人员应经过专门的培训，掌握有关动物福利知识。

4.2.4 雏鸡应采用标准雏鸡箱存放、转运，每100只雏鸡所占面积不应少于0.25m²。

4.2.5 存放雏鸡的室温在22～26℃，湿度在60％～70％，存放时间不宜超过4h。雏鸡转运宜采用专用运输车辆，车厢温度控制在22～26℃，且通风良好。

5 饲喂和饮水

5.1 饲料

5.1.1 饲料和饲料原料的使用应符合国家相关法律法规和标准的要求。

5.1.2 饲料供给应符合肉鸡品种特性和生理阶段的营养需求，应满足肉鸡维持良好的身体状况以及正常生长发育的要求。

5.1.3 鸡场购入的配合饲料，应有供方饲料原料组成及营养成分含量的文档记录；自行配料时，应保留饲料配方及配料单，饲料原料来源应可追溯。

5.1.4 不应使用哺乳动物或禽鸟动物蛋白质源的饲料（不包括乳制品）。除治疗目的外，不应在饲料中使用抗生素或类似含抗生素的原料。

5.1.5 饲料应安全、卫生地运输、贮存和输送，防止虫害、受潮、变质及污染。

5.2 饲喂

5.2.1 应提供充足的采食空间，线性食槽5cm/只（单侧）或2.5cm/只（双侧），圆形食槽（按其周长计）不应少于1.8cm/只。

5.2.2 喂料器应均匀地分布在鸡舍，鸡只到达最近喂料器的距离不应超过4m，应根据鸡只的日龄和大小设置喂料器的最佳高度，以鸡只的背部高度等高为宜。

5.2.3 应保持饲喂设备清洁，及时清理剩余饲料，防止残余饲料的腐败变质。

5.2.4 按照肉鸡的品种不同或生长需要，应按时提供适量砂砾以助消化。

5.2.5　鸡只预防、治疗用药及上市前的休药期，应严格执行国家有关部门的相关规定。

5.3　饮水

5.3.1　应提供充足、清洁、新鲜的饮用水，水质应符合 GB 5749 的要求。

5.3.2　饮水器应均匀分布，鸡只到达饮水器的最大距离为 2m。

5.3.3　应确保每只鸡有足够的饮水空间，饮水器最低设置数量：钟式饮水器 50～60 只/个，乳头饮水器为 10 只/个。

5.3.4　饮水器高度应根据不同的生产方式和鸡只日龄及大小设置，乳头式饮水器以鸡只的眼线等高为宜，钟式饮水器与鸡只背部等高为宜。

5.3.5　供水系统应定期检测、清洗、消毒和维护，并有完善的卫生管理措施。饮水系统中使用的蓄水设施应封闭，并定期清洗消毒。

5.3.6　若采用散养，应确保供水设施或水源地能够提供充足、干净、新鲜的饮用水。若使用天然水源，应对潜在疾病风险进行评估。

5.3.7　根据兽医医嘱，需在饮水中添加药物或抗应激剂时，应使用专用设备，并做好添加记录。

6　养殖环境

6.1　设施设备

6.1.1　鸡场规划、设计和建设，应满足国家相关法律法规、相关标准和动物福利相关的要求。

6.1.2　鸡场的建设应符合生物安全要求，鸡场员工生活区、饲养区、运动场等分界明显，应设置围栏或隔网。鸡场外围应设防疫隔离区，有专门的净道和污道与外界相通，净道和污道不应交叉。

6.1.3　场区内应设置病死鸡剖检室和废弃物无害化处理设施。

6.1.4　鸡舍及舍内设施设备应使用无毒无害的材料，舍内的电器设备、电线、电缆应符合相关规范，且有防护措施防止鸡只接近和啮齿类动物的啃咬。

6.1.5　鸡舍应满足温度要求，且保温隔热，地面和墙壁应易于清扫、消毒。

6.1.6　鸡舍内外设备噪音应严格控制，舍内设备运行时总噪音不应超过 70dB。

6.1.7　鸡场安装的围栏、隔网、食槽、饮水器等所有与鸡群接触的饲养设施不应对鸡群造成伤害。

6.1.8　应设置防止鼠、猫、犬等其他动物闯入的设施，避免鸡群恐慌或受伤等突发事件发生。

6.2 地面和垫料

6.2.1 鸡舍地面应平整、干燥，方便有效清洁和消毒。

6.2.2 垫料平养应覆盖垫料，以利鸡只寻觅、探究、刨食等活动。垫料平均厚度，夏季 2～5cm，冬季为 5～10cm。应及时补充新鲜垫料，并保持垫面干燥。

6.2.3 垫料应卫生、干燥、易碎、松散，无板结。

6.2.4 网上平养宜使用木制、竹制或塑料制品的底网，底网网眼直径以 1.5～1.8cm 为宜。网面应分隔为若干个小区，每个小区面积不小于 4m²。

6.2.5 大笼饲养不宜超过 4 层，层间距不宜小于 75cm，并进行有效的隔离，防止造成层与层之间的相互污染。

6.3 照明

6.3.1 鸡舍宜引入自然光照，并配备足够的照明设施，确保光线充足、均匀。光照强度育雏期 20～30lx，生长期 10～20lx。

6.3.2 白羽肉鸡宜采用连续光照制度或间歇光照制度，连续光照时间至少 8h，黑暗时间不应小于 2h。黄羽肉鸡宜采用自然光照或间歇光照制度，即光照与黑暗之比为 8：4 或 12：12。

6.3.3 人工光源的打开和关闭应以渐进方式进行，保证鸡群适应时间不应小于 15min。

6.4 温、湿度与通风

6.4.1 应根据肉鸡不同生长阶段，施以所需最佳温度，避免温度的骤变。

6.4.2 鸡舍应有效通风，相对湿度宜控制在 50%～70%。

6.4.3 应保持舍内空气质量良好，有害成分符合 NY/T 388 规定。

6.5 饲养密度

6.5.1 应提供充足的饲养空间，保证鸡群起卧等活动的需要。

6.5.2 白羽肉鸡和黄羽肉鸡的最大饲养密度见表 1 和表 2。

表 1 白羽肉鸡最大饲养密度

饲养方式	最大饲养密度（只/m²）	
	0～3 周龄	4～6 周龄
垫料平养	28	13
网上平养	30	14
大笼饲养	32	16

表 2 黄羽肉鸡最大饲养密度

饲养方式		最大饲养密度（周龄，只/m²）				
		0～2	3～4	5～7	8～11	>11
散养	快速型		15	13	9	—
	中速型	25	19	15	11	9
	慢速型			19	15	13
垫料平养	快速型		19	13	11	11
	中速型	30	23	17	14	11
	慢速型			21	15	13
网上平养	快速型		25	14	12	12
	中速型	42	34	19	13	12
	慢速型			21	13	12

6.6　舍外场地

6.6.1　散养应设置足够空间的舍外场地，舍外面积不宜少于 $2m^2$/只。

6.6.2　舍外场地应注重安全卫生，保持干燥，并有良好的排水措施。

6.6.3　在鸡舍周围 20m 范围内，应为鸡只提供不少于 $8m^2$/1 000 只的遮阴篷或人工庇护区域，且应布局合理。

6.6.4　每 600 只的鸡群，应至少设置 2 个出入口，出入口规格为高不应小于 45cm、宽度不应小于 50cm。

6.6.5　出入口基部有台阶时，应设坡道，便于鸡只轻松出入。

6.6.6　夜间应关闭出入口，以防兽害的侵袭。

6.7　环境富集

6.7.1　应尽早（一般不迟于 7 日龄）提供环境富集物，如栖木（栖架）、沙浴池、啄食物（木块、悬挂并打结的粗吊绳）、玩具以及芸薹类蔬菜或无毒植物。重复使用的富集物应彻底清洁消毒。

6.7.2　慢速型黄羽肉鸡宜提供栖木（栖架）。栖木总长度至少应保证 20% 的鸡群自由栖息，多排栖木之间相隔至少 30cm，与墙壁平行的栖木距离墙壁至少 20cm，栖架垂直空间为 30～40cm。栖木不应置于水槽、食槽上方。

7　饲养管理

7.1　人员要求

鸡场管理和饲养人员应接受过动物福利相关知识培训，掌握动物健康和福利基本知识，能够胜任其所承担的工作。

7.2 抓鸡

抓鸡应在低光照或夜间实施，应握住鸡只的双翅或双脚，不应抓提鸡只的头部，轻抓轻放，动作温和，以减少鸡只的惊吓和应激反应。

7.3 日常管理

7.3.1 鸡群的日常管理应采用温和方式，所有活动应缓慢、谨慎，以减轻鸡群的恐惧、损伤及不必要的惊吓。

7.3.2 应每天对鸡舍进行卫生清洁工作，包括饮水、饲喂设施及地面等。

7.3.3 应随时清除鸡舍及周围环境中可能被鸡群误食的铁丝、塑料布、电线等杂物。

7.3.4 应每天对舍内设备如水线、料线、温控装置、通风设备、清粪系统等进行检查，发现故障，立即排除。

7.3.5 应尽量缩短对鸡群实施断喙、修喙、免疫接种、治疗（如注射）、称重、装车运输等过程的时间。

7.3.6 应每天对鸡群进行检查，发现健康不佳或受伤等福利问题，应及时查明原因，采取隔离、淘汰等措施妥当处置。

7.3.7 应识别可能对动物福利造成不利影响的自然灾害、极端天气等各种紧急情况，并制定应对方案。

7.3.8 应记录并保存日常检查的内容。

8 健康计划

8.1 鸡场应制定符合法律法规要求的兽医健康和福利计划，内容应至少包括：

——生物安全措施；

——疫病防控措施；

——药物使用及残留控制措施；

——病死鸡及废弃物的无害化处理措施；

——其他涉及动物福利与健康的措施等。

8.2 鸡场应定期对健康计划的实施情况进行检查，并适时对计划进行更新或修订。

9 运输

9.1 管理

9.1.1 运输方应满足国家相关法律法规和标准的要求，并应制定运输应急预案措施。

9.1.2 捕捉、装卸和运输肉鸡人员（司机和押运人员）应经必要的指导和培训，了解兽医和动物福利基本知识、能够胜任所承担工作。

9.2　捕捉

9.2.1　禁食时间应控制在6～8h，运输前1h应停水。

9.2.2　肉鸡养成上市时的捕捉，应在暗光或蓝光下进行，采取适当的隔挡，防止鸡群拥挤或踩踏。对于多层饲养的鸡群，捕捉时应防止鸡群从高空坠落。靠近鸡群时，应尽量降低噪音、灰尘和混乱，避免鸡群紧张和恐惧。

9.2.3　捕捉可采用单手法（抓握双脚）和双手法（抱胸扣翅法）。不应抓提鸡只的头部，操作时应轻柔小心，避免鸡只大小腿及鸡翅充血、出血或骨折。

9.3　运输

9.3.1　运输车辆、运输笼及所有与鸡群接触的表面，不应存在锋利边缘或突起物，使用前后应彻底清洗消毒，鸡笼清洗时笼内不应有活鸡。

9.3.2　运输时应采用肉鸡标准运输笼，笼高不应低于28cm。装载密度（按笼底面积计算），白羽肉鸡不应小于500cm²/只，黄羽肉鸡不应小于400cm²/只。

9.3.3　避免在极端天气运输鸡只，如遇有恶劣天气有防护措施（挡风板、帆布）。当气温高于25℃（湿度大于75％）或低于5℃时，应采取适当措施，减少因温度过高或过低引起鸡群的应激反应。

9.3.4　司机应做到平稳驾驶，减少运输过程中的噪音，运输时间应控制在2h以内。押运人员在运输过程中应注意观察鸡只状况，避免死亡。

10　屠宰

10.1　管理

10.1.1　屠宰企业应满足国家相关法律法规和标准的要求。

10.1.2　屠宰企业的相关人员应掌握致晕屠宰的技能。

10.1.3　致晕和宰杀设备应安全、高效和可靠，使用前后应彻底清洁、消毒。

10.1.4　屠宰设备使用前应有专人进行检查，使其处于良好状态。

10.2　待宰栏

10.2.1　待宰栏的温度、湿度的要求适宜鸡只正常要求，应通风良好，采用弱光或蓝色灯光照明，有防止阳光直射和恶劣天气的措施，将肉鸡应激风险降到最低。

10.2.2　肉鸡运抵屠宰场后，应尽快安排宰杀，待宰时间不宜超过2h。

10.3　挂鸡

10.3.1　挂鸡员应经培训，能够胜任工作，熟悉肉鸡镇静处理技术，以减少肉鸡不必要的痛苦或紧张。

10.3.2 待宰鸡只悬挂至屠宰时间间隔不应超过30s。

10.4 致晕与放血

10.4.1 致晕方式应能使鸡只瞬间失去知觉和疼痛感，直至宰杀工序完成。

10.4.2 致晕过程不宜采用直流致晕的方式。

10.4.3 致晕—放血间隔不宜超过10s。可采用设备放血或人工放血。在放血后5s内的位置应配备检查人员，对放血不充分的鸡只，进行补刀操作。

10.4.4 放血到热烫的过程不少于3min。

10.4.5 如因宗教或文化原因不允许在屠宰前使鸡只失去知觉，而直接屠宰的，应在平和的环境下尽快完成宰杀过程。

11 记录与可追溯

11.1 除通常的养殖记录外，肉鸡养殖、运输、屠宰全过程的福利相关内容应予以记录，并可追溯。

11.2 记录可采用电子、纸质或其他可行方式。

11.3 肉鸡养殖、运输、屠宰全过程的相关记录应至少保存三年。

Farm Animal Welfare Requirements: Broiler
STANDARDS OF CHINA ASSOCIATION
FOR STANDARDIZATION

T/CAS 267-2017

Introduction

01　General rules

In order to ensure the quality and safety of animal-derived food, healthy and good sustainable development of livestock husbandry industry, and fill the gaps in our farm animal-broiler welfare standard, specially develop this standard.

Based on the international advanced farm animal welfare concept and by combining with China's existing scientific and technological and socio-economic conditions, this standard specifies the farm animal-broiler welfare production requirements.

This standard is the requirements of the whole process of farming, transport and slaughter of broilers in farm animal welfare requirements.

02　Basic principles

Five basic principles of animal welfare are the basis of the farm animal welfare standards.

a) Provide animals with clean drinking water and feed needed for keeping their health so as to protect them from hunger and thirst.

b) Provide adequate shelter and comfortable habitat for animals to protect them from discomfort;

c) Carry out disease prevention for animals and implement timely diagnosis and treatment for sick animals so as to protect them from pain and injury;

d) Ensure that animals have the conditions and disposal modes to avoid psychological pain so that they are protected from fear and mental pain;

e) Provide adequate space, appropriate facilities and companions for animals so that they can freely express their normal behavior.

1 Scope

This standard specifies the welfare requirements for farming, transportation and slaughter of broilers.

This standard applies to the animal welfare management of the whole process of farming, transportation and slaughtering of broilers.

2 Normative reference documents

The following documents are indispensable for the application of this document. For dated references, only the dated version applies to this document. For undated references, the latest edition (including all amendments) applies to this document.

GB 5749 Standards for Drinking Water Quality

NY / T 388 Environmental Quality Standard for the Livestock and Poultry Farm

3 Terminology

The following terms apply to this document.

3.1 Animal welfare

Provide animals with appropriate nutrition and environmental conditions; scientifically treat animals; properly dispose animals; reduce pain and stress response of animals and improve their life quality and health level.

3.2 Farm animals

Animals for the production of food (meat, eggs and milk), processing of hair, fur and skin or other purposes, and those bred and fed in the farm environment or similar environment.

3.3 Farm animal welfare

Farm animals are well taken care of in the farming, transportation and slaughter to avoid unnecessary scare, pain, suffering, illness or injury.

3.4 Environment enrichment

Through the providing of natural and man-made objects or environment for social contact, entertainment, seeking and exploration of animals so as to enhance the animal body and psychological stimulation and achieve the management mode of meeting normal expression of animal behavioral habits, psychological and physical health needs.

3.5 Abnormal behavior

A kind of repeated behavior without obvious purpose or that causing harm to themselves and companions when the psychological or physiological needs of the broiler are not met.

3. 6　White feather broiler

Fast-growing white broilers usually refer to those slaughtered at $35 \sim 42$ days of age and weighing more than 1. 8kg, also known as big fast-growing broilers.

3. 7　Yellow feather broiler

Usually according to the growth rate and days of age of them coming into the market, broilers with yellow feathers or colored feathers are divided into fast type (8 to 10 weeks), medium speed type (10 to 13 weeks) and slow type (more than 13 weeks).

3. 8　Free-range farming

The farming mode that the broilers are free to enter and leave the poultry house, free to run, free to eat and drink water, and are sheltered.

3. 9　Feeding on litter floor

The farming mode that broilers are fed on litter floors in the poultry house.

3. 10　Feeding on the net rack

The farming mode of broilers bred on the net rack (single layer or multiple layers) that are manually installed in the poultry house.

3. 11　Feeding in the large cage

The farming mode of broilers bred in a single layer or multi-layer cage in the poultry house.

3. 12　Stunning slaughter

It refers to the slaughtering method that the animal is in a completely unconscious state prior to bloodletting by using the stunning device. Stunning slaughter should meet the following conditions: (1) The animal has no fear, pain or stress when it dies; (2) The animal quickly loses consciousness, and it does not wake up before bloodletting.

4　Chicks

4. 1　Source of chicks

Chicks should be from the broiler hatchery with the breeding livestock and poultry production and operation license; the chicks are the healthy chick flocks after disease purification.

4.2   Disposal of chicks

4.2.1   Male and female identification can be carried out for chicks on the same day; the identification method of sex-linked inheritance identification method is appropriate. If the anal opening identification method is used, identification workers should carry out sanitation and disinfection work.

4.2.2   Immunization of the relevant vaccines is implemented on the day of the brooding.

4.2.3   If the beaks of chicks need to be cut, it is appropriate to implement the beak cutting on the day of brooding. The infrared beak cutting technology is appropriate. The beak cutting operators should be trained specially to master relevant animal welfare knowledge.

4.2.4   Use standard chick boxes for storage and transport; the occupied area of 100 chicks is not less than 0.25m^2.

4.2.5   Storage of chicks at room temperature should be $22 \sim 26$℃, humidity: $60\% \sim 70\%$; it is not appropriate for the storage time to exceed 4 hours. It is better to transport chicks by special transport vehicles; the compartment temperature is controlled at $22 \sim 26$ ℃ and the ventilation is good.

5   Feeding and drinking water

5.1   Feed

5.1.1   The use of feed and feed raw materials should comply with the requirements of relevant national laws, regulations and standards.

5.1.2   The feed supply should comply with the characteristics of broiler breeds and their nutritional needs in physiological phase, and meet the requirements for maintaining good physical condition, normal growth and development of broilers.

5.1.3   The formula feed purchased by the broiler farm should have the document record of raw material composition and nutrient content of the feed of the supplier; when you formulate the feed by yourselves, you should keep the feed formula and ingredient list; the source of feed raw material should be traceable.

5.1.4   Do not use the feed of mammal or avian animal protein source (excluding dairy products). Except for the purpose of treatment, it is not allowed to use antibiotics or raw materials containing similar antibiotics in feed.

5.1.5   Feed must be safely and hygienically transported, stored and conveyed to prevent pests, moisture, deterioration and pollution.

5.2　Feeding

5.2.1　Provide adequate eating space; linear trough: 5cm for each chicken (single side) or 2.5cm for each chicken (double sides); round trough (according to its circumference) must not be less than 1.8 cm for each chicken.

5.2.2　The feeders should be evenly distributed in the poultry house. The distance from the broiler to the nearest feeder should not exceed 4m. The optimum height of the feeder should be set according to the days of age and size of the chicken; it is appropriate for the height to be equal to the back height of the chicken.

5.2.3　Keep the feeding equipments clean; clean up the residual feed in time to prevent deterioration of residual feed.

5.2.4　In accordance with different breeds or growth requirements of broilers, provide appropriate amount of gravel to help digestion on time.

5.2.5　The drugs for prevention and treatment of broilers and the withdrawal period before they come into the market should strictly implement relevant provisions of the relevant state departments.

5.3　Drinking water

5.3.1　Provide adequate, clean and fresh drinking water; the water quality should meet the requirements of GB 5749 standard.

5.3.2　The drinkers should be evenly distributed; the maximum distance from the chicken to the drinker does not exceed 2m.

5.3.3　It should be ensured that each chicken has enough drinking space; the minimum number of drinkers: a bell-type drinker for 50～60 chickens; a nipple drinker for 10 chickens.

5.3.4　The height of the drinker is set according to different production modes, the days of age and size of chickens; it is appropriate for the height of the nipple drinker to be equal to the sight line of the chicken; it is appropriate for the height of the bell-type drinker to be equal to the back height of the chicken.

5.3.5　The water supply system should be regularly detected, cleaned, disinfected and maintained, and has perfect health management measures. The water storage facilities used in the drinking water system must be closed and regularly cleaned and disinfected.

5.3.6   If the free range farming is adopted, it should be ensured that water supply facilities or water sources provide adequate, clean and fresh drinking water. If natural water source is used, the risk of potential disease should be assessed.

5.3.7   According to the advice of the veterinarian, when drugs or anti-stress agents need to be added in the drinking water, special equipments should be used, and adding records should be made.

6   Farming environment

6.1   Poultry house and facilities

6.1.1   The planning, design and construction of the broiler farm should meet the requirements related to animal welfare.

6.1.2   The construction of the broiler farm should meet the requirements of biosafety; the boundary among the living area of the farm workers, feeding area and the sports ground should be obvious; the fence or separation net should be installed. The quarantine zone should be set outside the broiler farm; there are special clean passage and polluted passage connected to the outside; the clean passage and polluted passage should not cross.

6.1.3   The dead chicken autopsy room and harmless treatment facilities for waste should be set at the farm.

6.1.4   Non-toxic and harmless materials should be used for the poultry house and facilities in it; the electrical equipments, wires and cables in the poultry house should be consistent with relevant specifications, and there are protective measures to prevent chickens from getting close to and being bitten by rodents.

6.1.5   The poultry house should meet the temperature requirements, and has thermal insulation function; the floors and walls should be easy to clean and disinfect.

6.1.6   Noise of equipments inside and outside the poultry house should be strictly controlled; the total noise of the equipments should not exceed 70dB at runtime.

6.1.7   All the feeding facilities contacting with the flocks, such as the fence, separation net, troughs and drinkers at the broiler farm, should not cause injury to the flock.

6.1.8　The facilities preventing rats, cats, dogs and other animals from entering the poultry house should be installed to avoid panic or injury and other emergencies of broiler flock.

6.2　Floor and litter

6.2.1　The floor of the poultry house should be smooth and dry, and is easy to clean and disinfect effectively.

6.2.2　For the feeding on floor, it should be covered with the litter to facilitate the chickens to find, explore, dig food and other activities. The average thickness of the litter: 2～5cm in summer, and 5～10cm in winter. Add fresh litter in time to keep the surface dry.

6.2.3　The litter should be clean, dry, fragile and loose without hardening.

6.2.4　For feeding on the net rack, it is appropriate to use the bottom net of wooden, bamboo or plastic products; it is appropriate for the mesh diameter to be 1.5～1.8cm. The net surface should be divided into several small zones; the area of each small zone is not less than 4m².

6.2.5　For the feeding in large cage, it is better for the number of layers not to be more than 4 and the spacing between layers not to be less than 75cm; and effective separation should be carried out to prevent the mutual pollution between the layers.

6.3　Lighting

6.3.1　It is better for the poultry house to introduce the natural light and be equipped with adequate lighting facilities to ensure adequate and uniform light. Light intensity in brooding period: 20～30lx, growth period: 10～20lx.

6.3.2　It is appropriate for white feather broilers to use continuous lighting system or intermittent lighting system; continuous lighting time is longer than or equal to 8 hours, dark time is longer than or equal to 2 hours. It is appropriate for yellow feather broilers to use natural light or intermittent lighting system, that is, ratio of light to darkness: 8∶4, or 12∶12.

6.3.3　The opening and closing of the artificial light source should be carried out in a gradual manner to ensure that the flock adaptation time is longer than or equal to 15 minutes.

6.4 Temperature, humidity and ventilation

6.4.1 According to different growth stages of broilers, implement the best temperature required to avoid sudden change in temperature.

6.4.2 The poultry house should be effectively ventilated; relative humidity should be controlled between 50% and 70%.

6.4.3 Keep the good quality of air in the poultry house; the harmful ingredients comply with regulations in NY / T388.

6.5 Feeding density

6.5.1 Provide adequate feeding space to ensure the requirements of life, sleeping and other activities of the broiler flock.

6.5.2 The maximum farming density of white feather broilers and yellow feather broilers is shown in Table 1 and Table 2.

Table 1 Maximum feeding density of white feather broilers Unit: number of broilers per square meter (W, bird/m²)

Feeding mode	Weeks of age (W)	
	0～3	4～6
Feeding on the litter floor	28	13
Feeding on the net rack	30	14
Feeding in the large cage	32	16

Table 2 Maximum feeding density of yellow feather broilers Unit: number of broilers per square meter

Feeding mode		Weeks of age (W, bird/m²)				
		0～2	3～4	5～7	8～11	＞11
Free-range farming	Fast type	25	15	13	9	—
	Medium speed type		19	15	11	9
	Slow type			19	15	13
Feeding on the litter floor	Fast type	30	19	13	11	11
	Medium speed type		23	17	14	11
	Slow type			21	15	13
Feeding on the net rack	Fast type	42	25	14	12	12
	Medium speed type		34	19	13	12
	Slow type			21	13	12

6.6　Yard outside the poultry house

6.6.1　The free-range farming should have the yard with enough space outside the poultry house; its minimum area is bigger than or equal 2 square meters for each chicken.

6.6.2　Attention should be paid to the safety and sanitation of the yard outside the poultry house; keep dry, and good drainage measures should be taken.

6.6.3　Within the range of 20m around the poultry house, the shed or artificial shelter area not less than 8 m² for every 1,000 chickens should be provided for chickens, and the layout should be reasonable.

6.6.4　For a flock of 600 chickens, at least 2 entrances and exits should be set; the height is bigger than or equal to 45 cm and the width is bigger than or equal to 50 cm.

6.6.5　If there are steps at the base of the entrance and exit, the ramp should be set so that the chickens can get in or out easily.

6.6.6　The entrance and exit should be closed at night to prevent the invasion of animals.

6.7　Environment enrichment

6.7.1　Environmental enriched materials, such as perches (roost), sand bath, pecking food (wooden blocks, suspended and knotted ropes), toys, brassicas-like vegetables or non-toxic plants, should be provided as early as possible (generally no later than 7 days of age). The reused enriched materials should be thoroughly cleaned and disinfected.

6.7.2　Perches (roost) should be provided for slow-type yellow feather broilers; the total length of the perch should ensure at least 20% of the broiler flock inhabit freely; the spacing among several rows of perches is at least 30cm; the distance between the perch parallel to the wall and the wall is at least 20cm; the vertical space of the roost is 30～40cm. The perches should not be placed above the water trough and feed trough.

7　Feeding management

7.1　Personnel requirements

The broiler farm management and farming personnel should be trained about animal welfare knowledge, master basic knowledge of animal health and welfare, and be able to do what they are responsible for.

7.2　Catching chickens

Chickens should be caught in low light or at night; catch the wings or feet of the broiler; do not grasp the head; gently grasp and put down; the action is mild so as to reduce the broiler's fear and stress response.

7.3　Daily management

7.3.1　Daily management of flocks should adopt the mild manner; and all activities must be slow and careful so as to reduce the fear, damage and unnecessary scare of the flock.

7.3.2　Cleaning is carried out every day for the poultry house, including drinking water, feeding facilities and the floors.

7.3.3　Remove iron wire, plastic cloth, wire and other debris that may be eaten by the flocks mistakenly in the poultry house and the surrounding environment at any time.

7.3.4　Check the equipments in the poultry house every day, such as waterline, feed line, temperature control device, ventilation equipment, dung cleaning system, etc. If the faults are found, solve the problems immediately.

7.3.5　Minimize the implementation time of beak cutting, beak repairing, immunization, treatment (such as injection), weighing, loading and transportation.

7.3.6　Check the flocks every day; if the poor health or injury and other welfare problems are found, promptly identify the reasons and take measures of isolation, elimination and others to properly dispose.

7.3.7　The broiler farm should identify emergencies such as natural disasters, extreme weather and others that may adversely affect animal welfare, and develop response programs.

7.3.8　Record and save the contents of the routine inspection.

8　Health plan

8.1　The broiler farm should develop the veterinary health and welfare plan that complies with the requirements of laws and regulations; the content should include at least:

——Biosecurity measures;

——Disease prevention and control measures;

——Drug use and residue control measures;

—— Harmless treatment measures for dead or sick chickens and waste;

—— Other measures involving animal welfare and health.

8. 2　The broiler farm should regularly check the implementation of the health plan and update or revise it in time.

9　Transport

9. 1　Management

9. 1. 1　The transport party should meet the requirements of relevant national laws, regulations and standards, and formulate measures for transport contingency plan.

9. 1. 2　The personnel (drivers and escort personnel) catching, handling and transporting broilers should be guided and trained to understand the basic knowledge of veterinary and animal welfare, and can do the work.

9. 2　Catching

9. 2. 1　The fasting time should be controlled between 6h and 8h; stop water supply 1h before transport.

9. 2. 2　Catching of meat chickens when they grow to market weight should be carried out in dark or blue light; adopt appropriate barriers to prevent crowding or trampling of the flocks. For multi-layer fed flocks, prevent flocks from falling from high altitude in catching. Quietly get close to flocks, try to reduce noise, dust and confusion, and avoid tension and fear of flocks.

9. 2. 3　The capture can adopt single hand method (grasp the feet) and two-hand method (cling to the chest and hold the wings) . Do not grasp the head of the chicken; the operation should be gentle and careful to avoid congestion, bleeding or fracture of thighs, shanks and wings of chicken.

9. 3　Transport

9. 3. 1　All surfaces of transport vehicles and cages contacting with flocks should not have sharp edges or protrusions; they must be thoroughly cleaned and disinfected before and after use. When the cages are cleaned, live chickens are not allowed to be in them.

9. 3. 2　Use the broiler standard transport cage; the cage height should not be less than 28cm. Loading density (calculate according to the cage bottom area): for white feather broilers, bigger than or equal to 500 square centimeters/ each; for yellow feather broiler: bigger than or equal to 400 square centimeters/ each.

9.3.3　Avoid transport of broilers in extreme weather; in case of bad weather, there are protective measures (wind board and canvas). When the temperature is higher than 25℃ (humidity is greater than 75%) or lower than 5 ℃, appropriate measures should be taken to reduce the stress response of flocks caused by too high or too low temperature.

9.3.4　The drivers should drive smoothly and reduce the noise during transport; and the transport time should be controlled within 2 hours. Escort personnel during transport should pay attention to observe the situation of broilers to avoid their death.

10　Slaughter

10.1　Management

10.1.1　The slaughter enterprise should meet the requirements of relevant national laws, regulations and standards.

10.1.2　The personnel of the slaughter enterprise should have the skills of stunning slaughter.

10.1.3　Stunning and slaughter equipments should be safe, efficient and reliable, and be thoroughly cleaned and disinfected before and after use.

10.1.4　The slaughter equipments are checked by specially-assigned personnel before use so that they are in good condition.

10.2　Waiting lairage

10.2.1　Requirements for temperature and humidity of the waiting lairage for slaughter are suitable for normal requirements of chickens; its ventilation is good; low light or blue lighting is used; there are measures for preventing direct sunlight and bad weather, which minimizes the stress risk of broilers.

10.2.2　After broilers are transported to the slaughterhouse, the slaughter should be arranged as soon as possible and it is not suitable for the waiting time for slaughter to exceed 2 hours.

10.3　Hanging broilers

10.3.1　Workers hanging broilers need to be trained and then can do the work, and they are familiar with broiler sedation techniques so as to reduce unnecessary pain or tension of broilers.

10.3.2　The time interval between the hanging of broilers for waiting for slaughter and the slaughter should not exceed 30 seconds.

10. 4　Stunning and bloodletting

10. 4. 1　The stunning mode should make the broilers to lose the consciousness and pain instantly until the slaughter process is completed.

10. 4. 2　It is not appropriate for the stunning process to use DC stunning mode.

10. 4. 3　It is not appropriate for the time interval between stunning and bloodletting to exceed 10 seconds. Equipment bloodletting or manual bloodletting can be adopted. The checkers are arranged in the position within 5 seconds after bloodletting to use knives to continue the bloodletting for chickens whose bloodletting is not sufficient.

10. 4. 4　The time from bloodletting to hot scalding is not less than 3 minutes.

10. 4. 5　If, for religious or cultural reasons, the broilers are not allowed to be unconscious before slaughter, but are slaughtered directly, they should be slaughtered as soon as possible in a peaceful environment.

11　Record and traceability

11. 1　Besides the usual farming records, the welfare-related content of the whole process of farming, transportation and slaughter of broilers should be recorded and traceable.

11. 2　Records may be electronic, papery or other feasible modes.

11. 3　Relevant records of the whole process of farming, transportation and slaughter of broilers should be kept for at least three years.

附录 3　中国大健康生态福利养鸡体系概述

孟祥兵[1]，杜炳旺[2]，徐廷生[3]，滕小华[4]，刘华贵[5]

([1] 山东省生态健康产业研究所，272000，济宁，中国；
[2] 广东海洋大学，524088；[3] 河南科技大学，471023；
[4] 东北农业大学，150030；[5] 北京市农林科学院
畜牧兽医研究所北京油鸡研究开发中心，100097)

摘　要：本文系作者在较为广泛调研的基础上，从目前中国养鸡产业的养殖模式中存在的两个极端（现代集约化养殖和粗放式散养）、中国鸡文化以及传统饮食结构丧失的危机入手：（1）理出了当今我国养鸡业新的发展机遇，主要体现在大众健康消费理念的兴起，倒逼养殖主体生产生态健康的产品，国家战略的生态文明建设将对养鸡业带来更多的机会，且中国特色的鸡文化与中国传统饮食结构及鸡的现代生态福利养殖产业模式的有机结合形成的大健康产业体系将会是一个新的发展制高点；（2）阐述了对动物福利的理解和动物福利在中国的溯源；（3）提出了大健康生态福利养殖模式及其标准生产体系建立的必要性和紧迫性。以期为开发和组建第一个符合中国国情的肉鸡和蛋鸡的大健康生态福利养殖产业体系，为实现中国养鸡行业的产业结构调整和转型，为大健康生态福利养殖产业联盟的强化和高效运行奠定前期基础。

关键词：大健康；生态；福利养鸡；产业体系

Ecological welfare; Poultry industry; Standard systemChicken-raising System Summary on Chinese Large Health Ecological Welfare

Xiangbing Meng[1], Bingwang Du[2], Xiaohua Teng[3],
Tingsheng Xu[4], Huagui Liu

(1. Eco-health Industry Institute in Shandong Province, 272000, Jining, China;
2. Guangdong Ocean University, 524088; 3. Northeast Agricultural
University, 15003; 4. Henan University of Science and Technology, 471023)

Abstract: This paper is based on extensive investigation, starting from two extreme modes (modern intensive farming and low level free-range) of poultry industry in current China, chicken culture in China, and the crisis of losing traditional diet structure in China: (1) A new development opportunity of poultry industry in current China was found. This is mainly due to the following reasons: large health consumption concept is being on the upgrade, which forces breeding producer to produce the products of ecological health, the construction of ecological civilization of the national strategy will bring more opportunities for poultry industry, a large health industry system formed by organic combination of chicken culture with Chinese characteristics, Chinese traditional diet structure, and modern ecological welfare farming model of chickens will be a new development commanding elevation; (2) Animal welfare understanding and the origin of animal welfare in China were expatiated; (3) The following ideas were put forward: the necessity and urgency of establishing a large healthy ecological welfare breeding model, and the establish of its standard production system, in order to lay the foundation for the following objectives: Developing and setting up the first large health ecological welfare standard system for broilers and laying hens in line with actual condition in China, Realizing the adjustment and transformation of the industrial structure of the poultry industry in China, Strengthening and efficient operation of large health ecological welfare farming industry alliance.

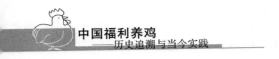
Key words：Large health；Ecological welfare；Poultry industry；Standard system

引　　言

近些年来人们的膳食结构和消费观念发生了很大的变化，身体和饮食的健康越来越受到国人的重视，膳食营养结构与健康的关系也被更多的人所关注。2015年全国居民慢性病死亡率为533/10万，占总死亡人数的86.6%，增长速度惊人，而这类疾病的发生与日常饮食营养和膳食结构有明确的关系，因此我们从医学需求的角度逐步找寻到畜牧生产系统，并在此方面做了相关的研究和探索。我们认为畜牧业生产应该主动的适应人们的现代观念和需求，提供具有健康、安全、膳食营养合理的优质畜禽产品，这也是畜牧业可持续发展的关键所在。在此我们着重就中国当前优质鸡生产的相关环节和概念予以论述，以期在当前农业产业结构调整转型时期发挥良好的作用。

1　当前我国养鸡产业面临的挑战和机遇

鸡肉、鸡蛋营养成分高，我国自古以来人们就有吃鸡肉、鸡蛋、喝鸡汤补充营养、调理身体的理念和传统，因此，鸡以及相关产品的消费市场很大。近年来，由于市场形势和人们对于健康生活理念发生了很大的变化，在新常态下，养鸡业也面临着新的挑战和机遇。如何采取有效措施应对挑战、把握机遇、提升附加值和经济效益，更好的提高产品市场竞争力，使养鸡产业健康可持续发展将会是下一步发展和研究的主要方向。当前国际和经济环境因素对养鸡行业的影响在此不作单独论述，我们根据近两年来在全国调研的情况，针对几个比较现实的现象和问题与大家交流，并对适应中国当下的优质养殖模式的形成和组建进行探讨。

1.1　现状与危机

1.1.1　目前国内养鸡产业中养殖模式存在着两个极端

经过30年来的发展，国内养鸡产业以现代化集约化养殖模式和粗放式散养模式为主，出现两个极端分化现象，缺少符合当今市场和健康需求的生产模式及其标准体系。一是缺少优质鸡生产的散养模式及其标准和规范，产能、规模和市场配置不够合理，对生产效能及生态环境产生了不良的影响；二是国内大型规模化肉鸡和蛋鸡养殖场多是快大肉鸡和高产蛋鸡集约化高密度养殖模式，这在养鸡产业的早期阶段曾经创造出了良好的生产价值，经济效益非常可观，但是随着市场消费对快大肉鸡和普通鸡蛋产品的主动消费需求的减少，而对优质肉鸡和优质特色蛋产品的需求持续增加，集约化养殖模式下的肉鸡和蛋鸡受到了市场的挑战。我们在国内调研时与生产养殖者的交流中更多的是对一种适应当今健康消费需求的养鸡产业体系化建设标准需求的期望，所以目前能够尽早地形成一种让二者折中（找出一个平衡点）的优质肉鸡和蛋产品的养殖模式，来更好地适应当今市场需求和国家生态文明建设的开展。

1.1.2　中国鸡文化和传统饮食结构的丧失

近代工业文明的发展，使得物质生活取得了快速增长，而同时在这种快速的发展中也出现了更多的断层，特别是关于农业生产方面的传统文化的保护和发展上出现了严重的缺失。而鸡作为中华文明和人类发展的伴行者，与人的生活息息相关，然而当今对鸡文化和养鸡历史的相关研究内容依然稀少，这应该是中国养鸡产业的一大失误，要引起养鸡企业和相关国家机构的应有重视。

1.2　发展机遇

1.2.1　健康消费理念的兴起，倒逼养殖主体生产生态健康产品

现在人们对健康和环保越来越重视，生活水平和收入的提高，对鸡产品的品质要求也越来越高，追求绿色、生态、健康。这就要求养殖主体尊重市场要求，转变经营理念，发展绿色、生态、健康鸡产品的生产，现在很多地方生产的"绿色"鸡蛋、山鸡蛋，虽然价格比较高，但是依然受到主动消费群体的热捧，对当前的养殖企业和养殖户会很有启发。

1.2.2　上升为国家战略的生态文明建设将对养鸡业带来更多的机会

党的十八大明确提出要建设生态文明社会，并提出生态文明是人类为保护和建设美好生态环境而取得的物质成果、精神成果和制度成果的总和，是贯穿于经济建设、政治建设、文化建设、社会建设全过程和各方面的系统工程，反映了一个社会的文明进步状态。是以人与自然、人与人、人与社会和谐共生、良性循环、全面发展、持续繁荣为基本宗旨的社会形态。在这样一个大的战略背景下，我国养鸡产业的生态化发展必将是一个全新的格局，这对生态环境相对优势和发展理念转变比较迅速的机构或企业将会是一个更大机遇。

1.2.3　养鸡业将会朝专业化、体系化方向发展

目前，我国养鸡业发展水平整体不高，在基层仍然是粗放式小规模和散养经营，但是随着市场的发展，在国内一些知名企业带动下，养鸡业渐渐朝着专业化、体系化发展，开创了从农户到公司的一条龙式经营模式，在农村涌现了大量养鸡专业合作社。专业化、体系化发展的好处是生产饲养、疾病防治更加规范和标准，从源头构成的溯源体系，有利于提高产品质量，保证产品销售，有效抵御市场风险，可以更好地保证养殖主体的利益和行业的可持续发展。

1.2.4　产学研的强强联合是必经之路

通过我们在全国的走访和调研，我们发现目前国内生产型企业和科研、教

学机构的对接有明显的脱节，研发人员与生产的信息不平衡导致衔接不良。下一步优质鸡市场的持续升温，对生产的要求会越来越明显。随着国家产业结构的调整和信息技术的迅速发展，这种信息不对称和不平衡状态会很快得到缓解，势必会形成产、学、研的强势结合，将会大大提升我国优质鸡生产和研究水平。

1.2.5　我国鸡产品的深加工行业扩展空间很大

目前，我国鸡的养殖、加工行业仍处于产业链的底端，只是满足于对鸡产品做一些简单的初加工，附加值相对较低。有资料显示，每加工一步，产品价格就会提高 20%～40%，我国出口国外白条鸡在国外经过简单加工后，产品价格是原来的 2 倍。未经加工或简单初加工的鸡产品价格比较低，导入大健康概念的最重要的一项就是在原有健康养殖的基础上形成与鸡相关的具有健康、保健功能产品的研发和加工。

1.2.6　中国特色的鸡文化产业将会是一个新的发展制高点

随着国家乡村文明建设和扶贫攻坚工作的落实，发展乡土文化旅游，建设美丽乡村，不仅是对旅游业的补充和升华，更重要的是提升农村经济生活水平，缩小城乡差距，使农村与中国现代化协调发展的重要举措。鸡作为中国传统文化的一个重要符号和载体，具有深入可开发的因鸡而起的文化产业项目的构建。

2　大健康与生态养殖关系的解读

2016 年 8 月 19 日习近平总书记在全国卫生与健康大会做重要讲话时强调，健康是民族昌盛和国家富强的重要标志，是广大人民群众的共同追求，"没有全民健康，就没有全面小康"，把人民健康放在优先发展的战略地位，着重提出要树立大卫生、大健康理念，推进健康中国、营造健康环境是人类生存与健康的基本前提。

2.1　大健康：健康养殖的深化和拓展

健康养殖在中国的概念已经由当初局限于水产海洋养殖，发展到近些年广泛认可，并成为被引用的热词。2007 年在中央 1 号文件中也有明确的提及。从 1997 年在专刊提出"健康养殖"（一种科学防治疾病的养殖模式）开始，相继经历过多次概念的充实和完善，其中石文雷提及了根据养殖对象的生物学特性运用生态学、营养学原理来指导养殖生产，卢德勋提出将养殖效益、动物健康、环境保护和畜禽产品品质安全的四个统筹方案来实现和完善健康养殖体系，也体现了当时建立在以优质、安全、高效、无公害为主要目标，开始关注数量、质量和生态环境并重的可持续发展理念。而近几年有些学者又开始着眼于健康养殖生产过程中的整体性、系统性、生态性等更宏观的角度进行相应的规范，提出了关注动物健康、环境健康、人类健康和产业链健康的理念，使得健康养殖不再单一的局限于生产技术领域，更涉及生产管理、环境控制、养殖方式等相关的产业链条的完善，让健康养殖更趋完善。

新形势下国家提出了"健康中国"发展规划，应运而生的"大健康、大卫生产业"势头正浓，农业作为人类健康的基础，已经成为共识，而健康养殖在我国已有长期的实践经验并形成了较完善的体系，那么面对新时期发展的历史机遇，在新常态下进行我国家禽养殖行业的产业结构转型，是一个绝好的时机，大健康养殖产业也将在原有健康养殖的基础概念上，进行文化、哲学、生产体系以及在生命、生态科学的范畴内进一步完善和巩固，组建出一套符合中国特色的大健康生态养殖体系和养鸡行业标准及规范势在必行。

2.2　中国生态农业：具有传统哲学思想的农业体系

生态农业这个名词最早于 1924 年在欧洲兴起，20 世纪 30～40 年代在瑞士、英国、日本等得到发展，60 年代欧洲的许多农场转向生态耕作，70 年代末东南亚地区开始研究生态农业；至 20 世纪 90 年代，世界各国均有了较大发展。在欧美提出生态农业这个概念的基础是一些发达国家伴随着工业的高速发展，由污染导致的环境恶化也达到了前所未有的程度，尤其是美、欧、日一些国家和地区工业污染已直接危及人类的生命与健康。这些国家感到有必要共同行动，加强环境保护以拯救人类赖以生存的地球，确保人类生活质量和经济健康发展，从而掀起了以保护农业生态环境为主的各种替代的农业思潮。建设生态农业，走可持续发展的道路已成为世界各国农业发展的共同选择。恰恰在我国近三十年来工业化发展进程的加速时期，如今我们的农业生产和养殖生产中出现的各种负面作用，已经和上世纪二三十年代的欧美有了相同的境遇。当时欧美所探寻的这种生态种植和养殖理念，与中国坚持了 5 000 年的农耕文明又有相似之处，所以当下我们从事生态农业的转型，是在回归中国固有的传统模式基础上的一种完善和创新。中国古代有发达的农耕文明，中国饮食结构也是以这种精细化农耕文明为基础的，一直以来在农耕生产过程中，我们主张生物多样共存，主张天人合一的哲学发展理念，这是中国特有的文化体系和文明体系的传承。通过我们的调研和走访来看，当下正需要形成一种生态养殖模式，它有别于农村一家一户散养，又不同于集约化、工厂化养殖方式，而是介于散养和集约化养殖之间的一种生态化养殖方式，它既有散养的特点——畜禽产品品质高、口感好，也有集约化养殖的特点——饲养量相对较大、生长期相对较短、经济效益相对较高。可惜的是到现在单就如何搞好生态养殖，却没有一个统一的标准和规范的模式，养殖技术和环境的规划参差不齐，甚至差距很大。

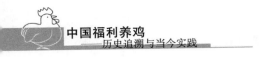

2.3 跨界思维下的规范与统一

单纯的提到生态养殖、福利养殖、集约化养殖、健康养殖甚至是大健康产业等，都存在学科的局限性和单一性，那么在当今信息技术和学科交叉互动的优势时期，多学科的协同发展和优势互补就会越发可行，这对"大健康生态福利养殖体系"的组建提供了一种可能，所以，我们不能局限于单一学科的固步发展，而是要更好地协同医学、农学、畜牧、环境、文化、信息技术、大数据技术等更多相关专业的学科，进行跨学科的协作、攻关与发展。

当下我们紧紧围绕以大健康、生态、福利养殖三个基本元素进行生产体系的重塑，创建并形成一种以生态为方向，福利养殖为方式，大健康为最终目的的中国特色优质鸡养殖体系和标准示范基地建设推广方案。

2.4 建立在生命科学基础上的养殖体系

当以生命科学的角度去审视养鸡产业的时候，那么健康、环境、生态、福利等各种元素都会展现在一个统一的平台上。基于鸡是一个完整的生命体，我们讲福利养殖就是更好地改善农场的养殖环境，看到世界动物福利协会提到的农场动物福利五项原则，也就不难理解了。当我们考虑到土地、植物、土壤、微生物、水源等生命元素的时候，我们就不难理解土壤生命、植物生存、自然共生和生物多样性以及可循环农业生产体系的存在了，而这一切却又都符合中国传统的农耕思想和当今生态文明建设的基本原则。也就是在这样一个基础平台上可以更好地把大健康、生态、福利养殖这一完善的体系得到有效的整合，形成真正的具有中国生态文明特色的优质鸡的养殖产业体系和规范。

3 关于动物福利的相关理解

3.1 动物福利在中国的溯源

在中国最早有关动物保护的思想应该是起源于早在距今4 000多年的《逸周书·大聚篇》，书中记载了当时的首领大禹发布的禁令："夏三月，川泽不入网，以成鱼鳖之长"。意思是说，在夏季的三个月，正是鱼鳖繁殖成长的季节，不准下网到河中去抓捕鱼和鳖。这应该是人类历史上最早保护动物的法令，应该说也是现代意义上的"禁渔"最早的文字记载。中国传统文化内容也不乏当今福利养殖理念的内容，孔子提及的"闻其声不食其肉"、孟子的"仁民爱物"、道家的"道法自然"等等理念都是对自然和生态尊重下的动物福利理念的展现。然而，近代动物保护、动物福利的理念则源于18世纪末的英国，所以在当今我们提出在中国实行动物福利养殖，其实更是建立在中国固有文化体系上农耕文化的回归，当然也是我国生态文明建设的重要组成部分。

3.2 调研发现动物福利正越来越受欢迎和重视

通过近几年对我国养鸡产业的福利情况的调研来看，在我国的大部分生态散养模式中已经在福利生产中有了很多福利措施的体现，只是没有形成系统的体系，有些企业提供了栖架、产蛋巢、沙浴池、运动场等，但是大多数比较单一，但是这其中有一点是值得欣慰的，那就是这意味着养殖主体愿意并能非常积极地接受将动物福利和生态养殖理念用于养鸡生产。

3.3　生态福利养殖要兼顾福利与生产效益同步

在养殖场，农场主或生产者以饲养动物作为一种谋生的手段，希望能获得较高的经济回报。如果片面地只追求良好的动物福利，让养殖企业或生产者养不活自己，这种生产是不可持续的。因此，必须平衡动物生产过程中的动物需要和经济效益，即让动物尽量活得好些，也让饲养动物的人们过得好些，这样形成良性循环，才能够持续地生产出健康、优质、安全的畜产品，满足广大消费者的需要。良好的农场动物福利有利于提高农场生产效能，为农场增加收益。

3.4　提倡农场动物福利养殖并不代表大投入

提倡采用动物福利的生产方式进行养殖规划和导入的时候，动物福利只是促进和提高生产性能的一种更深化的理念和技术，让畜禽更好地适应属于它们自己的生活空间和条件，按照动物福利的需求通过改善环境和设施来增强畜禽的抗病性能和减少应激反应，来提高生产性能和肉蛋品质，那么通过生态学原理进行生态的可持续维护，让环境生态保持可持续性的发展，畜禽能依靠机体适应机制的调节来保持其内稳态的稳定。也就是说，畜禽对一定范围内变化的环境条件具有良好的适应能力，良好的动物福利就是要尽可能减少动物的应激反应，这需要从饲养员善待动物、科学规范化处置动物、保障适宜的舍饲环境和良好的卫生状况等方面综合谋划。

3.5　适合中国国情的福利养鸡模式

通过调研和走访，我们发现在现在的大环境和新常态发展的过程中有三种模式比较适合我国养鸡产业的发展和市场需求。

3.5.1. 原生态模式：适合植被覆盖率高的山区、林地。

3.5.2. 仿生态模式：适合平原地带、小规模养殖。

3.5.3. 引入现代元素的适度规模生产模式：适合较大规模的现代化生产。

4　大健康生态福利养殖模式的提出

4.1　依据

4.1.1　国家十三五发展规划明确提出健康中国和生态文明建设

4.1.2　康产业的基础，健康养殖在我国已经有了较完善的体系和长期的实践经验。

4.1.3　面对这一机遇，对于我国养殖行业的产业结构转型，是一个绝好的时机，大健康养殖产业也将会以健康养殖的基础概念上进行文化、哲学、生产体系、生命、生态科学的基础上进一步完善和巩固。

4.2 意义和价值

4.2.1 随着人民生活对优质、营养和无公害的绿色鸡肉、鸡蛋的追求，优质鸡产品已成为目前人们的消费时尚。

4.2.2 优质鸡养殖已经成为我国养鸡生产的主要发展方向。

4.2.3 新形势下的新常态发展，是中国农业产业结构转型发展的一个良好契机。

随着人民生活水平不断提高及膳食结构的日趋完善，消费者对鸡产品的需求已从数量上的满足逐步向质量上的追求转变，同时人们也越来越重视食品安全。对优质、营养和无公害的绿色鸡产品的追求，已逐渐成为目前人们的消费时尚。

因此，以我国地方鸡为素材选育而成的优质鸡因其优良的肉质，鲜美的风味以及丰富的营养物质，逐步占领了我国的鸡产品市场，优质鸡产业已经成为我国畜牧业产业化中发展速度最快、取得效果最好的产业之一，优质鸡养殖已经成为我国肉鸡生产的主要发展方向。

大健康生态农业和农场动物福利养殖已成为农业产业结构调整转型的必然趋势，现如今仍没有找到一个很好的指导方向和执行标准进行产业结构调整的参考和规范，针对国外福利养殖体系下的相关理念和标准，结合中国实际的国情及长久以来形成的固有生态养殖模式，结合当今食品安全需求和健康体系的必要性，我们在今年年初提出组建和制定中国第一个符合中国国情的肉鸡和蛋鸡的大健康生态福利养殖标准体系，为在全产业链上进行资源整合、优势互补、强强联合，实现参与中国养鸡行业的产业结构调整和转型。

5. 大健康生态福利养殖产业联盟的发起

大健康产业绝对不仅仅指医疗保健，它涉及农业、生物、营养、食品、保健食品、中西医医疗、心理、养生保健、还有生态环境、教育培训、咨询服务等，但是从总体上看目前力量还是很弱。我们在发展健康产业方面，跟全球比，还真的没有航空母舰，我们需要凝成一种力量，集中发展和完善我国优质鸡生态福利养殖产业体系。大健康生态食材需要生态体系的形成和组建，中国自古以来的生态哲学体系本身就说明了天人合一的生物多样性发展。在当下成立这种模式下的联盟机构就是组建联盟体系下资源集结，汇集更多跨界学科的专家学者积极参与，规范和推动企业、养殖基地、市场群体等全产业链进行高效的运营和发展。

附录4　熟人社区经济模式在大健康生态农业体系中的应用

——以生态低脂鸡的定养模式为例

孟祥兵[1]　邢东田[2]　陈晓未[3]

([1.] 山东省生态健康产业研究所；[2.] 中国社会科学院
食品安全课题组；[3.] 云南省社会科学院农村发展研究所)

　　在从事健康和农业相关的研究工作中，我们通过分析疾病形成的各种因素，发现了一些意想不到的问题和困难。为了解决这些从健康领域无从下手的问题，早在十年前我们尝试从医学健康领域反向追溯到农业体系中，获得了一些新的认知和收获。但是困难重重。

　　时至今日，饮食和生活方式已经成为影响人们健康问题的一个重要因素，这其中有一个难点是如何更好地解决生态食材的供给。生态农业的关注点是以生态或接近生态的生产方式，生产出符合人们健康需要和营养需求，同时农产品的生态价值得到市场认可和价值补偿。一方面是消费端对于生态农产品的巨大需求，但是对于农产品的"生态"品质缺乏信任，另一方面是生产端生产生态农产品的高成本、低利润，尤其是生态农产品的生产成本市场难以认可。为了解决供需矛盾，熟人模式在大健康生态农业中崭露头角，并越来越加以应用。通过对农业产业链条的深入调研和实践，我们认为当下组建这种以信任为基础的健康消费和生态生产为主要方式的新型熟人社区经济模式正是突破和解决当下农业产业各种矛盾元素的一个有效方法。

一、熟人社区经济模式

　　熟人社区经济模式也称为"新熟人社会"。它不同于传统的"熟人社会"，是有志于生态文明（生态农业、生态环保、食品安全、健康生活等）建设的各界人士，在新的历史条件下，在高风险、低质量的社会环境中，充分利用现代通讯、交通与物联技术，通过既有熟人关系的不断扩大——陌生人熟人化，逐步建立起一批以诚信交往为基础，以保障食品安全为最基本内容，又有由本地消费者、生产经营者、专业人士等为主，共同创建和维护的一个低风险、高品质的生存共同体，是跨越城乡、互助共赢的"生态社区"，是开放式的"熟人社会"。

熟人社区经济模式具有以下基本特征：

1. 信息对称。尽管参与者之间有一定空间距离，但通过考察、互访、座谈、联谊、体验等参与型的互动活动形式，长期交往，成为比较知根知底的朋友，较好地解决了信息对称问题。

2. 生态互助共赢。价格合理，尊重认可农业劳动价值，生产者获得合理收益。诚信交往，长期合作，信任得以实现。资源共享，不仅解决了信息对称问题，还克服了个人专业与知识的局限，改变了消费者生产者力量分散不断受气的格局。

3. 具有很强的约束力和高效率的自我纠错机制。它是以消费者和生产者为主导的市场，更注重强调消费者责任，而不是消费者被误导、生产者被打压的市场，生产者消费者利益一致，以生态健康安全为最高目标，实现了食品安全的社会共治。

二、熟人社区经济模式的主要要素

1. 核心是重塑消费者对于生态农产品的信任感

在我们讨论熟人社区经济模式之前我们又检阅了一下关于熟人的定义，针对其基本定义这样写道："熟人"是指彼此比较熟悉，曾经打过交道，有一定关系却又不是十分密切的人。熟人之间因为熟悉，更容易信任，也可以降低交易成本，同时熟人之间的违约成本会非常大；"买卖赚得熟人的钱"又说明熟人之间关系不一定很密切，由于信息不对称等原因，又会带来熟人间交易成本的提高。所以，这里提到"熟人"是建立在信任基础上的一种处事或者合作关系。正因为有了熟人这一信任基础的构建，就会免除或简化了比较多的验证过程，这往往被认为是一种比较靠谱的方式。

2. 熟人社区和杀熟的问题如何实现统一：公开透明＋检测

这是我们在实践中经常遇到的问题，就是熟人社区经济中杀熟问题如何解决，根据运营中出现的各种问题来看，我们认为出现杀熟的一个重要原因就是信息的不对称导致的，过程不能透明、公开的情况下就相对容易出现杀熟的违约现象。所以在这个过程中增加其过程的参与性和监督性，及时、公开的进行透明机制和体制的建设是关键。我们在低脂鸡的生产、饲料、环境监测、饮水、饲养周期等方面都会有消费者代表定期实地考察、互联网实时监控系统等方式进行公开透明的监管方式，极大地获得了大家的信任。另在产品的输出检测问题上，我们采取大家根据考察监督等期间发生的问题和大家一致关注的内容进行抽检、筛查工作，筛查单位是由大家一起选择相应的第三方检测机构，对结果进行及时的评估和解读，抽检费用由消费者共同约定承担。

3. 熟人社区经济模式形成的几个形式

熟人社区经济模式的组建过程其实包含了更多的元素在里边，可以通过网络平台、社区生态圈、具有同一个特征需求的群体，按照不同的群体需求进行同制化方案的制订，以更加精准的形式满足需求多元化的现状，这同时也是完成产业结构供给侧改革的重点。诸如以生产者为主导的生态会员群，以消费者为主导的生态产品团购群，以销售平台为主导的生态农夫市集，它们具有共同的特征与运行规则。同时，以地理位置为主的社区、居民小区，或者虚拟的社区、不同的群体等为基础单元，也是熟人群体构建、维护和成长的重要途径。

三、熟人社区经济模式在大健康农业体系闭环中的四个关键环节

在组建熟人社区经济模式过程中，生产环节、监督环节、互动环节、消费环节这四个节点是关系到成功与否以及可持续发展的重要节点。其每个环节中都有具体的相关内容。

1. 生产环节：靠谱的专家和技术＋靠谱的生产者

（科研＋基地模式）

生产环节中要包括两个方面的内容：

一个是所采用的专家团队和技术体系，这直接关系到生产模式的形成和发展方向的定位。生态低脂鸡的形成就是建立在以国内 20 多位多学科的专家共同打造的基础上，是以人的健康为主要方向的养殖模式，经过 10 年的摸索，终于在去年成功的实现并形成了大健康生态福利养鸡模式，在国内迅速引起一股消费和养鸡产业转型的热潮。

另一个就是，生产者的培养和技术模式的落地，当社群需求形成的时候，紧接着的问题就是要有合适的生产者进行落地式的生产，这个应该在社群中形成一个共识概念，在共识的基础上寻找靠谱的人来做这件事情，价值观和发展理念保持高度一致的情况下，严格落实生产的技术环节，达成共识目的。这样逐步会形成专业的职业农业生产者，也就是职业农民的技术性升级。

2. 监管环节：熟人＋检测夯实互信

在熟人社区经济模式的运行早期，宜采用这种熟人＋检测的手段进行有效的规范，同时也是有效解决诚信互失问题的一个基础，对产品进行双盲抽检，这样及时的在社群内进行抽检信息的共享，达到安心、放心和有效规范的目

的，这其中也是实现了食品安全的社区共治和有效监督。这种模式越是在特需集中的群体越发重要，特别是在医疗特需的消费群里内会越明显。低脂鸡的产生也是在这种需求中进行的研发，心脑病人、代谢性疾病、孕产妇、术后病人等等，需要补充肉质蛋白，但是当下鸡肉的现状已经不能满足这种特殊的需求形式，这种以低脂肪、高蛋白、富胶原的优质鸡肉就会成为广大消费群体的认可，这个时候价格已经不是首要的考虑因素。

3. 互动环节：分享十

互动环节其实是增加透明信息的主要方式，在这里也是社区经济得以维护和良性运行可持续的关键，形成各种以线上、线下、实践研讨等多种形式的参与式互动、成果分享等方法达到各环节的信息和需求的积累，也是形成生产方式、科研方向等信息的重要获取方式。

4. 消费环节：健康消费强调消费责任

消费环节其实是整个产业体系中最关键的一个环节，这直接牵扯到产业成功的最后一个因素，大健康农业体系的提出，就是以重塑消费观念向健康消费理念转变，以吃好求健康为理念进行消费引导，这其中包括健康教育、健康分享。在这里我们必须在有限的小群体内形成以强调消费责任为重的消费观念的转变，通过参与式的透明生产过程让消费向前端前移，同时让生产也向消费需求靠拢，达成互助的新型熟人经济模式，消费者对生产者之间的互相尊重也就自然而生。

好的产品必须定制，只有通过定制才能更好地形成良性产业循环，才能打造以质量为首的产业可持续良性循环模式。在近两年生态低脂鸡运营思路的转型过程中，我们有深刻的体会，2014 年提出先卖后养的发展策略之后，到现在已经形成了新型产业模式，只有参与每年的定制才能品尝到真正的生态福利低脂鸡，这已经在我们构建的社区人群中产生了固定的消费模式，消费者会在特定的时间形成定制理念，主动的联系定养。当然这种模式还存在着系统维护、信息互动平台构建等相关维护环节的技术因素和不足，但是这却是在当下阶段有效解决各个环节矛盾点和有效解决食品安全问题的一个重要突破。

附录 5　高山中兽药无抗健康养殖
实践方案（蛋鸡、肉鸡）

黎来凤

（广东高山动物药业有限公司，广东信宜）

1　中兽药在无抗健康养殖中的三个应用目的

1.1　必须同时解决抗生素问题和内毒素问题

从实现动物健康的角度讲，抗生素和内毒素是当前影响畜禽健康的两大主要"元凶"。抗生素会严重干扰机体的非特异性的和特异性免疫功能，内毒素在体内积蓄会造成机体长期处于亚健康的易感状态，这已包括在畜禽养殖方面，也囊括了在人类健康方面。要实现健康养殖，必须同时解决抗生素问题和内毒素在体内大量积蓄问题。

1.2　中药没有抗性，实现无抗健康养殖，效果确切可行

从全球的角度讲，尚没有关于中药有抗性的报道。而从历史的角度上讲，中医中药具有五千年历史，所以又是中国发展元素的第二大文化载体。通过在畜禽生产中添加中药保健而不一定需要添加抗生素，尤其是同时解决了机体的内毒素在体内大量积蓄造成中毒问题，最终实现畜禽健康生长。这是很确切的，这也是可行的。

1.3　"安全、健康、品质和品牌"是畜牧业的未来大道

所谓的"替抗"和"无抗"都只是过程，"安全、健康、品质和品牌"是畜牧业的未来大道。健康引领理性消费，中药引航健康发展，传统中兽药必将担当健康未来的主力军。

2　高山中兽药的大胆探索和创造性实践

——在临床上确切的治疗效果确立高山中兽药在行业中的领先地位。

——在饲料中添加中药功能保健，打造高山金方子饲用中草药添加剂的领军品牌。

2.1　草本健康：保持草本原生，传统、健康、安全、无残留。

2.2　八大临床功能产品优势产品：抗病毒、抗呼吸道证、抗细菌、肠毒综合征、粪便异常、免疫、增重和品质等，实现品质指标与数量指标双提升，改善品质风味和绿色健康。

2.3　有效用量：1～2kg 的有效用量临床 4kg/T，预防 2kg/T，保健 1kg/T。

2.4　全程无抗：高山"1＋3＋1"无抗健康效益养殖方案实现全程无抗安全品质。

因为开始使用了抗生素，所以会离不开抗生素。始终坚持健康养殖发展理念，通过添加中药保健，从一开始远离抗生素，也可以实现健康生长。实施高山"1＋3＋1"中药无抗健康养殖方案，完全可以实现无抗蛋、无抗鸡、无抗猪的优质肉蛋奶品质，其中也包括了以中药开口"前置保健"和"溯源保健"就是实现无抗和品质的大前提。

2.4.1　溯源保健（饲料保健）阻断并净化母源内毒素对胎儿和雏禽的影响，实现少用　Z前置预防（中药开口）像"爱护自己婴儿一样"重点做好前三周龄，尤其是一周龄前幼禽和幼畜的纯中药开口保育工作——阶段性小保健。

2.4.2　中药增重（品质风味）出栏前中药育肥增重，改善肉质，有效解决 PSE 肉难题，最大限度提高养殖效益。

3　记住"1＋1"两大概念

3.1　纯中药开口前置保健：减少疾病发生（如病毒病、呼吸道病、消化系统病、代谢痛风证等）。

3.2　病毒性防治都用强力粤威龙或正冠乐：小的、中的、大的都用正冠乐，有病、没病、天气变化都用强力粤威龙或正冠乐。

4　记住两大病

4.1　大肠杆菌病和浆膜炎也可以预防：通过做好前置预防减少发生。

4.2　病毒病和细菌性疾病相生：关注安卡拉与霍乱并发。

表 1　一个中药产品就是一个证候方案的产品目录（家禽）

序号	功能类别	代表产品	替代/协同产品
1	饲料基础保健	料磺 1 号	料磺 100
2	替黏限锌止痢	料磺 1 000	藿香苍术粗提物混合物
3	开口前置保健	藿香正气液/金方 15	四逆汤/金方 100
4	抗流感抗应激	正冠乐	强力粤威龙/金冠呼灵/板青颗粒
5	呼吸道综合征	喉炎净	强力粤威龙/可可粤威龙
6	抗细菌抗霍乱	高山大巴	大黄末
7	增强免疫功能	免增粤威龙	强力粤威龙
8	白冠病（白细胞虫病）	青蒿末/弓虫粤威龙	驱虫散/鸡球虫散
9	鸽球虫毛滴虫	料理溶液	郁金散/料磺 1 号
10	暑湿应激采食	藿香正气口服液	料磺 1 000/藿香正气散
11	种禽输卵管炎	普济消毒散	料磺 1 号＋郁金散/温白三
12	改善粪便异常	郁金散/温白三	七清败毒颗粒
13	改善蛋品风味	藿香正气口服液	
14	出栏增重育肥	速效育肥宝	速效育肥素

4.3　在家禽生产中的典型证候解决方案推荐

（1）疑似肾型传支证候：真菌磺＋喉炎净；（2）麻痹瘫痪脱毛证候：温白三/郁金散＋藿香正气；（3）拉饲料黄便证候：高山粤威龙＋料磺 1 号；（4）蛋种禽脱肛证候：免增粤威龙＋料磺 1 号；（5）安卡拉病毒证候：心型正冠乐＋高山大巴；（6）沙皮蛋输卵管炎：普济消毒散＋温白三；（7）膜炎大肠杆菌证候：高山大巴＋藿香正气；（8）痘证候：强力粤威龙＋可可 1 号。

5　高山中兽药无抗健康养殖实践

5.1　2016 年 6 月 25 日，举办《创牌 30 周年庆典暨"健康传世界"高峰论坛》，启动两项工作"发展高山加盟形象店和公益推广《健康养殖》牌匾活动"，改善 PSE 肉，共建无抗蛋和品牌肉推广。

5.2　2017 年举办《健康　品质　中药　未来》健康养殖高峰论坛，全国中兽药、畜牧业专家以及行业大咖齐聚信宜，共同探讨健康、品质、中药、未来的话题。

5.3　2018 年"寻找优质肉蛋奶生产基地示范场"共建活动

（1）广东高山药业联合南方农村报、农财宝典、新牧网面向全国开展并举办"寻找优质肉蛋奶生产基地"活动，授健康养殖基地牌匾、无抗技术培训、技术指导转化、宣传、推广、品鉴、发布等结合，尤其是联合当地传媒广而携之，由强大的院校、政府体系支撑，打造广东无抗蛋、无抗肉健康养殖示范基地。

（2）广东高山药业有限公司联合华南农业大学、广东省家禽产业技术体系谢青梅教授创新团队、南方农村报、农财宝典、新牧网共建无抗蛋鸡健康养殖模式示范。

（3）由华南农业大学、广东省家禽产业技术体系、中兽药标杆企业和专业蛋鸡养殖企业联合共建无抗蛋鸡健康养殖方案创新模式，共同打造真正的"无抗"安全蛋的标杆品牌：

①打造行业标杆：从 0～500 日龄实现 0 抗添加中药的无抗健康安全养殖；②打造优良品质标杆：从 0～500 日龄实现蛋品风味更土更香；③确立品牌、品质和成本的最大天花板：确保从 0～500 日龄料蛋比在 2.2～2.0：1；④强强联合、优势互补。

6　高山"1＋3＋1"中药无抗健康养殖实践方案

品质指标：包括肉蛋奶品风味、口感和营养等质量指标。

生产性能指标：包括生产数据等数量指标。

6.1　理念基础：高山"1＋3＋1"中药无抗健康养殖实现利润倍增理念。

"1"：做好 1 个长期的饲料基础大保健；"3"：做好掌控养殖利润关键点的 3 个阶段性小保健；"1"：做好 1 个出栏前纯中药绿色健康增重育肥和改善肉质方案，实现效益养殖。

优质肉蛋奶品基地的共建理念前提，一是中药大健康无抗养殖，二是中药改善肉质风味。首先，是抗生素会干扰机体免疫系统功能和引发食品安全影响人类大健康。所以说，推动以中药为主导的、无抗生素残留的大健康理念养殖是共建优质肉蛋奶品基地的最核心指标，因为开始使用了抗生素所以就会离不开抗生素，要合理使用、少用和不用抗生素，中药健康养殖可以实现无抗养殖，并有理由相信比其他国家做得更好。其次，是通过中药能有效改善肉蛋奶品质风味和并实现育肥增效，降低成本，提高效益。在蛋鸡、肉鸡和肉猪、肉牛生产方面都是可行的。

6.2　实践方案：如表 2、3、4 所示。

表2　无抗鸡（42日龄快大鸡/135日龄三黄阉鸡）高山健康养殖方案

阶段	方案
基础保健	按1kg/T料，在饲料中长期添加料磺1号
阶段性保健	（1）0～5日龄纯中药开口保健：高山大巴或藿香正气口服液4ml/kg水； （2）0～25～35日龄提高免疫功能：高山粤威龙＋免增粤威龙各2kg/T料
	阉鸡前后保健： （1）第18～22日龄：阉前用正冠乐散/液＋强力粤威龙散按4g/kg拌料＋藿香水4ml/kg水； （2）第23～26日龄：用高山大巴散＋强力粤威龙散按4g/kg拌料。
	季节性和应激性针对球虫、抗病毒、肠毒综合征和大肠杆菌病等。 强力粤威龙、正冠乐、高山大巴、青蒿末、郁金散、藿香正气散/液2～4kg/T料，连用3～5天。
出栏前育肥	在出栏前20天起，每天用速效育肥宝2kg/T料或1kg兑1 000kg水，连用至出栏。提前使用者减量。

表3　无抗蛋高山健康养殖方案

阶段	方案
基础保健	按1kg/T，在饲料中长期添加料磺1号。
前置保健	（1）0～5日龄纯中药开口保健：高山大巴或藿香正气口服液4ml/kg水 （2）0～5～35日龄提高免疫功能：高山粤威龙＋免增粤威龙各2kg/T料
阶段性保健	（1）106～119日龄：性成熟前：料理18按2kg/T料
	（2）120～170日龄：免增粤威龙2kg/T料
	（3）高峰以后：每月按温白三＋免增粤威龙各5天，2kg/T料
	（4）季节性和应激性针对球虫、抗病毒、肠毒综合征和大肠杆菌病等。 强力粤威龙、正冠乐、高山大巴、郁金散、藿香正气散/液2～4kg/T，连用3～5天
	（5）60、110、320日龄各驱虫一次，弓虫粤威龙或青蒿末或驱虫散，按3～6kg/T，连用3～5天。
改善蛋的品质风味	阶段性定期使用藿香正气口服液，按2ml/kg水，连续使用。或间隔定期加量，每月使用20天。改善蛋的品质风味。同时，做好定期消毒/电解多维增补等。

6.3　实证

（1）山东海兰白无抗养殖实证方案：

高山无抗健康蛋的生产要点流程图（海兰白蛋鸡）如下：

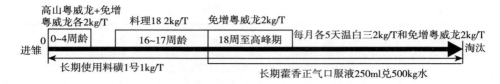

表4　山东海兰白无抗养殖实证方案保健具体说明

阶段（日龄）	方案
0～35	料磺1号1kg＋高山粤威龙散2kg＋免增粤威龙2kg
36～105	料磺1号1kg
105～119	料磺1号1kg＋2kg料理18
120～高峰期	料磺1号1kg＋免增粤威龙2kg
高峰期开始	每吨正常加料磺1号1kg，然后每月用温白三、免增粤威龙各5天，用量每吨料添加2kg，一直用到淘汰。

说明：①在饲料中长期添加1kg/T料磺1号，做好一个基础保健（与饲料厂对接添加）；②阶段性添加做好三个小保健。同时，按藿香正气口服液1ml兑2kg水，有效改善蛋的品质和风味；③根据市场蛋价形势决定，在第60～65周龄淘汰。

表5　山东海兰白无抗养殖生产性能指标

进苗	淘鸡	60～552日龄死淘率	产蛋3 600只鸡	总耗料	每只产蛋	料蛋比
3 710只	3 500只	5.6%	76 742kg	1 520千kg	21.32kg	1.98∶1

（2）山东海兰白无抗养殖实证方案的效果和效益分析：

料蛋比下降；总采食量下降；产蛋总量增加；产前胫骨、胫长超标；育雏成活率高，均匀度好；蛋品质和风味改善。

关于用药的"成本"：①本方案提高了对比产蛋性能，对比综合成本同比下降，全部消化了药品的成本。②从传统的保健康观念角度上讲是用药成本，从投入产出比角度上讲，现在做的是投资与收益的关系。

（3）高山"1＋3＋1"中药无抗健康蛋养殖方案优势：

①从种鸡开始净化和0日龄开始全程不添加抗生素、球虫药、促长剂和低质防附剂，全程使用中药保健，确保从0～500日龄料蛋比在2.0∶1以下，基

础保健＋风味改善，确立品牌、品质和成本的最大天花板——走出"因为用了抗生素而离不开抗生素"的怪圈。②饲料成本对比成本下降。③阶段性切入中药保健方案，同比各项生产指标改善和提高。

信念比什么都重要！

健康养殖？无抗养殖？还是优质肉蛋奶的品质风味（中药可解决 PSE 肉现象的世界性难题）。

我们有理由相信：无抗养殖，我们要比其他国家做得更好！——因为我们有中医中药！

后　记

在《中国福利养鸡——历史追溯与当今实践》这本书即将出版之际，有必要就本书从酝酿到成书的过程谈点个人的感想和认识。

写此书的想法，源于 2016 年初春至 2017 年盛夏对中国福利养鸡现状一年多调研考察行动的过程中，调研的初衷是为尽早完成我国蛋鸡和肉鸡福利标准的起草获得第一手材料，对国内福利养鸡现状摸清家底，心中有数，特别要在此基础上展开思路，拓宽视野，撰写一本关于中国的鸡福利养殖专著，以便为中国的鸡福利养殖沿着正确的轨道健康、科学、持续、稳妥地发展起到一定的引领和指导作用做些最基本的工作和新的贡献。

作为当时被推举担任鸡福利标准起草组组长的我，深感身上担子的份量和责任的重大，因为中国鸡的福利标准的起草制定和福利养鸡专著的撰写，作为一个新生事物和两大任务，起草出的《蛋鸡和肉鸡福利标准》既要与国际接轨，又要紧密结合中国的国情和养殖现状，还要切实可行，便于操作；著述的《中国福利养鸡》一书既要对中国古代的动物福利和福利养鸡溯本追源，更要对当今中国福利养鸡事业的少走弯路和健康发展起到引领、指导及重要的推动作用。为此，既要查阅和翻译大量的外文资料，还要追溯古代中国动物福利和福利养鸡的历史文献，更要开展较为广泛而细致的中国福利养鸡现状调研考察和走访。

如此艰巨而紧迫的任务，在既没有任何专项经费，也没有任何单位或团体给予经费资助的情况下，在一种责任感和使命感的内在动力感召下，大家自发自愿，怀揣勇于担当的坚定信念，毫不犹豫地站出来，自筹经费 AA 制，于 2016 年 4 月 14 日组成了一个"中国鸡福利养殖标准起草调研考察专家企业行" 6 人小分队，从此踏上了祖国东、西、南、北、中五大方位的调研考察新征程。这一调研行动遍及 15 个省和 50 多个企事业单位，行程 15 万余公里，先后历时 16 个月，仅车船机票和住宿费总计开支 50 多万元，于 2017 年 8 月完成第一阶段大半个中国的调研考察任务，首战告捷！虽苦犹甜，虽累犹乐！因为大家完成了一项别人未曾想或者想做而未去付诸行动的花时间、花金钱、花精力的壮举！

　　说到奔赴全国大多省份的调研考察，的确不易！我为大家的工作精神所感动！我为大家的任劳任怨而骄傲！调研小分队全体同志再没有别的工作了吗？有，大家都有各自的工作岗位和主攻业务；他们都很富裕吧，每人开支近 10 万元都不在话下吗？不，大家都是工薪阶层，这种额外开支，的确给大家造成了相当大的经济负担；他们的调研是游山玩水吗？不，任务在肩上，责任在心中，无法产生游玩的兴趣；他们的家庭成员妻儿老小就不需要照顾吗？要，很需要，但是自古忠孝难两全。那么他们的动力又是什么呢？他们的动力就在于不忘初心，坚守信念，不计得失，全力以赴！因为大家把它当作一项利国利民造福社会的壮丽事业，当作一项新时代赋予我们的历史使命！这是什么精神？这是为了事业的献身精神！这是什么境界，这是为了事业的忘我境界！正因为调研小分队全体成员的团结协作、克服困难、牢记使命、无私奉献的可贵精神，正因为几位作者（也是小分队主要成员）只争朝夕、日以继夜、乐于吃苦、勇于创新的拼搏精神，不仅圆满完成了全国范围内比较广泛而细致的鸡福利养殖调研考察走访这一艰巨任务，为中国第一部蛋鸡和肉鸡福利标准的起草制定提供了非常难得而珍贵的第一手材料，归纳总结出践行于当今中国的七种生态福利养鸡的主要模式，而且为这本书的早日出版尽到了最大努力，做出了重要贡献！因此，我首先要由衷地感谢调研小分队和各位作者！如果没有大家的努力工作，没有大家的辛勤耕耘，没有大家的献身事业，我国第一部《动物福利要求·蛋鸡》和《动物福利要求·肉鸡》行业标准就不会那么快在 2017 年 7 月 14 日由中国标准化协会正式发布，我们现在的这本《中国福利养鸡》也就不会在不到一年的时间里从酝酿到组织，从构思到撰写，从古代溯源到当今实践，从较长时间的搜集资料到近几个月来的日夜奋战，从反复修改完善到今天的付梓出版。

谈到本书所涉及的内容，正如我在前面的内容提要和序言中都讲过了，这里不再赘述。只是觉得本书的出版，到目前为止，似乎还没看到国内外围绕鸡的福利养殖出版的专著，若是这样的话，本书也算填补了一项我国鸡的福利养殖包括专门论述某一种农场动物福利养殖的专著的空白，而且也可以使中国的福利养鸡的特色优势和各种因地制宜的新模式展示给世界各国，不仅要让世界上知道中国的动物福利和福利养鸡的历史源远流长，非他国所能比拟，更要使中国的福利养鸡模式更先进，技术更完善，使中国的福利养鸡事业引领世界新潮流，站在世界最前沿！所以我想，本书的出版，是我们中国的鸡福利养殖及其产品早日走向国际贸易舞台的进军号，是把中国的动物福利特别是鸡的福利养殖模式的种子洒向祖国大地和其他国家的播种机，是中国要成为鸡生态福利养殖大国、强国及最具影响力和感召力的国家的宣言书！

正因如此，在本书完稿过程中，得到我国家禽领域和动物福利领域的顶尖科学家、学者及著名企业家的大力支持和高度重视，并为本书的出版挥毫题词和寄予厚望。如国家肉鸡产业技术体系首席科学家、国家肉鸡遗传改良计划专家组组长、《畜牧兽医学报》主编文杰研究员的题词是"福利养鸡，善待动物"；中国畜牧兽医学会副理事长、广东省畜牧兽医学会理事长、《养禽与禽病防治》主编、华南农业大学副校长廖明教授的题词是"重视动物福利，实施生态养鸡，保障食品安全，利国利民利农，《中国福利养鸡》一书的出版，必将推动我国鸡的福利养殖朝着更科学、更规范、更符合自然规律的方向迈进"；中国畜牧兽医学会动物福利与健康养殖分会理事长、山东农业大学柴同杰教授的题词是"福利养鸡，古为今用，洋为中用"；国务院学位办畜牧学科组成员、世界家禽学会中国分会主席、中国畜牧兽医学会家禽学分会理事长、东北农业大学李辉教授的题词是"追溯古代中国悠久养鸡历史，展现当今中国福利养鸡生态模式，其历史价值和现实意义令人振奋"；中国优质禽育种与生产研究会理事长、原国家畜禽遗传资源委员会家禽专业委员会主任陈宽维研究员的题词是"古代中国就有动物福利，在全球倡导动物福利的今天，中国的福利养鸡一定能够站在新时代的最前沿"；原广东省人民政府参事、温氏集团温氏研究院院长、华南农业大学毕英佐教授的题词是"悠长的牧歌，永恒的旋律"；山东民和牧业股份有限公司孙希民董事长的题词是"倡导福利养殖，利于民族牧业"；中国畜牧业协会禽业分会执行会长、北京华都集团峪口禽业有限责任公司孙皓董事长的题词是"只有动物的福利养殖，才能提供人类美好生活的食品安全"；中国畜牧业协会禽业分会副会长、中国吉蛋堂创始人张达董事长的题词是"动物福利，人类善行，长期坚持，善莫大焉"；广东高山动物药业有限公司梁其佳董事长的题词是"生态养鸡是健康养鸡的最大福利，中药保健是中国养鸡的最好福利"；中国别墅式蛋鸡生态牧养模式创始人，河南柳江生态牧业股份有限公司许殿明董事长的题词是"动物福利，回归自然，生物多样，食品安全"；特别是 85 岁高龄的世界艺术学会终身荣誉主席，我的恩师，山西农业大学马任骝教授为本书的题词是"福利养鸡千秋业，国计民生尊是业，文明之邦启先河，引领潮流创大业"；又更有国家重点学科动物遗传育种与繁殖学科带头人、扬州大学王金玉教授特为本书撰写了"寄语读者"。

　　看到我国的顶尖科学家和著名企业家对福利养鸡和动物福利的充分肯定、高度评价和寄予的厚望，给人鼓舞，令人振奋！怎能抑制住我们要向他们致以崇高的敬意和由衷的感谢之情呢？怎能不激励我们更加努力地为中国的福利养鸡事业尽我们所能和做更大的贡献呢？

　　同样，在本书出版之际，山西著名书法家王高先生专为本书题写了书名，中国农业出版社程燕编辑自始至终的认真负责和一丝不苟，中国鸡文化系列丛书编委会全体成员的长期关注和大力支持，特别是得到国内几家知名企业的出版经费支持，如深圳市振野蛋品智能设备股份有限公司、广东高山药业有限公司、江苏宁创生态农牧有限公司、河南柳江生态牧业有限公司、宁夏晓鸣农牧有限公司、内蒙古丰业生态发展有限责任公司、云南云岭广大种禽饲料有限公司、云南荣云泰农业开发有限公司、以及佛山市百瑞生物科技有限公司等企业。对于大家的鼎力资助和深情厚爱，在此一并致以我们由衷的感谢和崇高的敬礼！

　　还有一个重要的致谢更是必不可少，即在本书的酝酿、撰写及成书过程中，我们查阅和参考了许多古今文献和外文资料，包括以往的许多研究者或作者的试验报告、论文著作及研究成果，并引用了不少作者的原文。这些参考资料的出处有些列在书中，因篇幅所限，还有不少未能列入（包括从网上查阅的资料），对列出或未列出参考资料的所有作者，我们都要在此表示对你们的诚挚的谢意和感激之情！

总之，有科学家对福利养鸡的充分肯定和满怀期望，有企业家对福利养鸡的大力支持和勇于实践，有广大科技工作者对福利养鸡的不断探索和开拓创新，有人民大众对福利养鸡产品质量安全的持续信赖和放心消费，我们的福利养鸡事业就大有希望，更有可为！就能健康、科学、持续、稳妥地前进在新时代的康庄大道上，迈向更加美好的明天！

时间紧，任务重，难度大，又因作者水平所限，难免错漏和不妥，还望各位方家和所有读者批评指正，不吝赐教！谢谢！

杜炳旺

2018 年 3 月 31 日凌晨于湛江

中国福利养鸡模式图片集锦之
——专家调研与标准起草（第1～6页）

鸡标准起草组调研全国福利养鸡现状启动会合影

调研组在北京华都峪口禽业与董事长孙皓、党委书记周宝贵在交流畅谈的路上

中国福利养鸡调研在河南农业大学

中国福利养鸡调研
在河南科技大学

调研组在河南柳江
生态牧业股份有限
公司

调研组与宁夏晓鸣
农牧董事长魏晓明在
一起

调研组在贵州柳江
生态牧养基地

调研组在广州江丰
标准化生态养鸡基地

调研组与江苏立华
公司领导座谈交流

调研组在山西临猗金凤凰科技有限公司生态养殖基地

CCTV实地采访蛋鸡散养集成系统发明人深圳市振野蛋品智能设备股份有限公司董事长陈文凯

本书几位作者——中国大健康生态福利养殖产业联盟专家筹委会始创专家

参加动物福利国际研讨会（北京）的代表合影

参加无抗养殖健康品质中药未来论坛（广东信宜）的专家

参加北京2015中国动物福利论坛的几位中外专家合影

赴英国领奖的中国福利养殖企业家

中国福利养鸡模式图片集锦之
——西部地区典型（第7～14页）
贵州柳江生态牧业有限公司——原生态别墅式蛋鸡牧养基地

贵州柳江生态牧业有限公司——原生态别墅式蛋鸡牧养基地

宁夏晓鸣农牧股份有限公司——高床网上福利散养蛋鸡

云南云岭广大公司——热带雨林原生态福利养鸡

云南荣云泰农业科技有限公司——原生态松林散养武定壮鸡

贵州铜仁柏里香专业合作社——原生态柏林散养贵妃鸡

贵州六盘水精准扶贫——北京油鸡原生态牧养基地

云南绿盛美地有限公司——类原生态茶林散养土鸡

北京绿多乐农业有限公司和北京市畜牧所油鸡开发中心共同建立的
类原生态油鸡养殖基地

内蒙古丰业生态发展有限公司——原生态草原牧养基地

中国福利养鸡模式图片集锦之

——东部地区典型（第17～19页）

江苏宁创农业科技发展有限公司——冶山贡鸡类原生态福利养鸡基地

山东民和牧业股份有限公司——肉鸡多层立体网上平养

江苏立华牧业股份有限公司——舍内厚垫料平养（第1～3张）
浙江新昌宫廷黄鸡繁育有限公司——舍内薄垫料平养（第4～6张）

中国福利养鸡模式图片集锦之

深圳市振野蛋品智能设备股份有限公司——蛋鸡轮牧式智能配套养殖系统

深圳市振野蛋品智能设备股份有限公司——蛋鸡轮牧式智能配套养殖系统

广东湛江市晋盛牧业科技有限公司——类原生态棕榈园散养贵妃鸡

广东南雄市金福实业有限公司——原生态松林生态散养贵妃鸡

广东湛江市山雨生态农牧有限公司——类原生态福利养鸡基地

广东高山药业有限公司——无抗健康养殖中兽药-机器人生产线

中国福利养鸡模式图片集锦之

——中部地区典型（第26～28页）

河南洛阳爱牧—生态科技有限公司——发酵床福利养鸡模式

湖北神丹健康食品有限公司——舍内外自由活动福利养鸡

河南柳江生态牧业有限公司——蛋鸡原生态福利别墅养殖模式